A FIRST COURSE IN
STATISTICAL PROGRAMMING WITH R

R을 활용한 통계 프로그래밍 입문

W. John Braun, Duncan J. Murdoch 지음
이영섭 · 이철희 옮김

자유아카데미

저자 서문

이 책은 캐나다 웨스턴 온타리오 대학 (University of Western Ontario)에서 보험계리 및 통계학을 공부하는 2년차 학부생들을 대상으로 한 전산통계학 과목의 강의노트로부터 시작되었다. 이 책의 저자들은 통계 프로그래밍에 대해, 자체적인 관심뿐만 아니라 저자들의 다른 연구를 위한 보조수단으로서도 많은 관심을 가지고 있었다. 그러나 저자들은 학생들이 저자의 수업을 듣기 전에 프로그래밍의 기초에 관해서 올바르게 배우고 있지 않다는 것을 알게 되었다. 학부에서부터 박사 과정에 이르기까지 많은 학생들이 간단하고도 믿을 만한 프로그램을 작성할 수 없었다. 예를 들면 라운딩 에러 (rounding error)가 어떻게 계산 결과에 영향을 미치는가에 대한 수치적인 계산에 대하여 충분히 이해하고 있지 않았으며 어려운 계산 프로젝트를 어떻게 접근해야 할지에 대하여 알고 있지 않았다.

우리는 다른 학과에서 제공하는 강좌들을 조사해 보았으나, 이 강좌들은 학생들이 다시 사용하지 않을 언어나 개념들을 강조하고 있었다. 학생들은 간단한 프로그램을 작성하는 데 있어 어려움을 느끼지 않아야 하며, 이를 통하여 어떤 주어진 통계적 모델을 시뮬레이션하기 위해 필요한 간단한 프로그램들을 하나로 합치는 데 문제가 없어야 한다. 더 나아가 학생들이 수치적인 분석에 대하여 충분히 이해할 수 있도록 하여 수치적인 계산을 하는 데 확신을 가질 수 있도록 해야 한다. 그러나 이러한 두 개념들을 함께 제공하는 강좌를 찾을 수 없어 우리가 직접 강좌를 만들어 보기로 하였다.

이 책은 R을 이용하여 집필하였다. R은 지난 몇 년 동안 빠른 속도로 인지도가 매우 높아진 오픈소스 컴퓨팅 패키지이다. 오픈소스이기 때문에 학생들이 쉽게 구할 수 있으며, 무료이므로 실험실에 설치하는 데에도 경제적이다. 저자 중의 한 사람인 Murdoch 교수는 R 핵심 개발팀 (Rcore development team)에 속해 있으며, 다른 저자인 Braun 교수는 R을 이용한 자료분석 및 그래픽이라는 책의 공동 저자이기도 하다. 이러한 개인 경력들이 R을 선택하도록 한 것도 있지만, 저자들은 프로그래밍에 있어서 보편적인 도구가 있어야 한다는 강한 믿음이 있어 이 믿음을 이 책에서 강조하고자 하였다. 이 책은 R 프로그래밍에 대한 매뉴얼이 아니라 R을 이용한 통계 프로그래밍 강좌이다.

이 책은 사전에 프로그래밍에 대한 경험이나 통계학 전공자 수준의 통계적 지식이 없어도 이해할 수 있다. 다만 대학교 수준의 미적분학에 익숙해야 하고, 기초 확률론 강좌를 들어 본 경험이 있거나 함께 수강 중이면 좋다. 확률적 개념에 대해서는 5장에서 사용된다(확률에 대해서 간략히 부록에 정리해 두었다). 또한 시뮬레이션, 선형대수학, 최적화와 관련한 고급 주제들을 간략히 다루었다. 따라서 한 학기 강좌로 이 책을 사용하는 경우에는 이러한 주제들을 건너뛸 수 있도록 하였다.

이 책을 쓰는 데 도움을 준 많은 분들에게 감사의 말씀을 드린다. Statistical Science 259b 강의를 수강한 학생들이 이 책을 쓰도록 동기를 제공하였으며 많은 의견을 주었다. Lutong Zhou는 이 책에 사용된 많은 그림들을 제공하였으며, 캠브리지 대학 출판사 (Cambridge University Press)의 Diana Gillooly, 옥스퍼드 대학 (Oxford University)의 Brian Ripley 교수 및 이 책의 집필에 도움이 되는 의견을 보내준 검토자들이 있었다. 당연한 말이지만 이 책은 R 없이는 쓸 수 없었으며, 전 세계에 있는 R 커뮤니티(사용자 및 개발자들)의 기여가 없었다면 오늘의 R은 없었을 것이다.

역자 서문

최근 빅데이터 분석에 대한 관심이 증가하면서 공개 소프트웨어인 R에 대한 관심 역시 증가하고 있다. 통계학을 오랫동안 강의하고 여러 가지 연구과제들을 수행해 오면서 프로그래밍을 하기 위해 필요한 것 중 하나가 수치해석에 대한 기본 개념을 익히는 것이었다. R을 통하여 이러한 수치해석에 대한 이해와 응용을 가질 수 있었고, 이것은 R을 개발하고 관리하고 있는 R Development Core 팀의 노력이 있었기에 가능했다고 생각한다.

이와 더불어 역자 중 한 명인 이철희 박사는, R Development Core 팀의 멤버이며 이 책의 저자 중 한 명인 Murdoch 교수가 이끄는 R Translation Teams (http://developer.r-project.org/TranslationTeams.html)에서 한국어 지원을 해 오고 있다. 또한 R의 한글화를 위해서 오랫동안 자원봉사해 왔고 누구보다도 R의 저변 확대에 노력하고 있으며 현재에도 활발하게 활동 중이다.

역자들은 R의 전신인 S나 S+를 사용해 오다가 R이 개발되면서 자연스럽게 R을 사용하고 강의하게 되었다. 통계계산이나 시뮬레이션을 위해 R을 사용해 오면서 R의 유연성과 확장성을 경험하게 되었고, 오랫동안 R 강의를 하면서 단순한 프로그램 사용법이 아니라 수치해석과 프로그래밍에 좀 더 가까운 교재를 찾던 중에 이 책을 추천받고 번역하게 되었다.

R에 관한 관심이 증가함에 따라 R 관련 책들이 많이 있지만, R에 대한 기초를 익히면서 동시에 프로그래밍, 시뮬레이션, 수치해석 기본 응용에 관한 책은 없었으며, 이 책이 그러한 요구를 조금이나마 충족하기를 바라는 마음이다. 저자 서문에서도 언급하였지만, 이 책은 R 프로그래밍에 대한 지침서가 아니라 R을 이용하여 실제 통계 프로그래밍을 공부하는 책이다.

이 번역서가 나오기까지는 역자들의 통계계산에 대한 지식과 연구과제의 경험이 많은 도움이 되었다. 통계계산 강의를 하면서 많은 피드백을 준 학생들과, 아울러 원고가 나오기까지 끝없는 인내로 기다려주신 자유아카데미 관계자분들에게 감사의 말을 전한다.

이 번역서로 공부하는 중에 어색한 표현이나 잘못된 부분이 있으면 언제든지 역자에게 조언해 주길 바라며, 출간 후에라도 수정사항이 있다면 자유아카데미 홈페이지(www.freeaca.com) 자료실에 제공할 예정이다. 끝으로, 이 책이 수치해석을 처음 접하는 분들에게 많은 도움이 되기를 희망한다.

2015년 1월

이영섭(yung@dongguk.edu)

이철희(chl948@mail.usask.ca)

CONTENTS
차례

저자 서문 iii

역자 서문 V

제1장 시작하면서

1.1 통계 프로그래밍이란 무엇인가? 1

1.2 책의 구성 2

1.3 R 패키지 3

1.4 왜 명령어 라인을 사용하는가? 4

1.5 책에서 사용된 글꼴 5

1.6 R 설치하기 5

제2장 R 언어 소개

2.1 R의 시작과 종료 7

2.1.1 작업 내용 저장하기 9

2.2 R의 기본적 특징들 9

2.2.1 R을 이용한 계산 기능 9

2.2.2 이름을 이용한 저장공간 10

2.2.3 함수 12

2.2.4 정확한 또는 근삿값? 14

2.2.5 대소문자의 구분 17

2.2.6 작업공간 내의 객체 나열하기 17

2.2.7 벡터 18

2.2.8 벡터의 구성 요소 부분 선택하기 19

2.2.9 벡터 연산 21

2.2.10 간단한 패턴이 있는 벡터 22

2.2.11 결측치와 다른 특수한 값들 23

2.2.12 문자형 벡터 24

2.2.13 요인 25

2.2.14 벡터의 구성 요소를 선택하는 추가적인 방법 26

2.2.15 행렬과 배열 27
2.2.16 데이터 프레임 28
2.2.17 날짜와 시간 31

2.3 내장함수들과 온라인 도움말 31

2.3.1 내장함수의 이용 예제 33
2.3.2 함수명을 모를 때 도움말을 이용하기 33
2.3.3 내장된 그래픽 함수들 34
2.3.4 기본적인 내장 함수들 (추가) 36

2.4 논리형 벡터와 관계형 연산자들 37

2.4.1 불대수 38
2.4.2 R에서의 논리연산 39
2.4.3 관계 연산자 41

2.5 데이터 입력과 출력 42

2.5.1 디렉토리 변경하기 42
2.5.2 dump()와 source() 43
2.5.3 R 출력방향 조정하기 44
2.5.4 이미지 파일을 저장하고 불러오기 44
2.5.5 데이터 프레임과 read.table 함수 45
2.5.6 리스트 46

제3장 통계 그래픽 프로그래밍

3.1 기본 플롯 50

3.1.1 막대그림과 점그림 50
3.1.2 파이차트 52
3.1.3 히스토그램 52
3.1.4 박스플롯 54
3.1.5 산점도 56
3.1.6 QQ 플롯 58

3.2 기본플롯함수 선택하기 61

3.3 구체화된 저수준의 그래픽 함수들 62

3.3.1 플롯영역과 여백 62
3.3.2 플롯에 추가하기 63

3.3.3 그래픽 파라미터 설정하기 66

제4장 R 프로그래밍 하기

4.1 흐름 제어문 69

4.1.1 for() 루프문 69
4.1.2 if() 문 74
4.1.3 while() 문 79
4.1.4 뉴튼의 방법을 이용한 방정식 해 찾기 81
4.1.5 repeat 루프문과 break 그리고 next문 84

4.2 함수를 이용한 복잡성 관리 87

4.2.1 함수란 무엇인가? 87
4.2.2 변수의 적용 범위 91

4.3 기타 다양한 프로그래밍 팁들 92

4.3.1 fix()문 사용하기 92
4.3.2 # 기호를 이용하여 문서화하기 93

4.4 일반적인 프로그래밍 가이드라인 94

4.4.1 하향식 설계 98

4.5 디버깅과 유지보수 105

4.5.1 버그가 존재함을 인지하기 105
4.5.2 버그의 재현 106
4.5.3 버그의 원인 파악 106
4.5.4 에러 수정 후 테스트하기 109
4.5.5 유사한 에러를 다른 곳에서 찾아보기 109
4.5.6 browser()와 debug() 함수들 109

4.6 효율적인 프로그래밍 111

4.6.1 당신의 도구에 대해서 배우기 112
4.6.2 효율적인 알고리즘 사용하기 113
4.6.3 프로그램이 실행되는 시간 측정하기 115
4.6.4 다른 컴퓨터 언어 사용하기 116
4.6.5 주의를 요하는 최적화 116

제5장 시뮬레이션

5.1 몬테카를로 시뮬레이션 119

5.2 의사난수의 생성 120

5.3 다른 확률변수 시뮬레이션 127

5.3.1 베르누이 확률변수 127
5.3.2 이항확률변수 130
5.3.3 포아송 확률변수 135
5.3.4 지수확률변수 139
5.3.5 정규확률변수 143

5.4 몬테카를로 적분 146

5.5 고급 시뮬레이션 방법들 149

5.5.1 기각표본법 150
5.5.2 주표본법 154

제6장 전산 선형대수학

6.1 R에서의 벡터와 행렬 162

6.1.1 행렬 객체의 만들기 162
6.1.2 행렬의 요소에 접근: 행과 열의 이름 165
6.1.3 행렬의 속성들 168
6.1.4 삼각행렬 170
6.1.5 행렬의 연산 171

6.2 행렬의 곱셈과 역행렬 172

6.2.1 역행렬 구하기 173
6.2.2 LU 분해 174
6.2.3 R에서의 역행렬 176
6.2.4 선형 방정식 풀기 177

6.3 고윳값과 고유벡터 178

6.4 고급 주제들 180

6.4.1 행렬의 특잇값 분해 180
6.4.2 양정치 행렬의 촐레스키 분해 181
6.4.3 행렬의 QR 분해 183
6.4.4 행렬의 조건수 185

6.4.5 외적 185
6.4.6 크로네커 곱 186
6.4.7 apply() 함수 187

제7장 수치적 최적화

7.1 황금분할 탐색법 191
7.2 뉴튼–랍슨법 196
7.3 넬더–미드 심플렉스법 199
7.4 미리 작성된 함수들 203
7.5 선형계획법 205
7.5.1 R를 이용하여 선형계획법 문제 풀기 207
7.5.2 최대화 및 다른 종류의 제약조건들 208
7.5.3 특수한 경우들 209
7.5.4 제약조건이 없는 변수들 214
7.5.5 정수계획법 215
7.5.6 lp() 함수의 대안들 216
7.5.7 이차계획법 217

복습 확률변수와 분포 227
색인 (Index) 231

제 1 장 시작하면서

통계 프로그래밍 (statistical programming)의 세계에 첫 발을 내디딘 것을 환영한다. 이 책은 통계 프로그래밍이란 무엇이며 이것이 어떻게 이루어져 있고 왜 그러한지에 대한 설명을 담고 있다.

이 장에서는 통계 프로그래밍의 개요에 대하여 설명하고 이 책의 나머지 부분에서 다루게 될 내용들에 대한 간략한 소개를 제공한다. 또한 이 책이 담고 있는 예제들은 R이라고 알려진 프로그래밍 언어를 이용하여 작성되었는데, 이 소프트웨어 패키지를 다운로드 받고 설치하는 내용에 대해서도 간략히 다루도록 한다.

1.1 통계 프로그래밍이란 무엇인가?

컴퓨터 프로그래밍 (computer programming)이라는 것은 컴퓨터를 제어하는 것뿐만 아니라, 컴퓨터가 어떤 연산을 어떻게 수행해야 하며 그 결과를 어떻게 보여 줄 것인지에 대하여 세부적인 작업내용을 알려주는 것 또한 포함하고 있다. 그러나 통계 프로그래밍 (statistical programming)이라는 것은 정의하기가 다소 어렵다. 어떤 저자는 통계 전문가들 (statisticians)만이 사용하는 특별한 컴퓨터 프로그래밍의 한 종류라고 하기도 한다. 그러나 실제로 통계 전문가들은 매우 다양한 종류의 프로그래밍을 하고 있다. 어떤 저자의 경우에는 통계를 다룰 때 함께 사용하게 되는 프로그래밍의 한 종류라고 표현하기도 한다. 하지만 바로 앞서 언급한 것과 같이 통계 전문가들은 아주 다양한 종류의 컴퓨팅 작업들을 하고 있다.

예를 들면 어떤 전문가들은 데이터를 수집하고 분석을 수행하기도 하지만, 어떤 전문가들은 컴퓨터뿐만 아니라 연구실 간의 장비들을 서로 연결하는 작업에 참여하고 있기도 한다. 그러나 우리는 이러한 것들을 통계 프로그래밍이라고 하지는 않는다. 간혹 설문지로부터 얻게 되는 데이터 항목들을 분석하는 경우, 데이터 항목에 있는 오류를 찾아내는 프로그램을 하게 되는데 이러한 작업을 바로 통계 프로그래밍이라고 할 수 있다. 그러나 이것은 매우 전문화된 분야이며 이 책의 범주를 벗어나게 된다.

일반적으로 통계 프로그래밍이라고 하는 경우 통계분석에 필요한 연산과정을 함께 수반하게 된다. 데이터의 요약 및 시각화, 그리고 구축된 모형을 적합한 뒤 그 결과를 보고하는 것들이 이에 해당한다. 마이크로소프트 엑셀 (Microsoft Excel), SAS, SPSS, S-PLUS, R, Stata와 같은 다양한 종류의 응용프로그램을 이용하여 다양한 종류의 통계 컴퓨팅을 할 수 있지만, 이 책에서 중점적으로 다루고자 하는 것은 아니다. 우리는 오히려 이 책을 통하여 이러한 응용프로그램이 어떻게 작동하는가를 이해하는 데 필요한 기초지식을 제공하고자 한다. 따라서 우리는 응용프로그램에서 사용되는 통계계산들이 어떻게 이루어지는가를 이해하고 학생 스스로가 이를 계산할 수 있도록 설명할 것이다.

통계분석에 있어서 시각화는 매우 중요한 비중을 차지하고 있기 때문에, 일차원 및 이차원, 그리고 그 이상의 차원을 가진 데이터를 이용하여 그래프를 작성하는 것은 통계 프로그래밍이라고 할 수 있다. 통계 프로그래밍에서 중요하게 다루는 또 다른 분야는 확률적 모의실험 (stochastic simulation)이다. 현대의 디지털 컴퓨터는 재현이 가능한 정확한 연산을 수행할 수 있지만, 실세계로부터 얻어지는 데이터는 완전히 임의적이다.

먼저 현대의 디지털 컴퓨터는 재현이 가능한 정확한 연산을 수행하지만 실세계로부터 얻어지는 데이터는 완전히 임의적이라는 점을 알아야 한다. 따라서 확률적 모의실험이란 임의적인 현상에 대하여 충분한 이해를 가지고 있어 이를 예측하되 컴퓨터를 이용하여 이를 임의적인 현상과 같이 보이도록 하는 무작위성을 흉내내는 프로그래밍을 말한다.

통계 프로그래밍은 또한 수치해석 프로그래밍 (numerical programming)과도 밀접한 관련이 있다. 이 경우에는 어떤 주어진 함수의 최적 (optimization) 및 근사 (approximation)를 다루게 된다. (비록 천천히 변해가는 추세이나) 통계 프로그래밍에서 미분방정식은 물리학 및 응용수학에서 요구되는 수준으로 중요하게 다루지는 않는다. 또한 통계 프로그래밍에서는 전산학과에서 요구하는 수준의 알고리즘 분석을 수행하기보다는 알고리즘을 통하여 얻은 결과를 보다 더 중요시하는 경향이 있다.

1.2 책의 구성

이 책은 통계 프로그래밍에 대한 기본서이다. 먼저 우리는 컴퓨터에게 어떤 작업을 해야 하는가를 명령하는 기초 프로그래밍부터 시작할 것이다. 이를 위하여 R이라고 알려진 오픈소스 (open source) 기반의 통계 패키지를 사용할 것이므로, 이 책을 통해 R을 배우게 될 것이다. 그러나 R만을 가르치기보다는 많은 컴퓨팅 플랫폼 (platform)에서 공통적으로 사용될 수 있는 부분들을 설명하고 강조할 것이다.

그 다음으로 통계 전문가들에게 있어서 데이터의 시각화는 중요한 작업 중 하나이므로 통계적 그래픽을 어떻게 생성할 것인지에 대해서 설명할 것이다. 이와 관련하여 인간의 시각적 인지력에 대하여 조금 다룰 것이고 데이터 시각화의 방법을 결정함에 있어 이것이 어떻게 이용되는지 알아보도록 할 것이다.

프로그래밍 언어를 소개하는 부분에서는 프로그램의 실행순서를 제어하는 방법에 대해서 배우게 될 것이다. 간단한 예로 양의 정수를 입력받는 경우에는 주어진 연산을 계속 수행하고, 0을 입력받는 경우에는 해당 연산을 중단하고자 하는 경우를 생각해 보도록 한다. 우리는 이러한 작업을 수행하는 프로그램을 작성하기 위하여 기본논리연산의 결과에 따라 명령어들을 제어하는 방법을 제공해 주는 불대수 연산 (Boolean algebra)을 소개할 것이다. 실제로 좋은 프로그램은 이를 작성하기 전에 여러차례의 신중한 사고과정을 통하여 얻어지게 된다. 이것은 복잡한 문제를 여러 개의 간단한 문제들로 쪼개어 나감으로써 보다 수월하게 수행할 수 있게 되므로, 어떻게 문제를 쪼개어 나가는지에 대해서도 살펴볼 것이다. 더 나아가 작성된 프로그램이 기대했던 올바른 값을 계산하고 있는가를 확인하는 방법들에 대해서도 많은 시간을 쏟을 것이다.

통계 프로그래밍이 다른 종류의 프로그래밍들과 가장 크게 구별되는 점은 확률적 오차 (random error) 또는 확률적 요소 (stochastic components)와 같은 무작위적 현상 (randomness)을 다루는 것이다. 따라서 우리는 어떤 특정 속성들을 가지고 있는 난수를 생성하는 방법들에 대하여 알아보고, 이를 활용하여 어떻게 다양한 종류의 문제들에 모의실험 (simulation)이 유용하게 활용될 수 있는지 또한 보여 줄 것이다.

많은 통계적 절차들 (procedure)이 선형모형 (linear model)에 기반을 두고 있다. 선형회귀분석 (linear regression)과 그 외의 다른 선형모형들에 대한 논의는 이 책의 범위라고 할 수 없으나, 기초적인 선형대수 (linear algebra)에 대하여 설명한 뒤 이들의 연산이 어떻게 이루어지는가에 대해서 논의하도록 할 것이다. 또한 주어진 함수의 최댓값과 최솟값을 찾는 데 있어 이를 수치적으로 접근하는 최적화 (numerical optimization) 방법에 대해서 알아보도록 할 것이다.

마지막으로 이 책은 각 장의 끝부분에 다양한 수준의 난이도를 가진 연습문제를 제공하고 있다. 일부 연습문제들에 대한 해답을 'www.stats.uwo.ca/faculty/braun/statprog'에서 찾아볼 수 있다.

1.3 R 패키지

통계 프로그래밍을 위하여 이 책에서는 오픈소스 기반의 통계 패키지인 R을 사용한다. 오픈소스는 매우 다양한 의미를 가지고 있다. 가장 큰 장점은 무료로 사용이 가능하며 사용자가 이것이 어떻게 만들어졌는가를 확인할 수 있어 사용자 개인이 자유롭게 이를 개발할 수 있다는 점이다. R은 벨연구소에서 존 챔버스 (John Chambers)와 그의 동료들에 의하여 1976년에 개발된 S라는 언어에 기초를 두고 있다. 로버트 젠틀맨 (Robert Gentlman)과 로스 이하카 (Ross Ihaka)는 1993년 오클랜드 대학 (University of Auckland) 재직 당시 S 언어에 대한 많은 연구를 진행하였는데, 이를 토대로 개발한 것에 R이라는 이름을 붙였다. 이것은 1995년에 오픈소스 프로젝트화되었고, 이후로 전 세계의 수백 명의 사람들이 이 개발에 기여하였다.

S-PLUS는 S 언어로 구현된 상용화 버전을 말한다. R과 S-PLUS 모두 S 언어에 바탕을 두고 있기 때문에 이 책에서 설명하는 대부분의 내용들은 특별한 수정없이 S-PLUS에서도 사용할 수 있다.

1.4 왜 명령어 라인을 사용하는가?

R 시스템은 텍스트로 입력된 명령어들을 실행하도록 되어 있다. 그러나 현대의 많은 프로그램들은 메뉴를 사용하는 그래픽 사용자 환경 (graphical user interface)을 기반으로 하고 있다. 그럼 왜 이러한 명령어 기반 (command line)의 구식적인 방법을 이용하는가에 대하여 알아 볼 필요가 있다.

일반적으로 간단한 몇 줄에서부터 일이백 개의 명령어들로 이루어진 작업들은 메뉴를 기반으로 하는 작업환경에서 매우 편리하게 수행될 수 있다. 그러나 이러한 제약은 명령어 기반의 작업환경에서는 존재하지 않는다. 이 책의 뒷부분에서 보게 될 것이지만, 어떤 작업을 수행하고자 함에 있어서 해당작업을 수행하는 프로그램이 누군가에 의해서 작성되어 있지 않은 경우를 생각해 보도록 한다. 이 경우 수행하고자 하는 작업을 다루기 쉬운 여러 개의 작업들로 쪼개어 수행한 뒤 이들을 한데 묶어 최종적으로 하고자 하는 작업을 수행하는 프로그램을 쉽게 작성할 수 있다. 이러한 프로그램을 작성하는 것은 메뉴 기반의 작업환경에서도 가능하겠지만 명령어 기반의 환경에서 하는 것이 훨씬 수월하다.

또한 명령어 라인을 사용하는 것은 독자가 다른 부분에도 적용이 가능한 프로그램을 작성하는 능력을 배양하고 더 나아가 메뉴 기반의 작업환경이 어떻게 구현되었는가를 알 수 있도록 도와준다. 통계 전문가로서 이 책의 독자들이 가지고 있는 목표가 이러한 것들을 이해하는 것이라고 믿고 있기 때문에 명령어 기반의 작업환경에서 프로그램을 작성하는 것을 배우는 것이 근본적인 단계에서 이들을 이해하는 데 좋다고 생각한다. 그리고 메뉴 기반의 프로그램을 사용하는 방법을 배우는 것은 프로그램을 개발한 특정 기관에 의지하도록 만들기도 한다.

Rcmdr 패키지[1]는 R에서 상당히 다양한 기능들을 메뉴를 활용하여 작업할 수 있는 환경을 제공하고 있다. 이 책을 읽어가면서 만약 어떤 통계분석을 수행해야 할지 모르는 경우를 접하게 된다면 Rcmdr이 제공하는 메뉴를 통하여 어떠한 방법들이 사용가능한지를 알아차릴 수도 있을 것이다.

---

1) 패키지란 R에서 사용할 수 있는 함수들과 프로그램들을 한데 묶어 놓은 것을 의미한다.

1.5 책에서 사용된 글꼴

이 책은 R에서 어떻게 작업을 하는지에 대해서 설명한다. 다음 장에서 보게 되겠지만 사용자가 어떤 내용을 입력하게 되면 R은 텍스트와 그래프를 출력해 주는 형식을 가지게 된다. 이러한 입출력의 차이를 분명히 보여 주고자 살짝 기울어진 글꼴을 이용하여 사용자의 입력을 나타내며, 같은 글씨체이지만 기울어지지 않은 곧은 모양의 글꼴을 이용하여 출력을 나타내었다. 예를 들면, 다음과 같다.

```
> This was typed by the user
This is a response from R
```

위의 경우와 연습문제에서 사용된 경우를 제외한 대부분의 경우에서는 R에서 실제로 출력된 결과를 그대로 보여 주고자 하였다.[2]

순수하게 어떤 논리적 전개를 위하여 실행 불가능한 코드를 제공하는 경우 또한 존재한다. (이들은 대부분 전혀 올바르지 않은 R 코드이거나, 올바른 문법의 사용을 위한 일반적 예를 드는 것에 해당한다.) 이러한 경우에는 다음과 같은 기울어지지 않은 글꼴을 사용했다.

```
f( some arguments )
```

1.6 R 설치하기

R은 http://cran.r-project.org에서 다운로드 받을 수 있다. 대부분의 사용자의 경우 바이너리 버전 (binary version)을 다운로드 받아 설치하는 것이 좋다. 이것은 특정 컴퓨터에서 사용되는 특정 운영체제에 맞추어 실행되도록 (컴파일러에 의하여) 기계어로 번역된 형태를 의미한다. R은 쉽게 이식 (portable)될 수 있도록 디자인되어 마이크로소프트 윈도우즈 (Microsoft Windows), 리눅스 (Linux), 솔라리스 (Solaris), 맥 오에스엑스 (Mac OSX), 그리고 다른 종류의 운영체제에서도 실행 가능하다. 그러나 각 운영체제 맞는 바이너리 형태의 프로그램들을 설치해야 한다. 이 책에서 다루는 대부분의 내용은 시스템의 종류와 무관하게 동일하게 적용되지만, 기본적으로는 독자가 마이크로소프트 윈도우즈를 사용한다는 가정하에서 작성되었다.

---

2) 이 책의 원문과 번역본은 R의 입력과 출력을 수정없이 그대로 보여 주고자 Sweave 패키지를 이용하여 작성되었다. 원문은 R 2.5.0를 사용하여 작성된 반면 번역본에는 R 3.0.2가 사용되었다.

마이크로소프트 윈도우즈에서 R을 설치하는 것은 그리 복잡하지 않다. 윈도우즈 98 또는 그 이후의 버전들을 위한 바이너리 파일들은 웹페이지 http://cran.r-project.org/bin/windwos/base로부터 얻을 수 있다. R-x.x.x-win32.exe와 같은 형식의 이름을 가진 설치프로그램을 다운로드 하도록 한다. 이 파일을 실행하게 되면 거의 자동적으로 설치가 진행된다. 설치 도중에 사용자의 작업환경에 맞도록 조정을 할 수 있으나, 대부분의 경우에는 기본설정만으로도 초보자에게 만족할 만한 수준의 설치가 이루어진다.

기본설정을 통하여 R을 설치할 때 이루어지는 것 중 하나는 바탕화면에 R이라는 이름을 가진 아이콘을 생성되는 것이다.

만약 성공적으로 R을 설치했다면 통계 프로그래밍을 시작할 준비가 된 것이다. 이제 통계 프로그래밍을 어떻게 하는지에 대해서 배워 보도록 한다.

제 2 장

R 언어 소개

R 시스템을 설치했다면 이제 통계 프로그래밍의 묘미를 배우게 될 준비가 된 것이다. 프로그래밍을 하는 데 있어 첫 번째 단계는 언어를 사용하면서 지켜야 할 **문법** (syntax)에 대해서 배우는 것이다. 이 장에서는 이러한 문법들에 대하여 알아보도록 한다.

2.1 R의 시작과 종료

마이크로소프트 윈도우즈를 사용하는 경우 설치프로그램 (installer)이 자동으로 R이라는 이름을 가진 항목을 시작메뉴에 생성해 주고, R이라는 이름을 가진 아이콘을 바탕화면에 생성해 준다. 이 아이콘을 더블 클릭하면 R 프로그램이 실행되며,[1] 사용자의 명령을 입력 받을 수 있는 환경인 **콘솔** (console)을 볼 수 있게 된다.

수학적인 의미에서 좌측이 크다는 기호 (>)를 프롬프트 (prompt)라고 하는데, 이 기호가 나타나면 사용자는 명령어 (command)를 입력할 수 있다.

예를 들어 R을 계산기와 같이 사용해 보도록 한다. 아래에서 보이는 것과 같이 사용자는 계산하고자 하는 수학적 표현을 입력해 볼 수 있다.

```
> 5 + 49
```

이제 엔터 (Enter)키를 누르면 대괄호로 둘러싸인 숫자 1이라는 표시 바로 뒤에 54라는 연산의 결과를 볼 수 있다.

```
> 5 + 49
[1] 54
```

`[1]`이라는 기호는 입력된 명령으로부터 얻어진 결과의 첫 번째 요소라는 것을 의미한다. R은 일반적으로 여러 개의 값들을 동시에 나열하여 보여 주는데 이 기호는 사용자가 이들을 보다 쉽게 구분하여 이해할 수 있도록 새로운 줄이 시작될 때마다 보이게 된다. 예

1) 다른 시스템의 경우에는 실행을 위하여 클릭할 아이콘을 따로 설치하거나, 명령어 라인에서 "R"을 입력해야 할 수도 있다.

를 들어 아래와 같은 방법으로 1 부터 20 사이의 양의 정수들을 나열해 보도록 한다.

```
> options(width=40)
> 1:20
 [1]  1  2  3  4  5  6  7  8  9  10  11  12
[13] 13 14 15 16 17 18 19 20
```

첫 번째 줄에 놓여 있는 여러 개의 값들 중 첫 번째 값이라는 것을 표시하기 위하여 [1]이 사용되었고, 두 번째 줄에 보이는 첫 번째 값은 입력된 명령어로부터 수행된 결과의 값이라는 것을 보여 주기 위하여 [13]이 사용되었다.[2]

휴대용 계산기에서 이용 가능한 모든 계산 기능들은 R에서도 계산이 가능하다. 다음의 추가적인 예를 통하여 이를 확인해 볼 수 있다.

```
> # " * " 는 곱셈을 나타낸다.
> # 여기에서 # 표시 뒤의 모든 내용들은
> # 주석 (comment)을 의미하며 R에서는 실행되지 않는 부분이다.
> 3 * 5
[1] 15
> 3 - 8
[1] -5
> 12 / 4
[1] 3
```

R 세션을 종료 (quit)하기 위하여 다음의 명령어를 입력해 보도록 한다.

```
> q()
```

이제 엔터키를 누르면, 현재의 작업공간 (workspace) 이미지를 저장할 것인지에 대한 여부를 묻는 메시지를 보게 될 것이다. 이 작업공간의 이미지는 현재 작업 중인 세션 내에서 수행한 명령어 및 계산결과, 그리고 저장된 작업결과 일부를 포함하고 있다. 만약 사용자가 취소 (cancel)를 선택한다면 현재 세션을 계속 진행하게 된다. 실제로 현재 작업공간 이미지를 저장하는 경우는 드물지만, 이렇게 하는 것이 종종 편리한 경우가 있다.

이번에는 소괄호 ()를 입력하지 않은 채로 프로그램을 종료하기 위하여 아래와 같이 입력한다면 어떤 결과가 나오는지 살펴보도록 한다.

---

2) 한 줄에 나열될 수 있는 숫자의 개수 (line break)는 options(width=40)이라는 설정에 따라 달라지게 된다. 이 값을 변경한다면 결과가 다르게 보일 수 있다.

```
> q
function(save = "default", status = 0, runLast = TRUE)
.Internal(quit(save, status, runLast))
<bytecode: 0x1dc3190>
<environment: namespace:base>
```

이러한 결과를 보게 되는 이유는 q라는 입력이 R에게 프로그램의 종료를 알려주는 함수(function)의 이름만을 지칭하기 때문이다. 따라서 q라고만 입력하는 것은 q라는 함수가 어떻게 작성되었는지를 보여 달라고 R에게 요청하는 것과 동일하다. 반면 소괄호와 함께 q()라고 입력하는 것은 R에게 q라는 함수를 호출 (call)하라는 것을 의미한다. 따라서 이러한 호출의 결과로서 R은 프로그램을 종료한다. R에서 수행되는 모든 것들은 이러한 함수에 대한 호출을 통하여 이루어진다. 이러한 호출은 메뉴를 클릭하는 경우나 3 곱하기 5와 같은 아주 기초적인 연산을 수행하기 위한 곱셈함수의 경우에는 보여지지 않는다.

2.1.1 작업 내용 저장하기

작업공간의 내용을 저장하고 싶은 경우에는 세션 내에서 수행한 명령어들만을 저장하는 것이 권장된다. 그 이유는 저장된 명령어들을 이용하여 동일한 작업 결과들을 다시 생성할 수 있기 때문이다. 윈도우즈에서 이것을 하는 가장 손쉬운 방법은 파일 (`File`) 메뉴를 이용하여 R에서 제공하는 스크립트 편집기 (script editor)를 열고, 이 편집기 안에 명령어들을 작성하는 것이다. 작성된 명령어들을 부분적으로 선택한 뒤에 `Ctrl-R` (run, 실행)을 누르게 되면, 선택된 명령어들만이 실행된다. 최종적인 스크립트는 세션을 종료할 때 영구적으로 저장할 수 있다. 다른 시스템에서 텍스트 에디터를 사용할 경우 복사하여 붙여넣기 기능을 이용하여 동일한 목적을 달성할 수 있다.

2.2 R의 기본적 특징들

2.2.1 R을 이용한 계산 기능

가장 기초적인 수준에서 이야기 하자면 R은 뛰어난 계산기라고 할 수 있다. 앞 절에서는 간단한 1차원적인 계산 (scalar arithmetic) 기능을 볼 수 있었다. 이러한 계산 기능에는 + (더하기), − (빼기), * (곱하기), / (나누기)와 같은 사칙연산을 들 수 있다.

그 외에도 ^ 연산자 (operator)를 이용하여 다음과 같은 거듭제곱 (power) 또한 가능하다.

```
> 3^4
[1] 81
```

나눗셈의 경우 제수를 피제수로 나누었을 때 나머지를 구하는 연산 (modular arithmetic) 또한 가능하다. 예를 들어 31을 7로 나누었을 때의 나머지를 알고자 한다면 [이것을 31 (mod 7)와 같이 수학적으로 표기할 수 있다.] 다음과 같이 해 볼 수 있다.

```
> 31 %% 7
[1] 3
```

몫에 해당하는 정수 부분을 확인하고자 한다면 다음과 같이 입력한다.

```
> 31 %/% 7
[1] 4
```

이렇게 얻어진 몫에 7을 곱한 뒤 나머지를 더하면 다시 31이라는 값을 얻을 수 있음을 확인할 수 있다.

```
> 7 * 4 + 3
[1] 31
```

2.2.2 이름을 이용한 저장공간

R은 **전역환경** (global environment)이라고 알려진 작업 공간에 계산된 결과 및 다양한 종류의 객체들을 저장한다. 예를 들어 `1.0025^30`을 계산한 결과를 반복적으로 사용하고자 하는 경우를 생각해 보도록 한다(이 값은 연이율 0.25%를 기준으로 30년 동안 적용되는 복리이자를 계산하고자 할 때 쓰인다). 이제 이 값을 `interest.30`이라는 이름을 가진 객체에 아래와 같이 할당해 보도록 한다.

```
> interest.30 <- 1.0025^30
>
```

이것은 수학적으로 좌변의 값이 우변의 값보다 작음을 의미하는 기호(<)와 하이픈(-)으로 구성된 화살표를 이용하여 표현한 것인데, R에게 우변에서 평가된 값을 좌변에 놓여 있는 이름을 가진 객체에 할당하라는 의미이다. 이것은 또한 좌변과 우변의 값이 같음을 나타내는 수학적 기호인 등호 (=)를 이용하여 나타낼 수 있다. 그러나 프로그래밍을 할 때에

는 1.0025^30이라는 표현을 평가한 값이 interest.30이라는 이름으로 저장되어지는 과정을 관계적 의미를 가지는 등호 (=)를 사용하여 나타내기보다는 화살표를 이용하는 것이 보다 명확하게 보이기 때문에 이러한 할당을 나타내는 경우에는 화살표 (<-)를 이용하는 것이 좋다. 이제 엔터키를 누르게 되면 화면상에서는 아무런 변화가 보이지 않고 단지 다음 줄에 새로운 프롬프트만이 보이게 된다. 이것은 R이 요청된 내용을 정상적으로 처리했으며, 사용자로부터 새로운 명령을 기다리고 있음을 의미한다.

객체에 할당된 값은 아래에서 보는 바와 같이 객체의 이름을 입력해 봄으로써 확인할 수 있다.

```
> interest.30
[1] 1.077783
```

이것은 R이 interest.30이라는 표현을 평가한 뒤 결과를 보여주는 또 다른 계산과정이라고 생각할 수 있다. 이제 이렇게 평가된 값을 우리는 앞으로 사용하게 될 계산에 다시 활용할 수도 있다. 예를 들어, 현재 은행에 있는 잔고가 $3000이고 연이율 (annual interest)이 0.25%라고 한다면 30년 뒤의 잔액 (bank balance)을 다음과 같이 확인해 볼 수 있다.

```
> initial.balance <- 3000
> final.balance <- initial.balance * interest.30
> final.balance
[1] 3233.35
```

예제 2.1

어떤 한 개인이 P에 해당하는 금액을 이자율 i로 대출을 받고자 하는 경우를 생각해 보도록 한다. 이 경우 대출금은 R만큼의 할부금을 n달 동안 내면서 갚아 나가게 된다. 이때 매달 지불해야 하는 금액 R이 얼마인가를 알아보도록 하자.

이 질문의 답은 아래의 등식에서 보이는 것과 같이 현재의 가치 P를 매달 R만큼의 금액만큼 n번 지불해야 할 가치를 동일하게 둡으로써 얻을 수 있다.

$$P = R(1+i)^{-1} + R(1+i)^{-2} + \cdots + R(1+i)^{-n}$$

등비수열 (geometric series)을 이용하면 다음과 같이 나타낼 수 있다.

$$P = R\sum_{j=1}^{n}(1+i)^{-j}.$$

이를 다음과 같이 보다 간단히 정리할 수 있다.

$$P = R\left(\frac{1-(1+i)^{-n}}{i}\right).$$

이 공식은 연금의 현재 가치를 계산하는 것이다. 만약 P, n, 그리고 i의 값이 주어진다면, R의 값은 아래의 공식을 이용하여 얻을 수 있다.

$$R = P\left(\frac{i}{1-(1+i)^{-n}}\right).$$

R을 이용하여 이를 계산하기 위하여 P를 `principal`이라고 하고, `intRate`를 이자율, 그리고 n을 이자를 지불해야 할 기간이라고 해 보자. 그리고 결과적으로 얻게 될 월 지불금은 `payment`라는 객체에 할당해 보도록 한다.

물론 이 계산을 위해서는 실제적인 값들이 필요하다. 따라서 대출금을 $1500, 이자율은 1%, 그리고 10달 동안 지불해야 한다고 가정해 보자. 계산에 필요한 코드는 다음과 같다.

```
> intRate <- 0.01
> n <- 10
> principal <- 1500
> payment <- principal * intRate / (1 - (1 + intRate)^(-n))
> payment
[1] 158.3731
```

따라서 이 특정한 대출의 경우 월지불금은 $158.37이 된다.

2.2.3 함수

R에서 대부분의 작업은 **함수** (functions)를 통해서 이루어지게 된다. 예를 들면 R을 종료하기 위해서 `q()`를 입력한다. 이것은 R에게 q라는 이름을 가진 함수를 **호출** (call)하라는 것을 의미한다. 괄호 안에는 함수에 사용될 인자들이 **나열** (argument list)되는데, 이 경우에는 아무런 인자를 가지지 않는다. 즉, 사용자가 단순히 R을 종료하고자 하며, 어떻

게 종료할지는 알려주지 않는 경우에 해당한다.

이제 q라는 함수가 어떻게 정의되었는지 살펴보도록 한다.

```
> q
function(save = "default", status = 0, runLast = TRUE)
.Internal(quit(save, status, runLast))
<bytecode: 0x1dc3190>
<environment: namespace:base>
```

보이는 것과 같이 q라는 이름을 가진 함수는 save, status, runLast라는 세 가지 인자(arguments)들을 가지고 있음을 알 수 있다. 각각의 인자들은 순서대로 "default", 0, 그리고 TRUE라는 **기본값** (default value)을 가지고 있다. 따라서 q()라는 함수의 호출은 미리 정의되어 있는 기본값을 이용하여 함수 q를 실행하는 것을 말한다.

만약에 미리 정해져 있는 기본값을 변경하고 싶다면 함수를 호출할 때 새로운 값을 변경하고자 하는 인자에 전달하면 된다. 그러나 호출 시 전달되는 인자들의 값은 입력 순서에 영향을 받는다는 점을 기억해야 한다. 다음을 살펴보도록 한다.

```
q("no")
q(save = "no")
```

이와 같은 방법으로 함수 q를 호출하는 것은 "no"라는 값을 첫 번째 인자에 전달하는 것이다. 이 호출의 결과는 작업공간을 저장하지 않고 종료하는 것이다. 만약 인자의 이름을 사용하지 않고 동시에 두 개의 값들을 함께 사용한다면 입력된 순서에 따라 인자 save와 status에 각각 전달되게 된다. 다른 인자들의 기본값을 변경하지 않고 맨 마지막 인자의 값만을 변경하고자 한다면 다음과 같이 해 볼 수 있다.

```
q(runLast = FALSE)
```

혹은 컴마를 활용하여 인자의 위치를 정확히 구분함으로써 새로운 값을 원하고자 하는 인자에 전달할 수 있다.

```
q( , , FALSE)
```

함수를 호출할 때에는 인자의 이름을 함께 사용하는 것이 좋다. 그 이유는 인자에 잘못된 값을 전달하는 위험을 줄이고 코드를 보다 쉽게 읽을 수 있도록 도와주기 때문이다.

2.2.4 정확한 또는 근삿값?

컴퓨터를 이용한 계산에서 중요하게 구별되는 점은 정확한 (exact) 결과와 근사된 (approximate) 결과를 구분짓는 것이다. 이 책에서 다루는 대부분은 근사적으로 값을 구하는 방법들에 촛점을 맞추고 있다. 컴퓨터는 유리수 (rational number)와 같은 숫자를 정확하게 표현할 수 있지만, 일반적으로는 **부동소수점 표기법** (floating point representations)을 사용하여 값을 근사적으로 표현한다. 2를 밑으로 하는 이진법은 근삿값을 표현하는 과학적 표기방법 중 하나이다. 예를 들어 6.926×10^{-4}와 같이 어떤 숫자를 네 자리의 유효숫자 (significant digits)를 이용하여 표현할 수 있다. 이 경우에 실제로 의미하는 정확한 값은 0.000 692 55와 0.000 692 65 사이에 놓이게 된다. 여기에서 예를 든 것과 같이 컴퓨터에서 사용하는 표준 부동소수점 표기법 (standard floating point representation)은 10을 밑으로 하는 십진법 대신 2를 밑으로 하는 이진법이다. 소수점을 가지는 숫자 (fraction) 또한 이진법으로 표기할 수 있다. 앞에서 예로 든 숫자는 $1.011_2 \times 2^{-11}$와 같이 유효숫자 네 자리를 가진 이진표기 (four binary digit precision)법을 사용하여 표현할 수 있다. 여기에서 1.011_2에 보이는 아래첨자 2는 2를 밑으로 하는 이진표기임을 의미한다. 이것은 $1 \times 2^0 + 0 \times 2^{-1} + 1 \times 2^{-2} + 1 \times 2^{-3}$를 의미하며, 십진법으로는 1.375와 같다.

그러나 6.926×10^{-4}와 $1.011_2 \times 2^{-11}$는 실제로 같은 값을 가지고 있지 않다는 점을 알고 있어야 한다. 이렇게 유효숫자 네 자리를 이용한 이진표기는 수치적 정밀성이 십진표기보다 뒤떨어지게 되는데, 그 이유는 0.000 641과 0.000 702 사이에 존재하는 모든 값들이 동일한 이진표기를 가지기 때문이다. 실제로는 6.926×10^{-4}은 이진법으로 정확하게 표현될 수 없다. 이와 마찬가지로 1/3을 십진법을 이용하여 0.3333과 같이 표현할 수 있으나, 이것은 근삿값일 뿐 정확한 값이라고 할 수 없다. 이러한 수치적 정밀도에 대하여 R은 이진법을 기초로 53개의 유효숫자를 사용하는 것을 표준으로 삼고 있다. 이것은 소수점 아래 15 또는 16번째 자리의 값에 대응한다.

이해를 돕기 위하여 5/4와 4/5라는 두 개의 분수 (fraction)를 예로 들어보도록 한다. 이 값들은 십진법으로 정확히 1.25와 0.8로 표현할 수 있다. 이진법을 사용할 경우 5/4는 $1 + 1/4 = 1.01_2$이지만 4/5는 어떻게 표현해야 할지 생각해 보아야 한다. 먼저 이 값은 0과 1 사이에 존재하기 때문에 $0.b_1 b_2 b_3 \cdots$의 형식으로 표현할 수 있다. 여기에서 b_i는 0과 1을 나타내는 단위 비트 (bit)이다. 이 값에 2를 곱하게 되면 이진법으로 표현된 모든 숫자들은 왼쪽으로 하나씩 이동하게 된다. 다시 말해서 $2 \times 4/5 = 1.6 = b_1.b_2 b_3 \cdots$.와 같이 표현되므로 $b_1 = 1$이고 $0.6 = 0.b_2 b_3 \cdots$.으로 표현할 수 있다.

다시 2를 곱하게 되면 $2 \times 0.6 = 1.2 = b_2.b_3 \cdots$가 되므로 $b_2 = 1$이 된다. 이 과정을 두 번 더 반복하면 $b_3 = b_4 = 0$을 얻게 된다. (꼭 따라해 보길 바란다!)

이제 0.8을 이진법을 사용하여 표현하게 되면 0.110 011 001 100 ⋯ 와 같이 4개의 연속적인 비트들이 무한 번 반복됨을 알 수 있다. R은 오로지 53비트까지 저장하기 때문에 0.8과 동일한 값을 저장한다고 할 수 없다. 이러한 저장 방식으로 인하여 라운딩 에러(rounding error)가 발생하게 된다.

다음 실험을 통하여 이러한 라운딩 에러를 확인해 보도록 한다. $(5/4) \times 4/5 = 1$이므로 $(5/4) \times (n \times 4/5)$은 어떠한 n에 대해서라도 정확하게 n의 값을 가져야 한다. 그러나 R에서 이것을 계산해 보면 다음과 같은 결과를 얻게 됨을 확인할 수 있다.

```
> n <- 1:10
> 1.25 * (n * 0.8) - n

[1] 0.000000e+00 0.000000e+00 4.440892e-16 0.000000e+00 0.000000e+00
[6] 8.881784e-16 8.881784e-16 0.000000e+00 0.000000e+00 0.000000e+00
```

즉, 어떤 값들에 대해서는 동일한 값을 저장할 수 있지만, $n = 3$, 6, 또는 7과 같은 경우에는 그렇지 않다. 에러의 크기는 매우 작지만 영(0)은 아니다.

이러한 라운딩 에러는 대부분의 경우 연산이 이루어지면서 누적되는 경향이 있다. 따라서 실제적인 에러의 크기는 일반적으로 계산과정이 짧은 경우보다 긴 경우에 더 커지게 된다. 또한 일부 연산의 경우 이러한 라운딩 에러가 더욱 쉽게 발생하기도 한다. 예를 들면 거의 같은 크기를 가지는 두 숫자의 차이를 구하거나, 부호만 다르고 거의 같은 크기를 가지는 두 숫자의 합을 구하는 경우를 들 수 있다. 거의 같은 크기를 가지는 숫자들을 이진법으로 표현할 경우 비트들은 거의 일치하므로 차이를 구할 때는 사라지게 되지만 뒷부분에 저장된 비트들이 어떤 값을 가지는가에 따라서 값이 달라지게 된다.

예제 2.2

다음과 같이 주어진 표본 $x_1, \ldots, x_n$으로부터 표본분산을 구하는 공식을 생각해 보도록 한다.

$$s^2 = \frac{1}{n-1}\sum_{i=1}^{n}(x_i - \overline{x})^2,$$

여기에서 x_i는 표본평균이며 $(1/n)\sum x_i$로 정의된다. R은 var()와 mean()를 이용하여 s^2와 $\overline{x}$를 계산할 수 있다. 이제 다음의 코드를 살펴보도록 한다.

```
> x <- 1:11
> mean(x)
```

```
[1] 6
> var(x)
[1] 11
> sum( (x - mean(x))^2 ) / 10
[1] 11
```

표본분산을 계산하기 위해서는 $\bar{x}$와 제곱된 잔차들의 합을 계산해야 한다. 이러한 종류의 계산은 x_i의 모든 값들을 메모리에 두고 있어야 한다. 불과 몇 년 전까지만 해도 큰 비용이 메모리에 들었기 때문에 아래와 같이 계산공식을 변경함으로써 이를 해결하고자 하였다.

$$s^2 = \frac{1}{n-1}\left(\sum_{i=1}^{n} x_i^2 - n\bar{x}^2\right).$$

이것은 x_i가 가지는 개별적인 값들을 오로지 한 번만 사용하여 x_i의 합과 x_i^2의 합을 구하므로 간단공식 (one-pass formula)이라고도 한다. 다음을 통하여 이렇게 공식을 변경하여도 같은 값을 가짐을 확인할 수 있다.

```
> ( sum(x^2) - 11 * mean(x)^2 ) / 10
[1] 11
```

그러나 만약 각각의 x_i에 어떠한 큰 값 A를 더하면 어떤 결과가 발생하는지를 살펴볼 필요가 있다. 이 경우 $\sum_{i=1}^{n} x_i^2$와 $n\bar{x}^2$은 대략적으로 nA^2만큼 증가하게 되고 분산의 값은 변하지 않는다. 그러나 이 두 값의 차이를 구할 경우 매우 큰 정확도의 손실 (catastrophic loss of precision)을 가져온다.

```
> A <- 1.e10
> x <- 1:11 + A
> var(x)
[1] 11
> ( sum(x^2) - 11 * mean(x)^2 ) / 10
[1] 0
```

여기에서 볼 수 있는 것과 같이 R의 `var()` 함수는 정확한 값을 제공해 주지만 간단공식을 이용한 계산은 그렇지 않다. 따라서 간단공식을 사용하기보다는 R에서 제공되는 함수를 사용하는 것이 좋다.

2.2.5 대소문자의 구분

만약 다음과 같이 입력한다면 어떤 결과가 나오는지 살펴보도록 한다.

```
> x <- 1:10
> MEAN(x)
Error: could not find function "MEAN"
```

또는

```
> mean(x)
[1] 5.5
```

이제 다음과 같이 해보도록 한다.

```
> MEAN <- mean
> MEAN(x)
[1] 5.5
```

여기에서 mean()은 R에서 미리 작성하여 제공되는 함수이다. R은 대소문자를 구별(case-sensitive, 즉 소문자 m과 대문자 M를 다른 글자로 인식함)하기 때문에 MEAN은 mean()과는 다른 함수라고 받아들이게 된다.

2.2.6 작업공간 내의 객체 나열하기

앞 절에서 수행된 계산들로 인하여 몇 개의 간단한 R 객체 (object)들이 생성되었다. 이러한 객체들은 현재 R 작업공간 내에 저장되어 있다. 이 객체들은 아래에서 보이는 것과 같이 object() 함수를 이용하여 화면상에 출력해 볼 수 있다.

```
> objects()
 [1] "A"              "final.balance"      "initial.balance"
 [4] "interest.30"    "intRate"            "MEAN"
 [7] "n"              "payment"            "principal"
[10] "saveopt"        "x"
```

objects()와 같은 기능을 하는 ls()라는 함수 또한 존재한다.

이 객체들은 현재 작업공간의 이미지를 저장없이 종료할 경우에 사라지게 된다. 만약 이미지를 저장하는 경우에는 현재의 작업공간은 다음번 R 세션에서 복구되게 된다.[3]

2.2.7 벡터

숫자형 벡터 (numeric vector)는 숫자들을 한데 묶은 것이라고 할 수 있다. c() 함수는 객체들을 한데 모아 벡터를 생성하는 데 사용된다. 다음과 같이 입력해 보도록 한다.

```
> c(0, 7, 8)
[1] 0 7 8
```

다시 이것을 이름을 가진 객체에 할당해 본다.

```
> x <- c(0, 7, 8) # 이제 x는 3개의 구성 요소를 가진 벡터이다.
```

x에 무엇이 들어있는지를 확인하기 위하여 객체의 이름을 입력해 보도록 한다.

```
> x
[1] 0 7 8
```

: 기호는 단조증가(또는 단조감소) 형식의 연속된 값들을 생성한다. 아래의 예를 통하여 이것을 이해해 보도록 한다.

```
> numbers5to20 <- 5:20
> numbers5to20
[1] 5 6 7 8 9 10 11 12 13 14 15 16 17 18 19 20
```

이러한 벡터들은 c 함수를 이용하여 연결 (즉, concatenated)될 수 있다. 아래의 예를 통하여 이를 확인해 보도록 한다.

```
> c(numbers5to20, x)
[1] 5 6 7 8 9 10 11 12 13 14 15 16 17 18 19 20 0 7 8
```

다음은 c() 함수를 활용하는 또 다른 예이다.

---

3) 만약 이전 세션에서 작업을 하던 폴더 또는 디렉토리 내에서 R을 시작한다면 항상 이러한 방식이 적용되게 된다. 일반적으로 R은 항상 기본적으로 정해진 디렉토리에서 시작하게 되는데, 사용자는 *setwd()* 함수를 호출하거나 메뉴를 이용하여 작업디렉토리를 세션의 사용 중에 변경할 수 있다.

```
> some.numbers <- c(2, 3, 5, 7, 11, 13, 17, 19, 23, 29, 31, 37, 41,
+  43, 47, 59, 67, 71, 73, 79, 83, 89, 97, 103, 107, 109, 113, 119)
```

위에서 볼 수 있는 것처럼 두 번째 줄의 시작 부분에서 + 기호가 나타남을 확인할 수 있다. 이것은 첫 번째 줄에서 입력이 완료되지 않았음을 의미한다.

이제 some.numbers의 뒤에 numbers5to20를 연결한 뒤, 4부터 1로 단조감소하는 양의 정수로 구성된 벡터를 추가하여 새로운 벡터를 생성해 보도록 한다.

```
> a.mess <- c(some.numbers, numbers5to20, 4:1)
> a.mess
 [1]   2   3   5   7  11  13  17  19  23  29  31  37  41  43  47  59
[17]  67  71  73  79  83  89  97 103 107 109 113 119   5   6   7   8
[33]   9  10  11  12  13  14  15  16  17  18  19  20   4   3   2   1
```

각 줄의 첫머리에 보이는 대괄호 [ ] 안의 숫자는 대괄호 바로 뒤에 오는 숫자가 계산 결과의 몇 번째 구성 요소인지를 나타내는 인덱스이다. 이것은 사용자가 a.mess의 22번째 구성 요소의 값이 89라는 것을 쉽게 파악할 수 있도록 도와준다.

2.2.8 벡터의 구성 요소 부분 선택하기

a.mess의 22번째 구성 요소만을 보여 주기 위해서는 아래와 같이 대괄호를 사용하여 해당 구성 요소에 접근하는 방법이 있다.

```
> a.mess[22]
[1] 89
```

이번에는 같은 방법을 이용하여 x의 두 번째 구성 요소를 출력해 보도록 한다.

```
> x[2]
[1] 7
```

한 번에 하나 이상의 여러 개의 요소들을 추출할 수도 있다.

```
> some.numbers[c(3, 6, 7)]
[1] 5 13 17
```

만약, numbers5to20의 세 번째부터 일곱 번째에 해당하는 구성 요소들을 뽑아내고자 한다면 다음과 같이 해 볼 수 있다.

```
> numbers5to20[3:7]
[1] 7 8 9 10 11
```

음의 부호를 가진 인덱스는 특정 구성 요소를 제외하기 위해서 사용된다. 예를 들면 x의 두 번째 구성 요소를 제외한 나머지를 출력하고자 한다면 다음과 같이 입력해 볼 수 있다.

```
> x[-2]
[1] 0 8
```

같은 논리를 이용하여 some.numbers의 세 번째부터 열한 번째 요소를 제외한 나머지 또한 다음과 같은 방법으로 출력해 볼 수 있다.

```
> some.numbers[-(3:11)]
 [1]   2   3  37  41  43  47  59  67  71  73  79  83  89  97 103 107
[17] 109 113 119
```

영 값을 가지는 인덱스는 아무런 역할을 하지 않다. 일반적으로 사용되는 것은 아니지만 복잡한 표현을 나타낼 때 유용할 수 있다.

```
> numbers5to20[c(0, 3:7)]
[1]  7 8 9 10 11
```

음과 양의 부호를 가진 인덱스를 동시에 사용하지 않도록 한다. 다음의 예를 통하여 어떤 결과가 나오는지 알아본다.

```
> x[c(-2, 3)]
Error: only 0's may be mixed with negative subscripts
```

이러한 에러 메시지를 보게 되는 이유는 어떤 구성 요소를 추출하고자 하는 것에 대한 표현이 명확하지 않기 때문이다. 다시 말해서, x의 두 번째 요소를 제외하기 전 또는 후에 세 번째 요소를 추출하고 싶은 것이지가 확실하지 않다.

2.2.9 벡터 연산

R에서 산술연산은 벡터 단위로도 수행된다. 예를 들어 x의 모든 구성 요소에 3을 곱해 보도록 한다.

```
> x * 3
[1]  0 21 24
```

이러한 계산은 구성 요소별 (elementwise)로 이루어진다. 물론 이와 유사한 방법으로 어떤 상수를 빼거나 나눌 수도 있다.

```
> y <- x - 5
> y
[1]  -5  2  3
```

이번에는 x의 각 구성 요소들의 세제곱 (3rd power)을 구해 보도록 한다.

```
> x^3
[1]   0 343 512
```

위의 예제들은 이항산술연산자 (binary arithmetic operator)가 어떻게 벡터와 상수를 함께 사용할 수 있는지를 보여 준다. 일반적으로 이항연산자 (binary operator)는 한 쌍의 벡터가 주어진 경우 서로 같은 위치에 놓인 구성 요소 (element by element)를 이용하여 주어진 연산을 수행한다. 예를 들어 $y_i^{x_i}$ $(i = 1, 2, 3)$은 $(y_1^{x_1}, y_2^{x_2}, y_3^{x_3})$를 의미하며 다음과 같이 계산할 수 있다.

```
> y^x
[1]   1 128 6561
```

만약 길이가 다른 두 벡터가 주어진다면 짧은 길이를 가지는 벡터의 구성 요소들을 반복하여 이용함으로서 긴 길이를 가지는 벡터가 가지는 길이와 맞추게 된다. 예를 들어 1부터 10 사이의 놓인 양의 정수를 각각 2와 3으로 나눈 나머지를 알고자 한다면 다음과 같은 방법으로 `2:3`을 한 번만 사용하면 된다.

```
> c(1, 1, 2, 2, 3, 3, 4, 4, 5, 5,
+   6, 6, 7, 7, 8, 8, 9, 9, 10, 10) %% 2:3
```

```
[1] 1 1 0 2 1 0 0 1 1 2 0 0 1 1 0 2 1 0 0 1
```

만약 길이가 긴 벡터의 길이가 짧은 벡터 길이의 배수가 아닌 경우에는 R은 경고메시지를 보여 준다. 예를 들어 1부터 10 사이에 놓인 양의 정수를 각각 2, 3, 4로 나눈 나머지를 얻고자 한다면 다음과 같은 방법으로 사용하는 것은 올바르지 않다.

```
> c(1, 1, 2, 2, 3, 3, 4, 4, 5, 5,
+   6, 6, 7, 7, 8, 8, 9, 9, 10, 10) %% 2:4
[1] 1 1 2 0 0 3 0 1 1 1 0 2 1 1 0 0 0 1 0 1
Warning message:
longer object length
      is not a multiple of shorter object length in: c(1, 1, 2, 2,
      3, 3, 4, 4, 5, 5, 6, 6, 7, 7, 8, 8, 9, 9, 10, 10)%%2:4
```
(에러를 확인할 수 있는가?)

2.2.10 간단한 패턴이 있는 벡터

앞 부분에서 콜론(:) 연산자를 이용하여 정수로 구성된 간단한 수열을 생성하였다. 패턴을 가지고 있는 벡터의 경우에는 seq( ) 함수와 rep( ) 함수를 이용해 볼 수 있다. 이해를 돕기 위하여 다음과 같은 방법으로 1부터 21 사이에 있는 홀수로만 구성된 수열을 생성해 보도록 한다.

```
seq(1, 21, by=2)
```

여기에서 by=2를 사용한 것에 주목하길 바란다. seq() 함수는 여러 개의 선택인자들을 가지고 있는데 by는 이 중 하나이다. 만약 by가 명시되지 않은 경우에는 기본값 1을 사용하게 된다.

rep()를 이용하여 주어진 패턴을 반복할 수도 있다. 아래의 예제를 살펴보도록 한다.

```
> rep(3, 12)      # 3을 12번 반복한다.
[1] 3 3 3 3 3 3 3 3 3 3 3 3
> rep(seq(2, 20, by=2), 2)     # 2부터 20 사이의 짝수를 두 번 반복한다.
[1] 2 4 6 8 10 12 14 16 18 20 2 4 6 8 10 12 14 16 18 20
> rep(c(1, 4), c(3, 2))     # 1을 3번 반복하고 4를 2번 반복한다.
[1] 1 1 1 4 4
```

```
> rep(c(1, 4), each=3)    # 1과 4를 각각 3번 반복한다.
[1] 1 1 1 4 4 4
> rep(seq(2, 20, 2), rep(2, 10))    # 2와 20 사이의 짝수를 각각 두 번씩 반복한다.
[1] 2 2 4 4 6 6 8 8 10 10 12 12 14 14 16 16 18 18 20 20
```

2.2.11 결측치와 다른 특수한 값들

R에서 결측치를 나타내는 기호는 NA이다. 결측값은 실제 데이터를 다룰 때 종종 접할 수 있는데 계산이 올바르게 수행되지 않은 경우에도 발생할 수 있다.

```
> some.evens <- NULL              # 먼저 구성 요소가 없는 벡터를 생성한다.
> some.evens[seq(2, 20, 2)] <- seq(2, 20, 2)
> some.evens
[1] NA 2 NA 4 NA 6 NA 8 NA 10 NA 12 NA 14 NA 16 NA 18 NA 20
```

이 예제에서는 2, 4, …, 20을 2, 4, …, 20번째의 구성 요소에 할당한 것이다. 따라서 1, 3, …, 19번째의 구성 요소들은 어떠한 값도 가지지 않게 된다. R은 이 위치들에 있는 값을 알 수 없다는 의미로서 NA를 사용하게 된다.

(0, 7, 8)로 구성된 벡터 x를 이용하여 다음의 계산을 해 보도록 한다.

```
> x / x
[1] NaN  1  1
```

여기에서 NaN이라는 기호는 0/0이라는 계산의 결과를 정할 수 없어 숫자가 아니다 ('not a number')라는 의미를 가지고 있다. 이 기호는 종종 주어진 계산식이 올바르지 않을 때 사용된다. 그렇지 않은 경우에는 특수한 값을 보이거나, 에러 또는 경고 메시지를 보게 될 수도 있다.

```
> 1 / x
[1]       Inf 0.1428571 0.1250000
```

여기에서 R은 1/0을 계산하려고 시도하였다.

벡터와 함께 사용되는 인덱스는 항상 정수이어야 한다는 점을 기억하길 바란다. 만약 0.4와 같이 소수점을 가진 인덱스가 사용된다면 이것은 0으로 간주되어 다음과 같은 결과를 보게 된다.

```
> x[0.4]
numeric(0)
```

여기에서 numeric(0)은 길이가 0인 숫자형 벡터를 의미한다.

2.2.12 문자형 벡터

스칼라 (scalar) 또는 벡터 (vector)는 숫자 이외에도 문자를 구성 요소로 사용할 수 있다. 단, 벡터의 모든 구성 요소는 반드시 같은 유형이어야 한다. 다음을 예로 들어보겠다.

```
> colors <- c("red", "yellow", "blue")
> more.colors <- c(colors, "green", "magenta", "cyan")
>                           # colors에 새로운 색상을 추가한다.
> z <- c("red", "green", 1) # 다른 유형의 데이터를 추가한다.
```

먼저 more.colors와 z를 구성하는 요소들이 가지고 있는 유형을 확인해 보도록 한다.

```
> more.colors
[1] "red" "yellow" "blue" "green" "magenta" "cyan"
> z                  # 숫자형 1이 문자형 "1"으로 변경되었다.
[1] "red" "green" "1"
```

문자형 벡터 (character vector)와 함께 사용할 수 있는 두 가지 종류의 기본적인 연산이 있다. 하나는 문자열의 일부를 뽑아내는 substr()이다. substr (x, start, stop)와 같이 사용하며, x는 문자형 벡터, start와 stop은 뽑아내고자 하는 문자열의 처음과 끝의 위치를 나타낸다. 다음과 같은 방법으로 각각의 색상들에 대한 처음 두 문자를 뽑아낼 수 있다.

```
> substr(colors, 1, 2)
[1] "re" "ye" "bl"
```

substring() 함수 또한 유사한 기능을 가지고 있으나 인자들의 사용방법은 다소 다르다. ?substring 도움말 페이지를 확인해 보길 바란다.

또 다른 하나는 문자열들을 결합 (concatenation)하는 것이다. 이를 위하여 paste() 함수를 이용해 볼 수 있다. 예를 들면 다음과 같다.

```
> paste(colors, "flowers")
```

```
[1] "red flowers" "yellow flowers" "blue flowers"
```

paste()는 두 가지 선택적 인자를 사용한다. sep이라는 인자는 구성 요소들이 서로 결합할 때 그 사이에 무엇을 함께 넣을 것인지를 지정한다. 기본값으로 지정되어 있는 공백을 사용하기를 원하지 않는 경우에 다음과 같이 해 볼 수 있다.

```
> paste("several ", colors, "s", sep="")
[1] "several reds" "several yellows" "several blues"
```

paste()가 가지고 있는 또 다른 인자 collapse는 아래에서 보이는 것과 같이 결과적으로 생성된 벡터의 모든 구성 요소들을 모두 묶어 하나의 문자열로 만드는 역할을 한다.

```
> paste("I like", colors, collapse = ", ")
[1] "I like red, I like yellow, I like blue"
```

2.2.13 요인

문자형 데이터를 저장하는 또 다른 방법은 요인 (factor)을 이용하는 것이다. 예를 들면, 다음과 같은 방법으로 네 개의 구성 요소로 이루어져 있으며 control과 treatment라는 두 개의 수준을 가진 요인 벡터를 생성할 수 있다.

```
> grp <- c("control", "treatment", "control", "treatment")
> grp
[1] "control" "treatment" "control" "treatment"
> grp <- factor(grp)
> grp
[1] control treatment control treatment
Levels: control treatment
```

벡터의 구성 요소들이 반복되는 경우 요인을 사용하는 것은 문자형 데이터를 저장하는 효율적인 방법이다. 이것은 요인이 가진 수준들이 내부적으로는 정수로 코드화되기 때문이다. 어떤 값들이 요인의 수준을 나타내기 위해 사용되었는지 다음과 같은 방법으로 확인해 볼 수 있다.

```
> as.integer(grp)
[1] 1 2 1 2
```

여기에서 각 수준에 주어진 레이블 (label)은 오로지 한 번만 저장되고 반복되지 않는다. 또한 정수로 변경된 코드는 수준으로 이루어진 벡터에 대한 인덱스로 사용된다.

```
> levels(grp)
[1] "control" "treatment"
> levels(grp)[as.integer(grp)]
[1] "control" "treatment" "control" "treatment"
```

2.2.14 벡터의 구성 요소를 선택하는 추가적인 방법

숫자형 벡터에서 살펴 본 것과 같이 대괄호 [ ]는 요인과 문자형 벡터의 구성 요소들을 접근하는 데 사용된다. 예를 들면 요인 grp은 네 개의 구성 요소를 가지는데, 다음과 같은 방법으로 세 번째 구성 요소만을 출력할 수 있다.

```
> grp[3]
[1] control
Levels: control treatment
```

또한 아래에서 보이는 것과 같이 more.colors의 두 번째부터 다섯 번째까지의 구성 요소들만을 뽑아낼 수도 있다.

```
> more.colors[2:5]
[1] "yellow" "blue" "green" "magenta"
```

결측값 (missing value)이 존재하는 경우에 함수 is.na()를 이용하여 이들을 확인해 볼 수 있다.

```
> is.na(some.evens)
 [1]  TRUE FALSE  TRUE FALSE  TRUE FALSE  TRUE FALSE  TRUE FALSE  TRUE
[12] FALSE  TRUE FALSE  TRUE FALSE  TRUE FALSE  TRUE FALSE
```

[결과는 '논리형 벡터 (logical vector)'로 표현된다. 이것에 대한 자세한 내용은 2.4절에서 다루게 된다.] 느낌표 ! 기호는 아니오 (not)라는 부정을 나타내는 데 사용된다. 따라서 다음과 같은 방법을 통하여 some.evens의 구성 요소 중 결측값이 아닌 것들을 확인해 볼 수 있다.

```
> !is.na(some.evens)
 [1] FALSE  TRUE FALSE  TRUE FALSE  TRUE FALSE TRUE FALSE TRUE FALSE
[12]  TRUE FALSE  TRUE FALSE  TRUE FALSE  TRUE FALSE  TRUE
```

이제 아래에서 볼 수 있는 것과 같이 짝수만을 뽑아낼 수도 있다.

```
> some.evens[!is.na(some.evens)]
[1]  2 4 6 8 10 12 14 16 18 20
```

2.2.15 행렬과 배열

숫자형 벡터를 행렬 (matrix)의 형식으로 재배열하기 위해서는 matrix() 함수를 사용한다.

```
> m <- matrix(1:6, nrow=2, ncol=3)
> m
     [,1]  [,2]  [,3]
[1,]   1    3    5
[2,]   2    4    6
```

행렬의 구성 요소에 접근하기 위해서는 행과 열의 위치를 나타내는 두 개의 인덱스를 사용한다. 아래와 같은 방법으로 첫 번째 행과 두 번째 열이 교차하는 지점에 놓인 구성 요소에 접근할 수 있다.

```
> m[1, 2]
[1] 3
```

다소 혼돈스러울 수도 있겠지만, R은 하나의 인덱스를 사용하여 벡터의 구성 요소에 접근했던 것과 같이 하나의 인덱스만을 이용하여 행렬의 구성 요소에 접근이 가능하다.

```
> m[4]
[1] 4
```

이것을 이해하기 위해서는 행렬을 구성하는 요소들이 내부적으로 어떠한 방법으로 배열되고 저장되는지를 이해해야 한다. R은 기본적으로 열을 우선으로 하여 자료를 저장하게 된다. 이것은 첫 번째 열에 자료를 먼저 채운 후에 순차적으로 두 번째 열, 세 번째 열로 이동하는 것을 의미한다. 이러한 배열방법을 **열우선배열** (column–major storage order)이라고 한다. 어떤 컴퓨터 언어들은 **행우선배열** (row–major storage order)을 이용하기도 한다. 즉, 첫 번째 행에 값들을 먼저 저장한 뒤, 두 번째 행, 세 번째 행으로 넘어가는 것을 말한다.

행렬을 구성하는 행 전체 또는 열 전체에 해당하는 요소들을 모두 뽑아내기 위해서는 아래 보이는 것과 같이 뽑아내고자 하는 행 또는 열에 해당하는 인덱스를 공란으로 두면 된다.

```
> m[1,]
[1] 1 3 5
> m[, 1]
[1] 1 2
```

데이터를 저장하는 좀 더 일반적인 방법에는 배열 (array)이라는 것이 있다. 배열은 여러 개의 인덱스를 가지고 있으며 아래에 보이는 것과 같이 array 함수를 이용하여 생성한다.

```
> a <- array(1:24, c(3, 4, 2))
> a
, , 1
     [,1] [,2] [,3] [,4]
[1,]   1    4    7   10
[2,]   2    5    8   11
[3,]   3    6    9   12
, , 2
     [,1] [,2] [,3] [,4]
[1,]   13   16   19   22
[2,]   14   17   20   23
[3,]   15   18   21   24
```

여기에서 볼 수 있는 것과 같이 배열의 차원은 `c(3, 4, 2)`와 같은 벡터를 이용하여 표현한다. 데이터가 입력될 때에는 첫 번째 인덱스에 지정된 크기만큼 데이터가 제일 먼저 채워진 후, 두 번째 차원, 세 번째 차원으로 넘어가면서 데이터가 배열되게 된다.

2.2.16 데이터 프레임

R에서 대부분의 데이터는 데이터 프레임 (data frame)을 이용하여 저장한다. 이것은 행렬과 같이 보일 수 있지만, 각 열마다 고유의 이름을 가진다. 또한 각각의 열은 서로 다른 유형의 데이터를 가질 수 있다. 이러한 데이터 프레임은 아래와 같은 방법으로 `data.frame()`

함수를 사용하여 생성할 수 있다.

```
> colors <- c("red", "yellow", "blue")
> numbers <- c(1, 2, 3)
> colors.and.numbers <- data.frame(colors, numbers,
+                               more.numbers=c(4, 5, 6))
```

이제 데이터 프레임이 가지고 있는 자료를 확인해 보도록 한다.

```
> colors.and.numbers
  colors numbers  more.numbers
1    red       1             4
2 yellow       2             5
3   blue       3             6
```

연습문제

01. 170 166 719을 31 079로 나누었을 때 나머지는 얼마인지 계산해 보도록 한다.

02. 대출금이 $200 000이고 월 이자율이 0.003이라고 할 때 300달 대출금을 갚는다고 한다면 월지불금은 얼마가 되는지 계산해 보도록 한다.

03. 만약 r에 1.08이라는 값이 주어진다면 $\sum_{j=1}^{n} r^j$과 $(1-r^{n+1})/(1-r)$은 어떤 값을 가지는지 계산해보고 비교해 보도록 한다. n의 값을 10, 20, 30, 40으로 변경해 보면서 이 값이 어떻게 바뀌는지 살펴본다. 동일한 작업을 $r = 1.06$인 경우에도 적용해 보길 바란다.

04. 위의 3번 질문을 참고하여 r = 1.08인 경우 n의 값을 1부터 100까지 변경해 가면서 $\sum_{j=1}^{n} r^j$을 계산해 보도록 한다. 그리고 이때 얻어진 100개의 계산결과를 가지는 벡터를 생성해 본다.

05. n이 100, 200, 400, 800일 때, $\sum_{j=1}^{n} j$과 $n(n + 1)/2$를 계산해 보고 이를 비교해 보도록 한다.

06. 위의 5번 질문을 참고하여 n이 1부터 100까지 변경될 때 $\sum_{j=1}^{n} j$을 계산해 보고, 이 계산결과를 가지는 벡터를 생성해 보도록 한다.

07. n이 200, 400, 600, 800일 때 $\sum_{i=1}^{n} j^2$과 $n(n + 1)(2n + 1)/6$을 계산해 보고 이를 비교해 보도록 한다.

08. 위의 7번 질문을 참고하여 n의 값을 1부터 100까지 바꿔가면서 $\sum_{j=1}^{n} j^2$을 계산해 보고 이 결과를 저장하고 있는 벡터를 생성해 보도록 한다.

09. N의 값이 500, 1000, 2000, 4000, 8000인 경우 $\sum_{i=1}^{n} 1/i$와 `log(N)+0.6`을 계산해 보고 이들을 비교해 보도록 한다.

10. 아래의 코드를 읽어보고 왜 서로 다른 결과를 얻게 되었는지를 설명해 보도록 한다(힌트: 2.2.4절 참조).

```
> x <- c(0, 7, 8)
> x[0.9999999999999999]
numeric(0)
> x[0.99999999999999999]
[1] 0
```

11. 다음에 보이는 것과 같은 벡터를 생성해 보도록 한다. 필요하다면 `rep()`와 `seq()`를 사용하도록 한다.

```
0 0 0 0 0 1 1 1 1 1 2 2 2 2 2 3 3 3 3 3 4 4 4 4 4
```

그리고

```
1 2 3 4 5 1 2 3 4 5 1 2 3 4 5 1 2 3 4 5 1 2 3 4 5
```

12. 다음에 보이는 것과 같은 벡터를 생성하도록 한다. 필요하다면 `rep()`와 `seq()`를 사용하도록 한다.

```
1 2 3 4 5 2 3 4 5 6 3 4 5 6 7 4 5 6 7 8 5 6 7 8 9
```

13. `more.colors` 벡터를 가지고 `rep()`과 `seq()`를 사용하여 다음과 같이 보이는 벡터를 생성해 보도록 한다.

```
"red"   "yellow"  "blue"     "yellow"  "blue"     "green"
"blue"  "green"   "magenta"  "green"   "magenta"  "cyan"
```

2.2.17 날짜와 시간

날짜와 시간은 컴퓨터에서 가장 다루기 어려운 데이터의 종류에 해당한다. 일반적으로 달력에서 사용되는 정보를 표현하는 것은 매우 복잡한데, 이는 매달 다른 길이의 날짜들을 가지고 있으며, 4년마다 돌아오는 윤년의 경우에는 또 다르기 때문이다. 또한, 율리어스 달력 (Julian calendar)에서 현대의 그레고리언 달력 (the modern Gregorian calendar)으로 바꾼 시기가 세계 각국의 사정에 따라 1582년부터 1923년 사이이다. 따라서 나라마다 바꾼 시기가 다르기 때문에 과거의 날짜들을 계산하고 해석하고자 할 때 이러한 점도 고려해야 한다.

어떤 나라는 서머타임 제도 (daylight savings time)를 시행하고, 그렇지 않은 나라도 있고, 윤년, 윤달과 마찬가지로 윤초와 같은 것들이 지구의 자전 시간과 표준 시간을 계산하기 위해서 사용되어야 하기 때문에 시간데이터는 다루기가 매우 어렵다.

이러한 것들을 해결하기 위해 R에서는 여러 가지 방법을 시도하고 있다. `base` 패키지에 있는 `strptime()`는 "2007-12-25" 또는 "12/25/07"와 같은 문자열을 내부적으로 숫자로 변경한 뒤, 출력 시에는 `format()`을 사용하여 보여 주게 된다. `ISOdate()`와 `ISOdatetime()` 함수들은 연도, 달, 일에 대한 알고 있는 경우에 사용된다. `chron` 패키지는 보다 다양한 종류의 함수들을 제공하고 있으나, 사용이 어렵고 이들에 대한 자세한 설명은 이 책의 범위를 벗어나게 된다.

2.3 내장함수들과 온라인 도움말

`q()`는 내장함수의 한 가지 예이다. R은 다양한 작업을 할 수 있도록 미리 설계된 많은 종류의 함수들을 제공하고 있다. 온라인 도움말 기능은 어떤 함수가 어떤 작업을 할 수 있는가에 대하여 살펴볼 수 있게 도와준다. 이러한 도움말 기능은 여러가지 방법을 이용하여 사용할 수 있다.

만약 도움말이 필요한 함수의 이름을 미리 알고 있다면 `help()` 함수를 이용하는 것만으로 충분하다. 예를 들어 `q()`에 대한 도움말을 보고자 한다면 다음과 같이 입력해 볼 수 있다.

```
> ?q
```

또는

```
> help(q)
```

두 가지 방법 모두 R을 종료하기 위하여 사용되는 함수에 대한 설명을 담고 있는 도움말

창을 열어 준다.

R에서 자주 이용되는 함수 중 하나는 mean()이다. 이에 대한 도움말을 확인해 보기 위해서 다음과 같이 입력해 보도록 한다.

```
> help(mean)
```

새로운 창이 열리며 첫 부분에 아래와 같은 내용을 확인할 수 있을 것이다.

```
mean                package:base                    R Documentation

Arithmetic Mean

Description:
     Generic function for the (trimmed) arithmetic mean.

Usage:

    mean(x, ...)

    ## Default S3 method:
    mean(x, trim = 0, na.rm = FALSE, ...)

Arguments:

       x: An R object. Currently there are methods for numeric data frames,
          numeric vectors and dates. A complex vector is allowed for 'trim
          = 0', only.

    trim: the fraction (0 to 0.5) of observations to be trimmed from each
          end of 'x' before the mean is computed.
```

(사용자의 시스템에 따라 다소 다른 차이가 있을 수 있다.) 이 도움말에 따르면 mean()은 일반적인 산술평균 (ordinary arithmetic average)을 구하거나 사용자의 필요에 따라 trim을 이용하여 '절삭 (trimming)'평균을 구할 수도 있다.

이전에 생성했던 벡터 x의 평균을 알고 싶다면 아래에 보이는 것과 같이 입력하면 된다.

```
> mean(x)
[1] 5
```

2.3.1 내장함수의 이용 예제

help()의 유용한 대안으로서 example() 함수가 있다.

```
> example(mean)
mean> x <- c(0:10, 50)
mean> xm <- mean(x)
mean> c(xm, mean(x, trim = 0.10))
[1] 8.75 5.50
mean> mean(USArrests, trim = 0.2)
  Murder   Assault  UrbanPop    Rape
    7.42    167.60     66.20   20.16
```

여기에서 볼 수 있는 것과 같이 mean() 함수의 간단한 사용법을 보여 줄뿐만 아니라 어떻게 trim 인자를 사용하는지도 보여 준다. [trim=0.1으로 지정한 경우 데이터의 상위 10%와 하위 10%를 제거한 절삭평균을 계산한다.]

2.3.2 함수명을 모를 때 도움말을 이용하기

종종 help.start()를 사용하면 편리한 경우가 있다. 이것은 인터넷 익스플로러 또는 파이어폭스와 같은 인터넷 브라우저를 열어준다.[4] 사용자는 이 브라우저를 통하여 설치된 패키지들의 목록을 포함하여 여러 가지 선택사항을 제공하는 메뉴들을 확인할 수 있을 것이다. base 패키지는 자주 사용되는 매우 많은 종류의 함수들을 가지고 있다.

자주 활용되는 함수 중 하나는 help.search()이다. 예를 들어 최솟값 또는 최댓값을 찾는 최적화 (optimization)와 관련된 함수는 어떤 것들이 있는지 알고 싶다면 다음과 같이 입력하면 된다.

```
help.search("optimization")
```

검색의 결과는 아래에서 보이는 바와 같다.

```
Help files with alias or concept or title matching "optimization" using
fuzzy matching:

lmeScale(nlme)          Scale for lme Optimization
```

4) 이것은 사용자의 시스템에 올바르게 설치된 브라우저에 따라서 다르게 작동한다. 만약 설치된 브라우저가 없는 경우에는 에러 메시지를 보거나 아무런 반응도 보이지 않을 수 있다.

```
optimization(OPM)       minimize linear function with linear constraints
constrOptim(stats)      Linearly constrained optimisation
nlm(stats)              Non-Linear Minimization
optim(stats)            General-purpose Optimization

optimize(stats)         One Dimensional Optimization
portfolio.optim(tseries)
                        Portfolio Optimization
Type "help(FOO, package = PKG)" to inspect entry "FOO(PKG) TITLE".
```

이렇게 특정 주제에 대하여 어떤 함수가 사용 가능한지를 먼저 확인한 뒤, 아래와 같은 방법으로 nlm()와 같이 함수의 이름을 사용하여 알고자 하는 특정 함수에 대한 도움을 얻을 수 있다.

```
help(nlm)
```

구글과 같은 검색엔진은 R과 관련한 도움을 얻는 데 유용하게 사용될 수 있다. 검색어에 'R'을 함께 넣어주면 종종 검색어와 연관이 높은 R 도움말 페이지를 볼 수 있다.[5] 사용에 필요한 R 패키지의 이름은 일반적으로 도움말 페이지의 상단에서 찾을 수 있다.

주목할 만한 또 다른 함수는 R-help 메일링 리스트 또는 다른 웹 리소스로부터 검색을 수행해 주는 RSiteSearch()이다. 예를 들어 R에서 결측값을 처리하는 방법을 알고 싶은 경우 다음과 같이 입력하면 관련 내용을 확인해 볼 수 있다.

```
RSiteSearch("missing")
```

2.3.3 내장된 그래픽 함수들

가장 기본적인 플롯에는 히스토그램과 산점도가 있다. 다음을 살펴보도록 하자.

```
> x <- c(12, 15, 13, 20, 14, 16, 10, 10, 8, 15)
> hist(x)
```

5) 사용자는 아마도 사용자의 작업환경에 설치하지 않은 함수에 대한 도움말 페이지를 찾을 수도 있다. 그 이유는 검색된 함수가 다른 사용자가 작성한 패키지 내에 존재하기 때문이다.

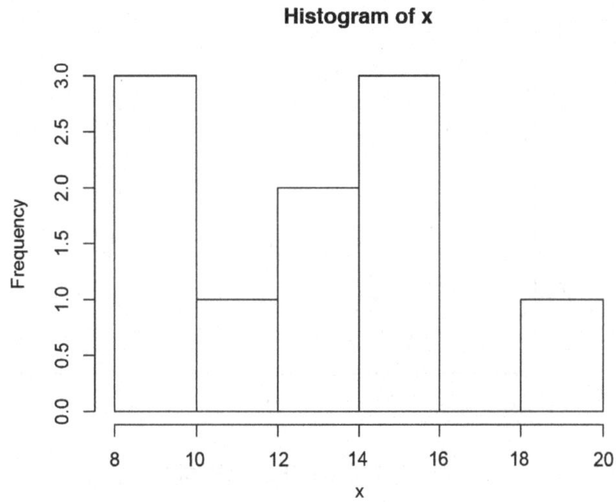

[그림 2.1] 간단한 히스토그램

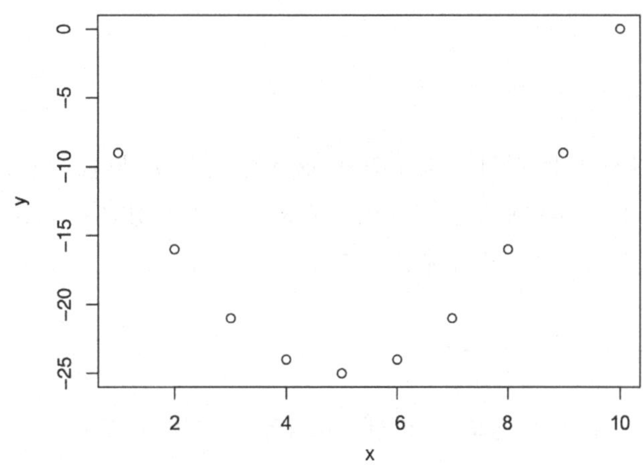

[그림 2.2] 간단한 산점도

(결과는 그림 2.1에서 보는 바와 같다.) 이번에는 다음과 같이 입력해 보도록 한다.

```
> x <- seq(1, 10)
> y <- x^2 - 10 * x
> plot(x, y)
```

(결과는 그림 2.2에서 보는 바와 같다.) x값들이 x축을 따라서 플롯됨을 알 수 있다.

또 다른 유용한 플롯팅 함수는 하나의 변수를 가지고 있는 수학함수의 그래프를 주어진 구간 내에서 그려주는 curve() 함수이다. 주어지는 구간의 왼쪽과 오른쪽 끝점은 from과 to를 통하여 지정된다.

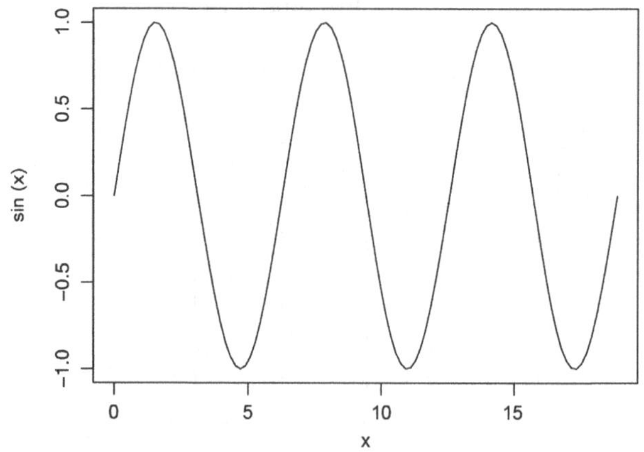

[그림 2.3] sin 곡선 플롯팅하기

간단한 예를 들기 위하여 $[0, 6\pi]$ 구간 내에 있는 삼각함수 사인 (sine) 함수의 그래프를 그려 보도록 한다.

```
> curve(expr = sin, from = 0, to = 6 * pi)
```

(결과는 그림 2.3에서 보는 바와 같다.) 인자 expr는 숫자형 벡터를 입력받아 이것의 계산 결과를 숫자형 벡터로 반환해 주는 함수이거나 x에 대하여 정의된 표현식 (expression)일 수 있다. 다음의 코드는 후자의 경우를 보여주는 예이다.

```
curve(x^2 - 10 * x, from = 1, to = 10)
```

그래픽과 관련한 더 많은 정보는 이 책의 3장에서 찾을 수 있다.

2.3.4 기본적인 내장 함수들 (추가)

표본 중앙값

표본의 중앙값 (sample median)은 주어진 표본의 중심위치를 나타내는 척도이다. 만약 표본을 $x[1] \leq \cdots \leq x[n]$와 같이 나열하는 경우, 만약 n이 홀수이면 중앙값은 $x[(n+1)/2]$에 위치한 값이고, n이 짝수이면 $\{[x[n/2]+x[n/2+1]\}/2$에 위치한 값이 된다.

예를 들어 표본 10, 10, 18, 30, 32의 중앙값은 18이며, 표본 40, 10, 10, 18, 30, 32의 중앙값은 18과 30의 평균값인 24이다.

다음과 같은 방법으로 R을 이용하여 자료의 중앙값을 찾을 수 있다.

```
median(x) # x에 저장된 데이터의 중앙값 또는 50퍼센트에 위치한 값을 찾는다.
```

기타 요약통계 척도함수

벡터에 저장된 자료에 대한 요약통계 또한 구할 수 있다. 다음을 입력해 보고 결과를 살펴보도록 한다.

```
var(x)        # x의 분산을 구한다.
summary(x)  # x의 여러 가지 통계 요약치들을 구한다.
```

연습문제

01. 다음의 자료는 온실로 들어오는 태양복사열에 대한 관측 표본이다.

```
11.1 10.6 6.3 8.8 10.7 11.2 8.9 12.2
```

(a) 이 자료를 solar.radiation이라는 이름을 가진 객체에 할당하도록 한다.

(b) 관측 표본의 평균, 중앙값, 그리고 분산을 구해 보도록 한다.

(c) solar.radiation이 가지고 있는 각 자료의 값에 10을 더한 결과를 sr10에 저장하도록 한다. sr10의 평균, 중앙값, 분산을 구해 본다. 어떤 통계량이 변화했으며, 얼마나 많이 변화했는지 살펴보도록 한다.

(d) 각 자료의 값에 −2를 곱한 뒤 그 결과를 srm2에 저장해 보도록 한다. srm2의 평균, 중앙값, 분산을 구해 본다. 이번에는 어떤 통계량이 변했는지 살펴보도록 한다.

(e) solar.radiation, sr10, 그리고 srm2가 가지고 있는 자료들에 대한 히스토그램을 생성해 보도록 한다.

(f) 분산을 구하기 위해서 사용되는 공식은 $(1/n)\Sigma_{i=1}^{n}(x_i-\overline{x})^2$와 $(1/n-1)\Sigma_{i=1}^{n}(x_i-\overline{x})^2$이 있다. 전자는 분모에 n이용하고 후자는 $n-1$을 이용한다. R에서 사용하고 있는 var() 함수는 어떤 공식을 이용하고 있는지 확인해 보길 바란다.

2.4 논리형 벡터와 관계형 연산자들

이전 절에서는 숫자형 벡터들을 연결하거나 문자형 벡터들을 연결하기 위하여 c() 함수를 사용했다. R은 또한 논리형 벡터를 사용할 수 있도록 지원하고 있다. 단 이 벡터는 TRUE과 FALSE라는 두 가지 종류의 값만을 벡터의 구성 요소로서 사용할 수 있다.

2.4.1 불대수

R이 TRUE와 FALSE를 어떻게 다루는지 이해하기 위해서는 불대수 (Boolean algebra)에 대한 약간의 지식이 필요하다. 불대수의 개념은 논리에 대한 수학적 접근을 공식화한 것이라고 할 수 있다.
여기에서 논리는 참 또는 거짓으로 구분할 수 있는 명제들 (statements)을 나루는 것이나. 각각의 명제는 문자 또는 변수로 표현할 수 있다. 즉, A는 "하늘이 맑다" 그리고 B는 "비가 온다" 등의 문장으로 나타내는 것이다. 현재 있는 위치의 날씨에 따라서 두 명제 모두 참 (여우비가 오는 경우)일 수 있으며, A는 참인데 B는 거짓 (맑은 날인 경우)이거나, A는 거짓인데 B는 참 (비가 오는 날)이거나, 둘 다 거짓 (흐리지만 건조한 날)일 경우를 생각해 볼 수 있다.

이러한 불대수는 복합적으로 이루어진 명제에 대한 참과 거짓을 표현할 수 있도록 도와주는 도구라고 할 수 있다. 예를 들면, "A 그리고 (and) B"는 날씨가 맑으면서도 비가 온다는 것이다. 이 명제는 오로지 여우비가 내릴 경우에만 참이다. "A 또는 (or) B"는 흐리면서 건조한 경우를 제외하고 맑거나 비가 오거나 혹은 두 가지 모두인 경우가 참이다. 이러한 것을 **포함적** 논리합 (inclusive or)이라고 하는데 **배타적** 논리합 (exclusive or)과는 구분이 된다. "A xor B"로 표현하는 배타적 논리합은 두 가지 모두가 참인 경우를 제외하고 날씨가 맑거나 혹은 비가 오는 둘 중의 한 가지 경우만을 의미한다. 물론 "날씨가 맑지 않다"를 표현하는 "not A"이라는 명제도 있다.

불대수와 집합이론은 서로 상당한 밀접한 관계에 있다. 만약, A와 B가 집합으로서 해석할 수 있다면 "A 그리고 (and) B"는 A와 B에 함께 존재하는 구성 요소들로만 이루어진 교집합 (intersection) $A \cap B$로 생각할 수 있다. 이와 유사하게 "A 또는 (or) B"는 A에 존재하거나 또는 B에 존재하는 구성 요소들로 이루어진 합집합 (union) $A \cup B$ 으로 생각할 수도 있다. 마지막으로 "not A"는 A의 여집합 (complement) A^C로 생각할 수 있다.

오로지 참과 거짓이라는 두 가지 경우만으로 표현할 수 있기 때문에 모든 가능한 불대수 연산을 표에 정리를 하였다. 표 2.1의 첫 번째 줄은 기본적인 불대수를 나타내고, 두 번째 줄은 이에 상응하는 R코드를 나타내었다. 그리고 표의 나머지 부분은 연산의 결과를 담고 있다.

[표 2.1] 불대수 연산 진리치표 (truth table)

Boolean	A	B	not A	not B	A and B	A or B
R	A	B	!A	!B	A & B	A | B
	TRUE	TRUE	FALSE	FALSE	TRUE	TRUE
	TRUE	FALSE	FALSE	TRUE	FALSE	TRUE
	FALSE	TRUE	TRUE	FALSE	FALSE	TRUE
	FALSE	FALSE	TRUE	TRUE	FALSE	FALSE

연습문제

01. 기본적인 불대수 연산 규칙을 사용하여 좀 더 복잡한 표현을 할 수 있다. *xor* 연산 규칙에 대한 진리치표를 작성한 뒤, 이들을 어떻게 *and, or, not*을 사용하여 표현할 수 있는지 생각해 보도록 한다.

02. 합집합과 교집합을 표현하는 데 벤다이어그램 (Venn diagrams)을 사용할 수 있다. *and, or, not,* 그리고 *xor*에 대응하는 벤다이어그램을 그려 보도록 한다.

03. R에서 드모르간의 법칙 (DeMorgan's law)은 `!(A & B) == (!A)|(!B)`과 `!(A | B) == (!A) & (!B)`로 나타낼 수 있다. 이 법칙을 앞서 사용했던 *A*와 *B*를 이용하여 영어로 작성해 보고, 진리치표를 사용하여 이들이 서로 일치함을 확인해 보길 바란다.

2.4.2 R에서의 논리연산

R에서 사용되는 벡터의 기본 유형 중 하나는 논리값을 다룬다. 예를 들어 다음과 같은 논리형 벡터를 생각해 보도록 한다.

```
> a <- c(TRUE, FALSE, FALSE, TRUE)
```

이것은 네 개의 논리값을 가지는 벡터를 생성한다. 이 논리형 벡터는 다음과 같은 방법으로 벡터의 구성 요소에 접근하기 위한 인덱스처럼 사용될 수 있다.

```
> b <- c(13, 7, 8, 2)
> b[a]
[1] 13 2
```

여기에서 볼 수 있는 것과 같이 `TRUE`에 상응하는 벡터 b의 요소들만이 추출되었음을 알 수 있다.

만약 이러한 논리형 벡터가 산술연산에 이용된다면 어떻게 되는지 살펴보도록 한다.

```
> sum(a)
[1] 2
```

이 연산은 `FALSE`와 `TRUE`를 각각 0과 1로 변경한 뒤에 얻어진 것이다. 이 경우 결과값은 벡터내에 몇 개의 TRUE를 가지고 있는지를 의미하게 된다.

불대수 연산자에는 두 가지 종류가 있다. 하나는 앞 절에서 설명한 &, | 그리고 !와 같은 일반적인 연산자인데 이것은 모두 벡터 단위의 연산을 수행한다. 다음과 같은 예를 들어 볼 수 있다.

```
> !a
[1] FALSE TRUE TRUE FALSE
```

만약 숫자형 벡터에 논리 연산자를 적용하게 되면 0은 FALSE로 영이 아닌 값들은 모두 TRUE로 변환된다.

```
> a & (b - 2)
[1] TRUE FALSE FALSE FALSE
```

&&와 ||로 표현하는 연산자는 &와 |로 표현하는 연산자와 유사하지만, 두 가지 다른 점들이 있다. 첫째로 이것들은 벡터 방식의 연산을 하지 않고, 오로지 한 번만의 연산을 수행한다. 두 번째는 연산의 방향이 좌에서 우로 진행되도록 정의되어 우측에 존재하는 표현은 필요 시에만 평가되는 것이다. 예를 들어 만약 A가 FALSE이면, A && B는 B의 값과 관계없이 FALSE가 된다. 따라서 B는 평가 자체가 이루어지지 않게 된다. 만약 B를 평가하는 데 시간이 매우 많이 걸릴 경우에 이러한 연산자를 사용한다면 많은 시간을 절약할 수 있다. 또한 A가 FALSE의 값을 가질 때 B를 평가하는 것 자체가 에러를 발생시킬 수 있는 경우에도 이러한 연산자의 사용은 연산을 보다 수월하게 해 준다. 이러한 특징을 연산의 단축평가 (short-circuit evaluation)라고 한다.

연습문제

01. A || B 이라는 표현식을 평가하고자 할 때 어떤 경우에 B에 대한 평가가 이루어져야 하는지 생각해 보도록 한다.

02. 앞의 본문에서 사용한 a와 b를 이용하여 아래의 표현들에 대한 결과값들을 예측해 보고 R에서 확인해 보도록 한다.

```
min(b)
min(a)
max(b)
max(a)
```

```
length(a)
```

03. 다음을 따라 입력해 보도록 한다.

```
b * a
```

2.4.3 관계 연산자

종종 어떤 관계를 나타내는 표현이 TRUE 또는 FALSE인가를 확인하는 프로그램을 작성해야 하는 경우를 만나게 된다. R은 <, >, ==, >=, <=, != 와 같은 관계형 연산자를 이용하여 주어진 관계가 동일한지 아니면 동일하지 않은지를 검정할 수 있다.

예제

- 먼저 아래와 같이 입력해 보도록 한다.

```
a <- c(3, 6, 9)
```

- 어떤 요소가 4보다 큰 값을 가지는지 확인하기 위하여 다음을 입력해 보도록 한다.

```
a > 4
```

- 어떤 요소가 4와 정확히 일치하는 값을 가지는지 확인하기 위해 다음을 입력해 보도록 한다.[6]

```
a == 4
```

- 어떤 요소가 4보다 크거나 같은 값을 가지는지 확인하기 위하여 다음을 입력해 보도록 한다.

```
a >= 4
```

- 어떤 요소가 4와 같지 않은 값을 가지는지 확인하기 위하여 다음을 입력해 보도록 한다.

```
a != 4
```

- a가 가지고 있는 요소 중 4보다 큰 값을 가지는 요소들만을 뽑아내기 위하여 다음과 같이 입력해 보도록 한다.

```
a[a > 4]
```

- 이제 새로운 벡터를 다음과 입력해 보도록 한다.

6) 정확한 일치를 확인하는 경우에는 주의가 요구된다. R은 제한된 소수점 자리를 다루기 때문에 라운딩에러가 누적되어 49 * (4 / 49)는 4와 같지 않다는 것과 같이 믿기 힘든 경우를 접하게 될 수 있다.

```
b <- c(4, 6, 8)
```

- a의 구성 요소들 중 어느 위치에 있는 요소가 대응하는 위치에 있는 b의 요소와 비교하여 작은 값을 가지는가를 확인하기 위하여 다음과 같이 입력해 보도록 한다.

```
a < b
```

- a의 구성 요소들 중 어떤 요소가 대응하는 위치에 있는 b의 요소와 비교하여 작은 값을 가지고 있는지를 뽑아내기 위하여 다음과 같이 입력해 보도록 한다.

```
a[a < b]
```

2.5 데이터 입력과 출력

R 세션 내에서 R의 외부에 존재하는 파일에 있는 데이터를 읽어 들이거나, 데이터를 외부에 존재하는 파일에 작성하는 것이 가능하다. 이것을 행하는 방법에는 여러가지가 있지만, 이들을 논의하기 전에 데이터가 어디로부터 오고 어디로 가게 되는가를 아는 것이 중요하다.

2.5.1 디렉토리 변경하기

윈도우즈 버전의 R은 File | Change dir… 메뉴를 이용하여 디렉토리 또는 폴더를 변경함으로써 데이터를 어디로 가게 할지를 결정할 수 있다.

setwd() 함수를 사용할 수도 있다. 예를 들면 C: 드라이브에 있는 mydata 폴더에 놓인 데이터를 작업하고자 하는 경우, 다음과 같이 입력해 볼 수 있다.

```
setwd("c:/mydata")    # 또는 setwd("c:\\mydata")
```

지금부터는 모든 데이터 입력과 출력은 기본적으로 C: 드라이브에 있는 mydata 폴더에서 이루어지게 된다.[7]

---

7) 윈도우즈 환경의 폴더명에 익숙한 사용자라면 "c:\mydata"이라고 사용할 것이다. 그러나 R은 백슬래쉬 문자 "\"를 다음 문자를 해석하는 데 이용되는 특수한 이스케이프 (escape) 문자로 인식한다. 따라서 사용자가 정말 백슬래쉬 "\"를 사용하고자 한다면 두 개의 백슬래쉬인 "\\"를 사용해야 한다. 첫 번째 백슬래쉬는 이스케이프 문자이고, 두 번째는 백슬래쉬는 이스케이프 문자가 아닌 백슬래쉬이다. 다른 시스템에서는 폴더명에다가 포워드슬래쉬 "/"를 사용하기도 하고 윈도우즈에서 두 개의 백슬래쉬 "\\"를 사용하는 것은 어려운 일이 아니기 때문에 R은 두 가지 경우 모두를 사용할 수 있도록 하고 있다.

2.5.2 dump( )와 source( )

이제 사용자가 usefuldata이라는 이름의 객체를 생성했다고 가정해 보도록 한다. 이 객체를 다음번 세션에서 사용할 목적으로 저장을 하고자 한다면 다음과 같이 입력해 볼 수 있다.

```
dump("usefuldata", "useful.R")
```

이렇게 하는 것은 객체 usefuldata를 생성하는 데 필요한 명령어들을 *useful.R* 이라는 파일에 저장하는 것을 의미한다. 파일명에 대한 선택은 사용자의 컴퓨터에서 요구하는 규칙에 부합하는 한 사용자의 자유이다.

다음 세션에서 이 객체를 다시 생성하고자 한다면 다음과 같이 해 볼 수 있다.

```
source("useful.R")
```

이것은 *useful.R* 에 있는 명령어들을 불러들여 읽어 이들을 실행하여, usefuldata이라는 객체를 생성하고 이를 전역 환경에 위치시키는 것이다. 만약 이전에 동일한 이름의 객체가 존재했다면 새로이 생성된 객체의 것으로 교체되게 된다.

세션 내에서 생성한 모든 객체들을 저장하고자 한다면 다음과 같이 해 볼 수 있다.

```
dump(list=objects(), "all.R")
```

이것은 *all.R* 이라는 이름을 가진 파일을 사용자의 컴퓨터 하드드라이브에 생성하도록 하는 것이다. source("all.R")를 실행함으로써 사용자가 이전에 생성했던 객체들을 모두 복원할 수 있다.

이미 존재하는 객체들 중 일부 객체 humidity, temp, rain만을 선택적으로 *weather.R* 이라는 파일에 저장하고자 한다면 다음과 같이 입력해 볼 수 있다.

```
dump(c("humidity", "temp", "rain"), "weather.R")
```

연습문제

01. 텍스트 편집기를 열고 다음의 내용을 입력하도록 하자.

```
randomdata <- c(64, 38, 97, 88, 24, 14, 104, 83)
```

입력이 완료되면 randomdata라는 이름으로 파일을 저장하도록 한다.

02. 파일 randomdata을 R로 불러오고 randomdata 벡터가 R에서 생성되었는지 확인해 보도록 한다.

03. 다음의 요소들을 가지는 벡터 numbers를 생성해 보도록 한다.

3 5 8 10 12

numbers를 *numbers.R* 이라는 이름을 가진 파일에 저장하고, rm()를 이용하여 numbers를 삭제하도록 한다. ls()를 이용하여 numbers가 삭제되었는지 확인한 뒤 source 명령어를 이용하여 numbers를 다시 생성해 보도록 한다.

2.5.3 R 출력방향 조정하기

기본적으로 R에서 제공되는 대부분의 함수들로부터 출력되는 결과는 화면상에 보여진다. 이 결과들을 sink() 함수를 이용하여 파일에 저장할 수도 있다.

온실로 들어오는 태양복사열의 관측치를 가지고 있는 자료 solar.radiation를 다시 살펴보도록 한다. mean(solar.radiation)는 자료의 평균을 화면에 보여 주는데, 이 결과를 다음과 같은 방법으로 *solarmean.txt* 라는 이름을 가진 파일에 저장할 수 있다.

```
sink("solarmean.txt")     # 결과가 저장될 파일 solarmean.txt를 생성한다.
mean(solar.radiation)     # 평균값을 solarmean.txt에 기록한다.
```

이제 이후에 생성되는 모든 결과들은 아래의 명령어를 다시 만날 때까지 계속 *solarmean.txt* 파일에 저장된다.

```
sink()    # solarmean.txt 파일을 닫고 결과를 화면으로 출력한다.
```

이 명령이 사용된 이후부터는 모든 결과들이 다시 화면으로 출력되게 된다.

2.5.4 이미지 파일을 저장하고 불러오기

R 세션에서 생성된 벡터와 다른 종류의 객체들은 전역환경이라고 알려진 작업공간에 저장된다. 그리고 세션을 종료할 때 작업공간 이미지의 저장여부를 묻는 옵션을 보게 된다. 이때 저장을 선택하면 현재 작업 중인 디렉토리에 작업공간을 재구성하는 데 필요한 정보를 담고 있는 *.RData*가 생성된다. 윈도우즈의 경우 *.RData*을 클릭하여 R을 다시 시작하거나 *.RData*가 저장된 디렉토리에서 R을 시작하다면 저장되어 있는 작업공간의 이미지가 자

동으로 불러지게 된다. R이 다른 디렉토리에서 실행된 경우에는 load()를 이용하여 저장된 작업공간 이미지를 불러올 수 있다.

작업공간 이미지를 저장하기 위하여 꼭 R을 종료할 필요는 없다. 예를 들면 현재의 모든 작업공간 이미지 정보를 저장하고자 한다면 다음의 명령어를 입력함으로써 *temp.RData*이라는 파일에 저장할 수 있다.

```
> save.image("temp.RData")
```

앞서 설명한 것과 같이 *temp.RData*를 클릭하여 R 세션을 시작할 수 있다. 또 다른 방법으로는 R 세션에 들어간 뒤에 load("temp.RData")를 입력하여 이전의 작업내용을 모두 불러 올 수 있다. 현재 작업공간 이미지에 이미 존재하는 객체들은 *temp.RData*의 이미지에 저장되어 있는 객체들과 같은 이름을 가지지 않는 한 계속 남아 있게 된다. 만약 같은 이름을 가지고 있는 객체들이 존재한다면 이들은 새로이 불러온 객체들에 의하여 덮어씌워지므로 없어지게 된다.

2.5.5 데이터 프레임과 read.table 함수

데이터셋은 일반적으로 한 개 이상의 열로 구성되어 있으며, 하나의 열은 하나의 변수에 해당하는 자료값들을 가지고 있다. 그리고 각 행은 일반적으로 하나의 관측 대상 (observation)을 나타낸다. 이러한 방법으로 데이터를 배열하는 것을 **사례별 변수** 구성이라고 한다.

다음에 주어진 데이터 셋은 4개의 관측 대상들로부터 3개의 변수 x, y, z에 대한 측정값을 가지고 있다.

x	y	z
61	13	4
175	21	18
111	24	14
124	23	18

만약 이 데이터셋이 C: 드라이브에 위치한 *myfiles* 디렉토리에 *pretend.dat*이라는 이름으로 저장되어 있다면, 다음과 같이 입력함으로써 이 데이터를 R 데이터 프레임의 구조로 읽어 들일 수 있다.

```
> pretend.df <- read.table("c:/myfiles/pretend.dat", header=T)
```

데이터 프레임의 각 열은 이름을 가지고 있는데 x라는 이름을 가지고 있는 열이 가지는 자료값들을 확인하기 위해서는 다음과 같이 입력하면 된다.

```
> pretend.df$x
```

2.5.6 리스트

데이터 프레임은 본래 리스트 (list)라는 데이터 구조의 특별한 구성 방식이다. 리스트는 서로 다른 종류의 객체들을 구성 요소로 가질 수 있다. 사용자가 직접 이러한 것들을 생성할 경우가 많지는 않지만, 많은 함수들이 복잡하게 이루어진 결과들을 리스트의 형식으로 반환하고 있다. 이렇게 리스트를 구성하고 있는 객체들의 이름을 함수 names()를 이용하여 확인할 수 있으며, 다음과 같은 방법으로 이를 추출할 수도 있다.

```
> names(d)    # 데이터 프레임 d 내의 객체들의 이름을 출력한다.
> d$x         # d의 구성 요소 x를 출력한다.
```

list() 함수는 여러 개의 결과를 반환해야 하는 경우 이를 체계화하는 한 가지 방법이다. 다음을 예로 들 수 있다.

```
> x <- c(3, 2, 3)
> y <- c(7, 7)
> list(x = x, y = y)
$x
[1] 3 2 3

$y
[1] 7 7
```

연습문제

01. pretend.df의 1행 3열이 교차하는 지점에 위치한 요소를 출력해 보도록 한다.

02. 두 가지 다른 명령어를 이용하여 데이터셋 pretend.df의 열 y가 가지는 자료들을 출력해 보도록 한다.

2장 연습문제

01 데이터셋 *rnf6080.dat*[8]을 R로 불러들여 rain.df이라는 이름을 가진 데이터 프레임에 저장해 보도록 하자. 이때 header = FALSE 옵션을 사용하도록 한다.

(a) rain.df의 2행 4열의 위치에 놓인 요소를 출력해 보도록 한다.

(b) rain.df를 구성하는 열들의 이름이 무엇인지 확인해 보도록 한다.

(c) rain.df의 두번째 행에 놓인 자료값들을 출력해 보도록 한다.

(d) 다음 명령어를 이용하여 데이터 프레임을 구성하는 열들의 이름을 변경해 보도록 한다.

```
> names(rain.df) <- c("year", "month", "day", seq(0, 23))
```

(e) 시간별로 측정된 24개의 열들을 이용하여 이들의 합으로 정의된 daily라는 새로운 열을 생성해 보도록 한다.

(f) 일일 강수량에 대한 히스토그램을 생성해 보도록 한다.

02 구간 [0, 6]에서 다음에 주어진 함수의 그래프를 그려 보도록 한다.

$$f(x) = \begin{cases} 3x + 2, & x \le 3 \\ 2x - 0.5x^2, & x > 3 \end{cases}$$

8) 이 데이터는 www.stats.uwo.ca/faculty/braun/data/rnf6080.dat에서 찾아볼 수 있다.

제3장 통계 그래픽 프로그래밍

통계 컴퓨팅을 하는 사람들은 가지고 있는 자료 또는 계산을 통하여 얻은 결과들을 시각화해야 할 필요가 있다. 이 장에서는 이러한 작업이 R에서 어떻게 이루어졌는지에 대하여 전반적인 개요부터 시작하여 몇 가지 기본적인 플롯들을 생성하는 법에 대해서 배울 것이다. 그리고 난 뒤에 플롯 유형을 선택할 때 고려해야 할 몇 가지 문제점들을 논의할 것이다. 이러한 결정이 항상 쉬운 것이 아니기 때문에 잘못된 방향으로 가는 경우도 많이 있다. 마지막으로 R에서 그래프를 표현하고자 하는 대로 조정하는 방법에 대해서 좀 더 자세히 알아볼 것이다.

R은 몇 가지 다른 종류의 그래픽 시스템들을 가지고 있다. 가장 오래된 것은 본래의 S 그래픽에 가장 가까운 것으로 이를 기본 그래픽이라고 한다. 이것은 종이에 잉크를 가지고 그림을 그린다고 생각하면 이해하기가 쉽다. 일반적으로 사용자는 어떤 고정된 형태를 그린 뒤 이들을 조합하여 완성된 그림을 생성하게 되는데, 한번 그려진 것은 다른 것들이 새로이 그려지더라도 영구적으로 남아있게 된다. 따라서 그 위에 어떤 다른 것으로 덮어씌우거나 혹은 이전의 상태로 되돌릴 수 있다. 기본 그래픽스의 경우 처음부터 고품질을 가진 과학적인 플롯의 손쉬운 생성을 목적으로 설계되었다. 이 장에서는 기본 그래픽스에 중점을 둘 것이다.

grid 패키지는 새로운 그래픽 시스템의 근간을 이루고 있다. 이 패키지는 좋은 품질의 그래픽을 생성하는 기능뿐만 아니라, 프로그래머가 그래프를 구성하는 개별적 요소에 직접 접근하여 수정할 수도 있다. 이것은 마치 그래프가 단순히 그려지기보다는 어떤 물리적인 모델이 조합되어 보여지는 것과 같다. lattice와 ggplot와 같은 패키지들은 이러한 grid 그래픽스를 기반으로 하여 기본적인 플롯 (high-level plots)의 생성에 필요한 함수들을 제공한다.

base와 grid 그래픽스 모두 기본적으로 디바이스와 무관하게 디자인되었다. 어디에 그릴 것인지에 대한 방향이 주어지고 어떠한 디바이스에서도 그리기 명령어들이 작동하도록 되어 있다. 실제로 생성된 그래프는 디바이스들의 성능에 따라 다소 다르게 보일 수 있다. (즉, 화면상에서 보이는 것과 종이 위에 출력된 것이 다를 수 있다.)

삼차원 디스플레이 기능과 대화식 그래픽 기능과 같은 특별한 그래픽 시스템 역시 R에서 사용할 수 있다. 그러나 이러한 주제들은 이 책의 범위를 벗어난다.

3.1 기본 플롯

이 장에서는 몇 가지 기본적인 플롯에 대해서 이야기한다. R에서 이러한 플롯을 생성해 주는 함수들을 하이레벨 (high-level) 플롯 함수라고 한다. 그 이유는 사용자가 잉크가 어디로 움직여야 하는지와 같은 세부 사항들에 대하여 고민할 필요 없이 사용자가 그리고자 하는 플롯의 종류만을 지정하면 R이 알아서 자동으로 생성해 주기 때문이다.

3.1.1 막대그림과 점그림

가장 기본적인 그래프의 유형은 하나의 숫자에 대응하는 길이 또는 위치를 막대 (bar) 또는 점 (dot)을 이용하여 시각화하는 것으로 막대그림 (bar chart)과 점(dot chart)그림이 있다.

R에 내장되어 있는 데이터셋인 VADeaths를 이용하여 예를 들어 보겠다. 이 데이터셋은 1940년 버지니아 주 거주자들에 대한 지역별 사망률 (한 해에 인구 1000명당 사망자의 수)에 대한 정보를 담고 있다. 이 자료를 막대그림을 이용하여 플롯해 본다.

```
> VADeaths
      Rural Male Rural Female Urban Male Urban Female
50-54       11.7          8.7       15.4          8.4
55-59       18.1         11.7       24.3         13.6
60-64       26.9         20.3       37.0         19.3
65-69       41.0         30.9       54.6         35.1
70-74       66.0         54.3       71.1         50.0
```

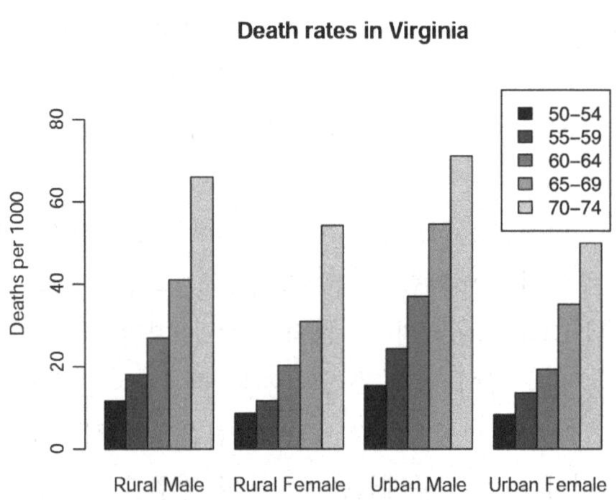

[그림 3.1] 막대그림의 예

```
> barplot(VADeaths, beside=TRUE, legend=TRUE, ylim=c(0, 90),
+       ylab="Deaths per 1000",
+      main="Death rates in Virginia")
```

그림 3.1은 이 결과를 보여 주는데, 막대의 높이는 데이터셋의 각 숫자들을 의미한다. beside=TRUE이라는 선택인자는 각 열의 값들이 나란히 비교되어 보일 수 있도록 조정해 주며, legend=TRUE이라는 선택인자는 우측 상단에 범례를 표시해 준다. 그리고 ylim=c(0,90)이라는 선택인자는 그래프의 y축이 가지는 척도를 조정하여, 범례가 막대그래프에 겹치지 않도록 충분한 공간을 만들어 준다(나중에 보게 될 3.3절에서는 범례의 위치를 정하는 또 다른 방법을 소개할 것이다). 마지막으로 main=이라는 선택인자는 막대그림의 주제목을 정하는 데 이용된다.

동일한 자료를 플롯하는 다른 방법으로는 점그림 (그림 3.2)을 들 수 있다.

```
> dotchart(VADeaths, xlim=c(0, 75),
+        xlab="Deaths per 1000",
+        main="Death rates in Virginia")
```

서로 다른 그룹 간의 전체 사망률을 비교하는 것이 자연스럽기 때문에 x축의 범위를 0에서 75 내에 위치하도록 조정하였다. 따라서 x축에 0이 표시되는 것을 볼 수 있다.

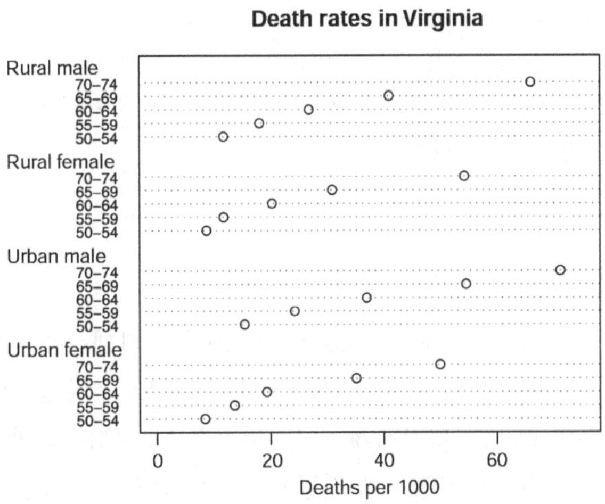

[그림 3.2] 점차트의 예

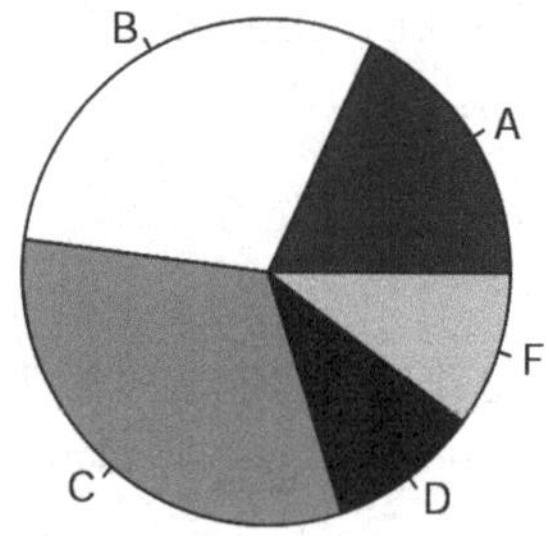

[그림 3.3] 한 학급의 성적 분포를 보여 주는 파이차트

3.1.2 파이차트

파이차트 (pie chart)는 벡터가 가지는 각 숫자들의 크기에 대응하는 파이의 각도 (그러므로 면적)가 비례하도록 원형 디스크의 면적을 쪼개어 보여 주는 것이다. 예를 들어 학업 성취를 문자로 나타내는 등급시스템을 사용하는 경우 어떤 학급의 성적의 분포는 그림 3.3에서 보이는 것과 같이 비율로 표현할 수 있다. 그림 3.3에 보이는 파이차트를 생성하는데 이용된 R 코드가 아래에 주어져 있다.

```
> groupsizes <- c(18, 30, 32, 10, 10)
> labels <- c("A", "B", "C", "D", "F")
> pie(groupsizes, labels, col=c("grey40", "white", "grey", "black", "grey90"))
```

일반적으로 파이차트는 통계 전문가들 사이에서는 많이 쓰이지 않는다. 왜 그런지에 대해서는 3.2절에서 설명하도록 한다.

3.1.3 히스토그램

앞서 설명한 도수의 분포 (frequency distribution)를 나타내는 막대그림의 특별한 경우로 히스토그램 (histogram)이 있다. 각각의 막대는 막대의 너비에 의해서 구분되는 x의 구간에 해당하는 도수의 크기를 나타내게 된다. 일반적으로 모든 막대는 동일한 너비를 가지고 있다. 이것은 R에 의하여 자동으로 결정된다. 각 막대의 높이는 x값의 구분 범위 내에 대응하는 관측치의 개수에 비례하게 된다. 만약 막대들이 서로 다른 너비를 가진다면 막대의 면적 (area)은 반드시 관측치의 개수에 비례해야 한다. 이러한 방법으로 막대의 높이는 해당 관측치를 가지는 구간에 대응하는 밀도 (즉, x의 단위 구간별 도수)를 의미하게 된다.

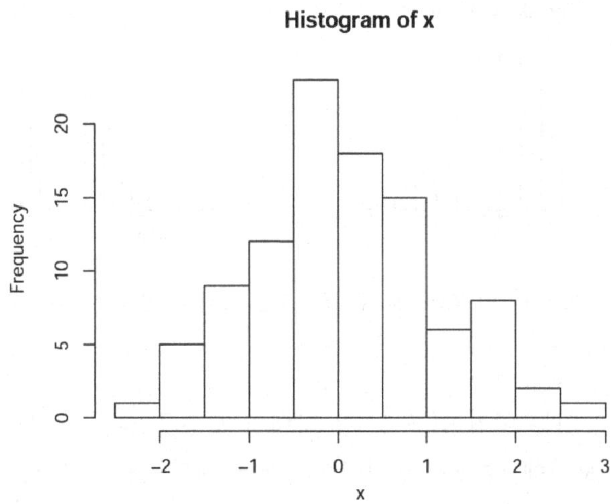

[그림 3.4] 100개의 값을 가지고 있는 벡터 x를 이용하여 생성한 히스토그램. −0.5에서 0 사이의 구간에서 가장 높은 빈도수를 가지고 있음을 알 수 있으며, 해당 구간 내에는 23개의 관측값들이 있다.

R에서는 이러한 히스토그램을 생성하기 위해서 `hist(x, ...)`을 이용한다. 여기에서 x는 숫자형 관측치로 구성된 벡터이며, ...은 디스플레이의 세부사항을 조절하기 위하여 추가적으로 입력될 수 있는 선택사항을 받아들이기 위하여 사용된다.

그림 3.4은 다음의 코드를 실행한 결과를 보여 준다.

```
> x <- rnorm(100)
> hist(x)
```

만약 x가 n개 관측값들을 갖고 있다면, R은 기본적으로 x가 가지는 전체 범위를 대략 $\log_2(n)+1$개의 구간으로 나누게 되는데, 이것이 곧 막대의 개수가 된다. 예를 들어 100개의 관측값을 가지고 있는 데이터셋이 있다고 가정해 본다.

$$100 < 2^6 = 64$$

$$100 < 2^7 = 128$$

$$6 < \log_2(100) < 7$$

따라서 R은 막대의 개수를 7 또는 8개로 정할 것이다. 그러나 사실은 막대의 개수가 11개가 됨을 알 수 있다. 이것은 올림수에 구간구분자를 놓으려 시도하기 때문이다(이 경우에는 0.5의 배수이다).

n의 값이 매우 클 때 위에서 사용된 방법 (Sturges의 규칙으로도 알려져 있음)은 너무 적은 수의 막대의 개수를 사용하게 되므로 항상 보기 좋은 막대그래프를 생성하는 것은 아

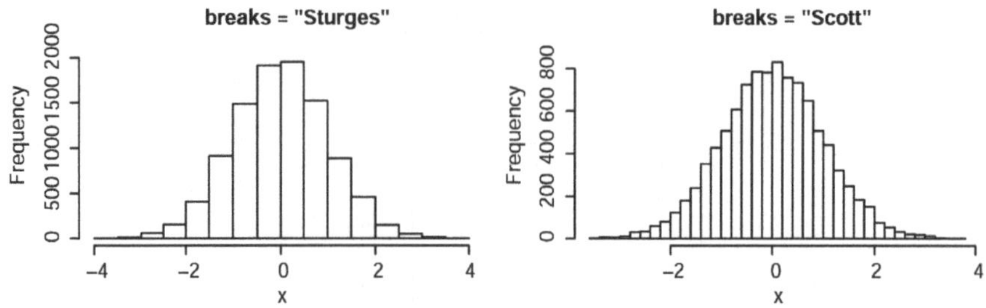

[그림 3.5] 자료의 개수가 10 000개인 벡터 x를 두 개의 다른 규칙을 이용하여 얻은 구분자를 이용하여 생성한 히스토그램

니다. 현재 진행되고 있는 여러 연구에서는 막대의 개수가 $\log_2(n)$ 보다는 $n^{1/3}$에 비례적으로 증가하는 것이 보기에 좋다고 한다. 이러한 막대의 개수 조정을 위하여 `breaks = "Scott"` 또는 `breaks = "Freedman-Diaconis"`와 같은 옵션이 제공된다. 그림 3.5는 자료의 개수가 10000개일 때 "Sturges"와 "Scott" 규칙을 적용한 결과를 보여 준다.

3.1.4 박스플롯

박스플롯 (box plot 또는 "box-and-whisker plot")은 데이터의 주요 특징을 재빠르게 알아볼 수 있는 히스토그램의 대안이라고 할 수 있다. 이 플롯은 직사각형 박스와 이 박스를 서로 마주보는 두 면으로부터 박스의 바깥 방향으로 삐죽 나오도록 그려지는 선으로 이루어져 있다. 중앙의 박스는 자료가 가지는 중앙의 위치와 분포에 대한 정보를 알려주며, 위스커 (whisker)라고 불리는 선의 길이는 자료의 범위에 대한 정보를 제공한다. 일부 소프트웨어는 자료의 범위로부터 매우 많이 벗어난 이상치들을 점을 이용하여 함께 표시하기도 한다.

박스플롯의 박스 부분은 다음과 같이 그릴 수 있다.

1. 중앙값의 위치에 수평선을 그린다.
2. 중앙값을 기준으로 자료를 반으로 나누는데, 이때 양쪽 모두 중앙값을 포함하도록 한다.
3. 반으로 나누어진 자료로부터 얻어진 중앙값을 각각 제1사분위수 (lower qunatile)와 제3사분위수 (upper quantile)로 정하고 이들의 위치에 수평선을 그린다. 이제 이 두 수평선을 서로 이어줌으로써 직사각형 박스와 같이 보이도록 한다.

따라서 이 박스로부터 제1사분위수와 제3사분위수의 차이를 나타내는 **사분위수 범위** (interquartile range, IQR)를 정의할 수 있게 된다. 이 박스 안에는 대략 50%에 해당하는 표본들이 존재하므로 이 사분위수 범위를 표본의 중심부에 존재하는 변동성의 크기를 이해하기 위한 척도로 사용할 수 있다.

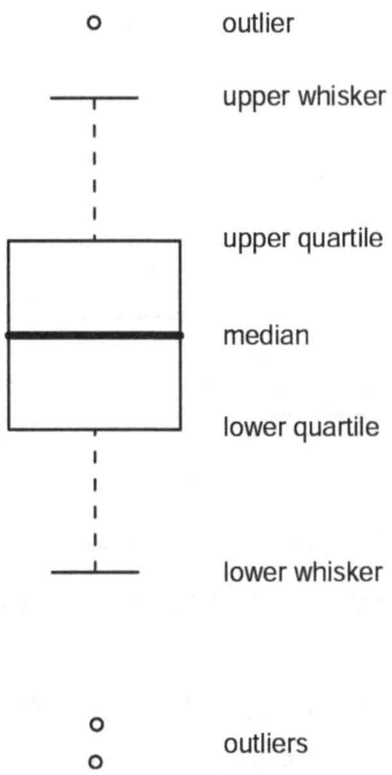

[그림 3.6] 박스플롯의 생성

박스의 아래쪽에 위치한 위스커는 제1사분위수의 위치로부터 1.5 IQR만큼 작은 지점에 해당하는 위치에 놓이게 된다. 이와 유사하게 박스의 위쪽에 위치한 위스커는 제3사분위수의 위치로부터 1.5 IQR만큼 큰 지점에 해당하는 위치에 놓이게 된다. 이것은 자료가 정규분포 또는 이와 유사한 모양의 다른 분포로부터 얻어졌을 경우 대략 99%의 자료들이 위스커의 상한과 하한 사이에 존재할 것이라는 원리를 바탕으로 하고 있다.

그림 3.6에 표시된 주석들은 박스플롯을 이해하는 데 도움을 줄 것이다. 박스플롯은 두 개 또는 그 이상의 범주가 존재하고 각 범주별로 대략 10개 이상의 관측값들이 존재하는 자료를 가지고 있을 때 범주별 데이터의 분포를 비교하는 데 유용하다. R에 내장되어 있는 데이터셋 `iris`를 이용하여 예를 들어본다. 이 데이터셋은 붓꽃의 세 가지 품종별로 각각 50개의 관측값을 가지고 있다. 그림 3.7은 아래의 코드를 이용하여 생성하였으며, 꽃받침의 길이에 대한 분포를 품종별로 비교할 수 있도록 해준다.

```
> boxplot(Sepal.Length ~ Species, data = iris,
+        ylab = "Sepal length (cm)", main = "Iris measurements",
+        boxwex = 0.5)
```

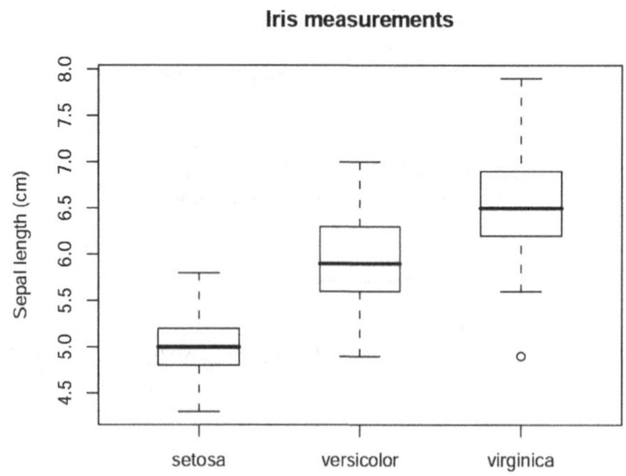

[그림 3.7] 나란히 배열된 박스플롯들의 예시

여기에서 우리는 R의 포뮬러 (formula)를 그래픽 함수에 함께 사용하였다. 포뮬러 Sepal.Length ~ Species는 꽃받침의 길이 (Sepal.Length)를 품종 (Species)별로 설명하고자 한다 ("Sepal.Length depending on Species")는 의미이다. 여기에서 Species와 Sepal.Length는 `data=iris`에서 보이는 것과 같이 주어진 데이터 프레임이 가진 열변수에 대응한다. `boxplot()` 함수는 각 품종별로 박스플롯을 나란히 배열하여 보여 준다. 이것으로부터 꽃받침의 평균길이 (mean length)는 품종 간에 실질적 차이가 있음을 알 수 있으며 *virginica* 이라는 품종은 하나의 이상치를 가지고 있음을 확인할 수 있다.

3.1.5 산점도

통계분석 시 대부분의 경우 서로 다른 변수들 간의 관계를 살펴보아야 한다. 이를 위하여 가장 많이 사용되는 플롯 중 하나는 쌍으로 이루어진 자료 $(x_i, y_i), i=1,\dots,n$를 점 (dot) 또는 다른 기호를 이용하여 나타내는 산점도 (scatterplot)이다. 이것은 자료 x_i와 y_i 값들 사이의 관계를 살펴볼 수 있게 도와 준다. R에서는 다른 종류의 많은 플롯들과 마찬가지로 `plot()` 함수를 이용하여 산점도를 그리게 된다. 기본 사용법은 `plot(x,y,...)`이라고 입력하는 것인데, 여기에서 x와 y는 같은 길이를 가지는 숫자형 벡터로서 플롯될 자료이다. 많은 추가적인 선택인자들이 이 함수와 함께 사용될 수 있으며, 숫자형이 아닌 데이터에 사용될 수 있도록 설계된 다른 종류의 `plot` 또한 존재한다.

한 가지 중요한 선택인자는 `type`이다. 이 인자는 산점도를 그릴때 이용되는 표시를 선택하는데 기본값은 `type="p"`이다. 또한 쌍으로 이루어진 자료 $(x_i,\ y_i)$의 첫 번째부터 마지막 번째까지 순서대로 선분을 이용하여 연결한 선그림 (line plot, 라인플롯)은 `type="l"`으로 지정하여 생성할 수 있다. 또한, 아무런 자료를 보여 주지 않고 플롯을 둘러싼 프레임만을 표시함으로써 다른 함수를 활용하여 그래프를 생성할 수 있도록 해 주는 type="n"이라는 옵션뿐만 아니라 기타 다양한 유형의 플롯을 생성할 수 있는 옵션들이 있다. 3.3절에는 이러한 그래프 생성과 관련된 일부 함수들에 대해서 설명한다.

많은 종류의 다양한 그래프들은 이 함수를 사용함으로써 생성할 수 있다. 일부 인자들이 어떻게 사용되는지 알아보기 위하여 인위적인 데이터를 생성해 보았다. 먼저 두 개의 숫자형 벡터를 아래의 코드에서 보이는 것과 같이 표준정규분포 (standard normal distribution)와 평균이 30인 포아송 분포 (Poisson distribution)로부터 각각 생성하도록 한다.

```
> x <- rnorm(100)         # 표준정규분포로부터 100개의 난수를 생성하여 x에 할당한다.
> y <- rpois(100, 30)     # 포아송 분포로부터 100개의 난수를 생성하여 y에 할당한다.
>                         # 포아송 분포의 평균값은 30이다.
> mean(y)                 # 생성된 난수들의 평균은 반드시 30에 근접해야 한다.
[1] 30.91
```

인자 main은 플롯의 주제목을 설정한다. 그림 3.8은 아래의 코드를 이용하여 생성되었다.

```
> plot(x, y, main = "Poisson versus Normal")
```

다음의 경우들도 확인해 보길 바란다.

```
> plot(x, y, type='l')              # 깨어진 선들이 플롯된다.
>                                   # (빽빽하게 엉켜있는 선분들의 집합처럼 보일 것이다.)
> plot(sort(x), sort(y), type='l') # 표본의 백분위수 플롯할 것이다.
```

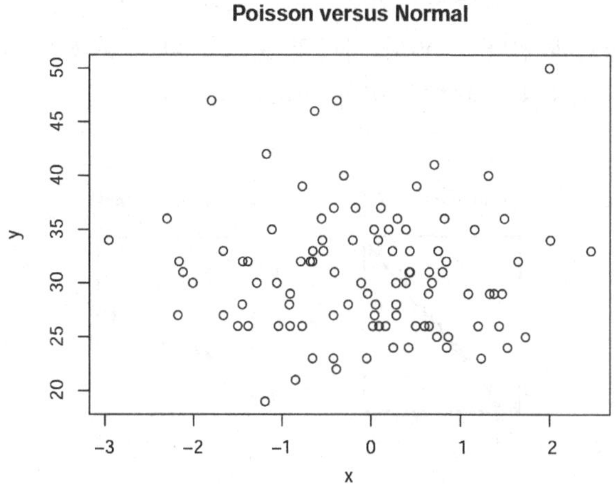

[그림 3.8] 산점도의 예시

plot() 함수는 함께 사용할 수 있는 매우 많은 선택인자들이 있는데, 이들은 ?plot와 ?par 도움말 페이지에 설명되어 있다.

3.1.6 QQ 플롯

QQ 플롯 (QQ plots)으로 알려진 분위수-분위수 플롯 (quantile-quantile plots)은 산점도의 한 형태이며, 두 그룹 간의 분포들을 비교하거나 표본을 기준이 될 수 있는 주어진 특정 분포와 비교할 때 사용된다.

먼저 두 그룹이 같은 크기의 자료들을 가진 경우를 생각해 본다. 이 경우 QQ 플롯을 그리기 위해서는 먼저 각 그룹의 자료들을 $X[1] \leq \cdots \leq X[n]$ 그리고 $Y[1] \leq \cdots \leq Y[n]$와 같이 오름차순으로 정렬한다. 그리고 난 다음 $i = 1, ..., n$에 해당하는 자료를 $X[i], Y[i]$의 위치에 점을 찍어 표현하게 된다.

만약 두 그룹의 크기가 서로 다르다면, 어떤 특정한 방법을 이용하여 인위적으로 이들의 크기를 서로 맞춰 주어야 한다. R은 크기가 큰 그룹이 가지는 자료의 최댓값과 최솟값을 작은 그룹이 가지는 자료의 최댓값과 최솟값에 대응시킨 뒤 두 구간 내의 백분위수가 균등하도록 조정한다. 예를 들어 X는 다섯 개의 자료를 가지고 있고 Y는 스무 개의 자료를 가지고 있다면 X의 자료들은 Y가 가지는 자료들의 최솟값, 제1사분위수, 중앙값, 제3사분위수, 최댓값에 대응하여 그리게 된다.

만약 어떤 표본이 주어진 어떤 특정분포에 맞추어 플롯하게 되는 경우에는 기준이 되는 이론적인 백분위수값들이 한쪽의 좌표에 사용된다. R은 일반적으로 이 이론적인 백분위수값들을 X축에 놓고 자료를 Y축에 놓지만, 일부 저자들은 반대로 놓기도 한다. 편향을 피하기 위하여 분위수들은 0과 1 사이에 균등하게 분포된 확률값 $(i-1/2)/n$에 대응되도록 조정된다.

만약 X의 분포와 Y의 분포가 유사한 경우라면 QQ 플롯에 플롯된 데이터들은 45도 직선($y = x$) 부근에 놓이게 된다. 그러나 하나의 분포가 다른 분포의 선형변환인 경우에는 다른 종류의 직선을 보게 될 것이다. 이와 반대로 두 분포들이 유사하지 않은 경우에는

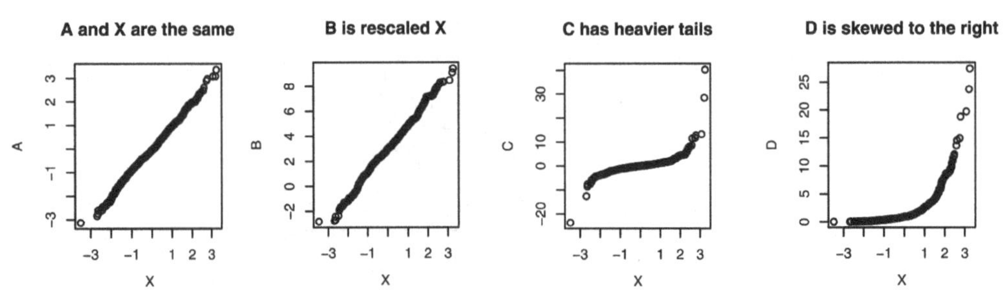

[그림 3.9] 여러 가지 패턴을 보여 주는 QQ 플롯의 예들

QQ 플롯을 통하여 어떤 특정한 패턴을 보게 된다. 아래에 주어진 코드의 실행하여 일반적으로 볼 수 있는 패턴들을 살펴보도록 한다(그림 3.9 참조).

```
> X <- rnorm(1000)
> A <- rnorm(1000)
> qqplot(X, A, main="A and X are the same")
> B <- rnorm(1000, mean=3, sd=2)
> qqplot(X, B, main="B is rescaled X")
> C <- rt(1000, df=2)
> qqplot(X, C, main="C has heavier tails")
> D <- exp(rnorm(1000))
> qqplot(X, D, main="D is skewed to the right")
```

연습문제

01. 벡터 islands는 48개 대륙의 면적에 대한 값을 저장하고 있다.

(a) 이 자료를 이용하여 히스토그램을 생성해 보도록 한다.

(b) 히스토그램을 생성하기 전에 로그변환을 취함으로써 얻어지는 장점이 있는지 생각해 보도록 한다.

(c) Sturges와 Scott의 규칙을 이용한 구간구분자(breaks)의 사용이 히스토그램을 생성할 때 어떤 차이를 보이는지 확인해 본다. 로그변환을 취한 값과 취하지 않은 값 두 경우 모두에 이를 비교해 보도록 한다.

(d) 이 자료를 이용하여 막대그림을 생성해 본다. 로그변환을 취한 값뿐만 아니라 취하지 않은 값 두 경우 모두 생성해 보도록 한다.

(e) 이 자료를 이용하여 점그림을 생성해 본다. 이 경우 로그변환이 필요한지 생각해 본다.

(f) 이 자료를 시각화하는 데 있어서 어떤 그래프가 가장 적합하다고 생각하는가?

02. 데이터 프레임 stackloss은 암모니아를 질산으로 변환하는 공장에서 얻어진 것이며, 4개의 변수에 의하여 측정된 21개의 관측값들을 가지고 있다. 처음 세 개의 변수는 Air.Flow, Water.Temp, Acid.Conc이다. 그리고, 네 번째 변수는 stack.loss

이며 이것은 흡수되기 이전 빠져나간 암모니아의 양을 의미한다 (이 데이터 프레임에 대한 자세한 설명은 도움말 파일을 참고하길 바란다).

(a) 산의 농도 (Acid.Conc), 물의 온도 (Water.Temp), 그리고 기류 (Air.Flow)와 암모니아의 유출된 양 (stack.loss) 간의 관계를 살펴보기 위한 산점도를 생성해 본다. 이들의 관계가 선형 또는 비선형인지 확인해 보길 바란다.

(b) 네 개의 변수들을 이용하여 생성할 수 있는 모든 쌍들의 산점도를 생성하기 위하여 pairs() 함수를 사용해 보도록 한다. 어떤 변수들의 조합이 선형의 관계를 보여 주는지 혹은 비선형의 관계를 보여 주는지 살펴 보도록 한다.

03. 이번에는 pressure라는 데이터 프레임을 살펴보도록 한다. 이 자료는 temperature와 pressure라는 두 개의 열을 가지고 있다.

(a) pressure를 y축에 두고, temperature를 x축에 놓은 산점도를 생성해 본다. 이들의 관계가 선형인지 비선형인지를 살펴보도록 한다.

(b) 다음에 주어진 함수로부터 생성된 곡선은 산점도에 놓인 점들을 대체적으로 잘 지나가고 있음을 알 수 있다.

$$y = (0.168 + 0.007x)^{20/3}$$

이 곡선에 의하여 예측된 pressure의 값과 실제적으로 관찰된 pressure 값들의 차이를 **잔차** (residuals)라고 한다. 이를 계산하는 방법은 아래와 같다.

```
> residuals <- with(pressure, pressure - (0.168+0.007*temperature)
^(20/3))
```

이 잔차를 이용하여 QQ 플롯을 생성해 보고 정규분포를 따르는지 혹은 편향된 분포를 따르는지에 대해서 생각해 보도록 한다.

(c) 이제 y값인 pressure를 변환한 $y^{3/20}$를 이용해 본다. 이 변환된 값들을 temperature에 대하여 산점도를 생성해 보도록 한다. 선형 또는 비선형 관계가 뚜렷히 보이는가에 대해서 살펴 보도록 한다.

(d) 변환된 pressure와 직선에 의해서 예측된 값의 차이를 구해 보도록 한다. 잔차를 이용하여 QQ-플롯을 생성한 뒤 이것이 정규분포를 따르는지에 대하여 판단해 보도록 한다.

3.2 기본플롯함수 선택하기

여기까지 우리는 막대그림 (bar), 점그림 (dot), 원그림 (pie chart), 히스토그램 (histogram), 박스플롯 (box plot), 산점도 (scatterplot), QQ 플롯을 살펴보았다. 이외에도 아직 언급되지 않은 많은 종류의 통계적 시각화 방법들이 있다. 그렇다면 사용자는 어떤 플롯을 사용할지를 어떻게 선택해야 하는 것일까?

가장 먼저 고려해야 할 점은 데이터의 유형이다. 앞 절에서 언급한 것과 같이 막대그림, 점그림, 그리고 원그림은 개별 자료를 요약하고, 히스토그램, 박스플롯, QQ 플롯은 자료의 분포를 보여 주며, 산점도는 쌍으로 이루어진 자료들을 이용하여 상관관계를 이해할 수 있게 도와준다.

고려해야 할 또 다른 부분은 바로 누가 이 그래프를 보게 되는가이다. 만약 이전에 통계 교육을 받은 적이 있는 사람들에게 보여 주고자 한다면 당신은 시각화에 대하여 좀 더 정교한 이해를 가지고 있을 것으로 생각된다. 예를 들어 박스플롯 또는 QQ 플롯은 히스토그램보다 더 많은 설명이 필요한데 이것은 일반적인 대중에게 다소 적합하지 않을 수 있다.

이러한 그래프의 유형을 잘 선택하기 위하여 생각해 보아야 할 요소 중 하나는 인간의 시각적 인지력이다. 이에 대한 많은 연구들이 이루어져 왔으나 여기에서는 그 일부만을 매우 간단히 살펴 보도록 한다.

우리의 시각 시스템은 그래프를 볼 때 이를 분석하면서 어떠한 양적 정보를 뇌로 전달하고자 한다. 무의식적으로 이루어지는 이 과정은 길이, 위치, 기울기, 각도, 면적, 부피, 그리고 다양한 색상 정보를 이용하여 설명할 수 있다. 일반적으로 사람들은 특히 길이와 위치에 대한 인지력은 앞서 말한 측도들에 비하여 매우 좋으며, 기울기와 각도에 대한 인지력은 길이와 위치에 대한 인지력만큼 좋지는 않지만, 면적과 부피와 관련해서는 모양 (shape)에 따라 많이 부정확할 수 있다는 것을 알게 되었다. 대부분의 사람들은 색상의 차이를 쉽게 구분할 수 있다. 그러나 10% 정도의 남성과 이보다는 더 적은 비율의 여성들은 부분색맹 (partially colour-blind)을 가지고 있으며, 거의 모든 사람들이 색상으로부터 양적인 정보를 얻는 것은 어렵다.

시각적 인지력에 대한 이러한 이해는 그래프를 생성할 때 많은 도움을 준다. 다시 말해서 우리는 중요한 정보를 쉽게 인식할 수 있는 방법으로 전달하고자 노력해야 하며, 단일 그래프상에서 서로 정보가 모순되지 않도록 해야 한다.

예를 들면 막대그림에서 사용되는 막대들은 쉽게 알아볼 수 있다. 그 이유는 막대의 구분자와 길이를 쉽게 알아차릴 수 있기 때문이다. 막대의 면적 또한 시각적 인지력을 높여준다.

하지만 막대를 볼 때 길이와 면적에만 집중하게 된다는 사실 자체는 정보 전달에 있어서 일종의 제약 사항이라고 할 수 있다. 보통 막대그림은 영점을 기준으로 위치, 길이, 그리고 면적 모두가 같은 정보를 전달한다. 만약 영점과 관계없는 숫자들을 전달하고자 한다면 점그림을 이용하는 것이 보다 나을 것이다. 그 이유는 점그림은 점의 위치를 통하여 내용을 전달하기 때문이다.

시각적 인지력을 고려해 볼 때 원그림은 자료를 보여 줌에 있어서 좋지 않은 선택이 될 수 있다. 그 이유는 원형디스크 내 각 부분의 크기를 보여 주기 위하여 각도와 면적을 일일이 계산하여야 하는데 이러한 것들을 하기에는 다소 어려움이 따른다.

마지막으로 색상은 서로 다른 그룹들을 비교할 때 매우 유용하게 사용될 수 있다. RColorBrewer 패키지는 다양한 종류의 팔레트 (palettes) 또는 색상표 (selection of colours)를 가지고 있다. 일부 팔레트는 단순히 색상명으로만 이루어져 있기도 하지만, 색상별로 명도와 채도를 기준으로 더 세분화하여 정리한 것도 있다. 이러한 다양한 색상들을 이용하여 대부분의 사람들에게 (만약 색맹인 경우라도) 그 차이를 쉽게 전달할 수 있다.

3.3 구체화된 저수준의 그래픽 함수들

barplot(), dotchart(), plot()과 같은 함수들은 점을 찍고 선을 그리며 어디에 놓여야 하는가 등을 조정하는 세부적인 저수준 (low-level) 그래픽 함수들을 활용하여 기본 플롯의 역할을 하게 된다.

이 절에서는 사용자가 그리고자 하는 맞춤식 (customization) 그래프의 생성이 가능하도록 도와주는 세부적이고 저수준 단계의 일부 함수들에 대해서 설명한다. 먼저 우리는 R이 그래프를 생성할 페이지를 어떻게 이해하는가에 대해서 설명하고, 어떻게 점, 선, 문자들이 이미 생성된 그래프상에 놓여지게 되며, 어떻게 일반적인 그래프의 설정을 어떻게 변경하는지 보여 줄 것이다.

3.3.1 플롯영역과 여백

먼저 R의 기본 그래픽스는 화면을 여러 부분으로 나누게 된다. 플롯영역 (plot region)은 자료가 그려지는 곳을 의미한다. 이 플롯영역 내에 R은 주어진 자료를 기초로 하여 좌표시스템을 구축하게 된다. 좌표 축선들이 이 좌표시스템을 표시하는 데 사용된다. 플롯영역의 바깥 부분을 여백이라고 하고, 밑 부분부터 시계 방향으로 1부터 4까지의 각 여백을 구분하는 번호를 가지게 된다. 일반적으로 텍스트와 라벨은 이 여백 부분에 위치하게 되는데, 플롯영역으로부터 바깥쪽으로 이들을 단계별로 위치시킬 수 있다. 그림 3.10은 플롯영역의 구성에 대한 이해를 도와줄 것이다(우리는 이 그림을 생성하는 데 사용한 코드를 제공하였다). 그림에서 볼 수 있는 것과 같이 좌표의 눈금을 나타내는 숫자 (tick marker

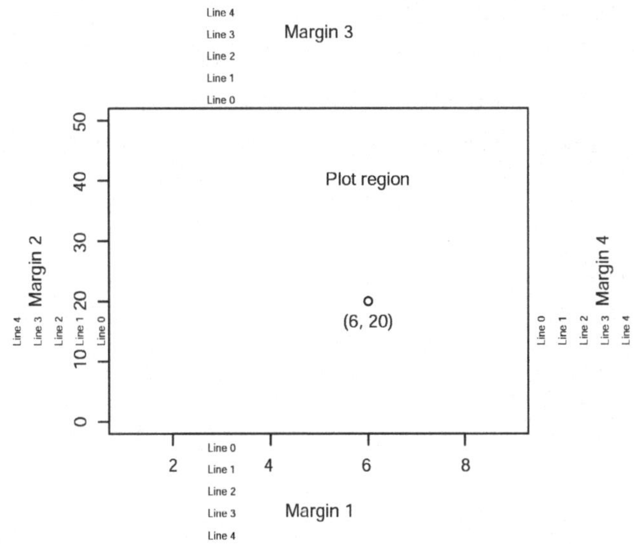

[그림 3.10] 기본 그래픽에서 사용되는 플롯의 구성

label)은 line 1의 위치에 놓이게 된다. 여백의 제목은 line 3에 놓임을 볼 수 있다.

3.3.2 플롯에 추가하기

이미 생성된 그래프의 플롯영역에 다양한 요소들을 추가하는 데 사용되는 몇 가지 함수들이 존재한다.

- `points(x, y, ...)`는 점을 추가한다.
- `lines(x, y, ...)`은 선을 추가한다.
- `text(x, y, labels, ...)`은 텍스트를 추가한다.
- `abline(a, b, ...)`은 직선 `y = a + bx`를 추가한다.
- `abline(h=y, ...)`은 수평선 (horizontal line)을 추가한다.
- `abline(v=x, ...)`은 수직선 (vertical line)을 추가한다.
- `polygon(x, y, ...)`은 다각형 (polygon)을 추가한다.
- `segments(x0, y0, x1, y1, ...)`은 선분 (line segment)을 그려 준다.
- `arrows(x0, y0, x1, y1, ...)`은 화살표 (arrow)를 그려 준다.
- `symbols(x, y, ...)`은 원 (circle), 사각형 (square), 온도계 (thermometer) 등을 그려 준다.
- `legend(x, y, legend, ...)`은 범례 (legend)를 표시한다.

이와 같은 함수들을 사용할 때 선택인자들의 값을 조정함으로써 추가되는 것들의 색상

및 크기, 그리고 다른 속성들을 조정할 수 있다.

예를 들기 위하여 무작위하게 선택된 여덟 명의 성인으로부터 그들의 왼손 검지손가락의 길이와 너비를 측정한 자료를 활용해 보도록 한다. 측정 단위는 센티미터 (cm)이며, 이 자료는 indexfinger라는 데이터 프레임에 저장되었다. 자료는 아래에서 보는 바와 같다.

```
> indexfinger
  sex length width
1  M     7.9   2.3
2  F     6.5   1.7
3  M     8.4   2.6
4  F     5.5   1.7
5  F     6.5   1.9
6  M     8.0   2.1
7  F     7.0   1.8
8  M     7.5   1.9
```

먼저 길이와 너비의 관계를 살펴보기 위하여 아래의 주어진 코드를 이용하여 산점도를 생성해 본다.

```
> plot(width ~ length, data=indexfinger)
```

이제 가장 긴 검지손가락을 가진 남자와 여자 (3번과 7번 관측값)를 강조하고자 한다. 이를 위하여 생성된 산점도의 위에 추가적인 점을 아래와 같이 points() 함수를 사용할 수 있다.[1]

```
> with(indexfinger[c(3, 7),], points(length, width, pch=16))
```

이 결과를 그림 3.11에서 확인해 보도록 한다. 선택인자 pch = 16는 플롯팅 기호(plotting character)를 기본적으로 주어진 속이 비어있는 원 (open circle)을 검정색으로 채워진 점(solid black dot)으로 변경한다. 이 인자의 값을 조정하게 되면 다른 종류의 플롯팅 기호가 보일 것이다. 기호가 아닌 문자를 사용할 수도 있다. 예를 들면 pch = "f"는 알파벳 f를 사용하여 플롯한다.

pch를 조정하는 또 다른 방법은 plot()을 호출할 때 함께 사용하는 것이다. 예를 들면

1) with() 함수는 데이터 프레임 사용 시 열을 선택할 때 일반적으로 사용하는 스트링($) 기호 없이 바로 데이터 프레임을 구성하고 있는 열에 접근할 수 있도록 해 준다. 더 자세한 사항은 help(with)을 입력하여 도움말을 살펴보길 바란다.

다음과 같다.

```
> plot(width ~ length, pch=as.character(sex), data=indexfinger)
```

여기에 다음의 코드에서 보여지는 바와 같이 성별에 따로이 적합된 선형회귀 (linear regression) 곡선을 생성된 그래프에 추가하고 범례를 넣을 수도 있다.

```
> abline(lm(width ~ length, data=indexfinger, subset=sex=="M"), lty=1)
> abline(lm(width ~ length, data=indexfinger, subset=sex=="F"), lty=2)
> legend("topleft", legend=c("Male", "Female"), lty=1:2)
```

그림 3.11의 오른쪽 패널을 통하여 이를 확인할 수 있다.

어떤 사용자는 플롯영역 바깥 부분에 주석 (annotate)을 달고자 할 수 있다. 다음의 함수들을 활용해 볼 수 있다.

- `title(main, sub, xlab, ylab, ...)`은 주제목 (main title), 부제목 (subtitle), x축 그리고/또는 y축 레이블을 넣는다.
- `mtext(text, side, line, ...)`는 여백 (margin)에 텍스트 (text)를 넣는다.
- `axis(side, at, labels, ...)`는 플롯에 축 (axis)을 그린다.
- `box(...)`는 플롯영역 주위에 박스 (box)를 그린다.

아래의 코드는 위에서 언급된 함수들의 활용법을 보여 주며, 그림 3.10과 같은 결과를 생성해 준다.

```
> par(mar=c(5, 5, 5, 5) + 0.1)
> plot(c(1, 9), c(0, 50), type='n', xlab="", ylab="")
```

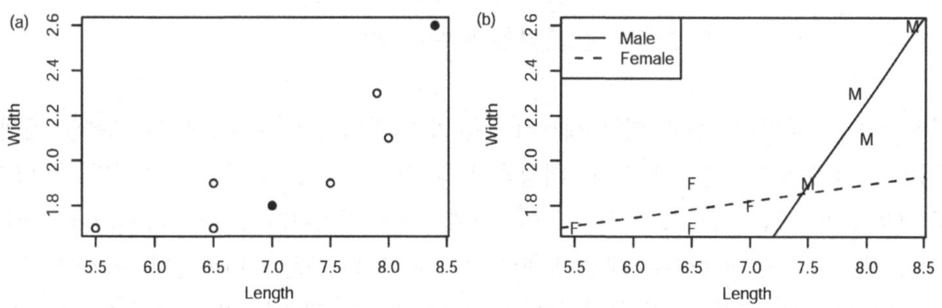

[그림 3.11] 여덟 명에 대한 검지 손가락의 너비와 길이를 관계를 살펴볼 수 있는 산점도
좌측: 두 점을 강조. 우측: 성별에 따라 다른 플롯팅 문자 사용

```
> text(6, 40, "Plot region")
> points(6, 20)
> text(6, 20, "(6, 20)", adj=c(0.5, 2))
> mtext(paste("Margin", 1:4), side=1:4, line=3)
> mtext(paste("Line", 0:4), side=1, line=0:4, at=3, cex=0.6)
> mtext(paste("Line", 0:4), side=2, line=0:4, at=15, cex=0.6)
> mtext(paste("Line", 0:4), side=3, line=0:4, at=3, cex=0.6)
> mtext(paste("Line", 0:4), side=4, line=0:4, at=15, cex=0.6)
```

다음 절에서는 par() 함수에 대해서 설명할 것이다.

3.3.3 그래픽 파라미터 설정하기

새로운 플롯을 생성할 때, 전체적인 속성을 지정하는 방법은 두 가지가 있다. 하나는 플롯팅 장치를 열 때 설정하는 것이다. R은 일반적으로 기본값으로 미리 주어진 파라미터들을 이용하여 화면장치를 열게 되는데, 사용자는 플롯팅 장치를 먼저 따로 열고 필요하다면 손수 조정할 수 있다. 그러나 이것은 사용자가 작업하는 플랫폼마다 조금씩 다르다. R에서 사용하는 일부 플롯팅 장치들은 다음과 같은 것들이 있다.

- windows(...)는 MS 윈도우즈에서 화면장치 (screen device)를 연다.
- x11(...) 또는 X11(...)는 유닉스와 같은 시스템 (Unix-alike systems)에서 화면장치를 연다.
- quartz(...)는 Mac OSX에서 화면장치를 연다.
- postscript(...)는 포스트스크립트 (postscript) 결과를 출력할 파일을 연다.
- pdf(...)는 PDF 결과를 출력할 파일을 연다.
- jpeg(...)는 JPEG 비트맵 결과를 출력할 파일을 연다.
- png(...)는 PNG 비트맵 결과를 출력할 파일을 연다.

사용 가능한 파라미터들에 대한 세부사항을 알기 위해서는 각 함수들의 도움말 페이지를 읽어 보아야 한다. 플롯의 크기, 배경색 등과 같은 다양한 속성들을 조정할 수 있다.

두 번째 방법으로는 par(...) 함수를 이용하여 그래픽 파라미터 (graphical parameters)들을 설정하는 것이다. 이 함수는 매우 방대한 양의 파라미터들을 관리하는데, 여기에서는 몇 가지만 알아보도록 하겠다. 전체 목록을 알고 싶다면 도움말 페이지를 살펴보길 바란다.

- mfrow=c(m, n)는 하나의 플롯을 위하여 하나의 새로운 페이지를 열기보다는 R에게 m개의 행과 n개의 열로 구성된 하나의 페이지에 플롯을 나열할 수 있도록 해 준다.
- mfg=c(i, j)는 i번째 행과 j번째 열의 위치에 그림을 그리도록 조정한다.
- ask=TRUE는 새로운 그래프를 생성하기 전에 이전의 그래프를 지울 것인지를 확인하도록 설정한다.
- cex=1.5는 플롯영역 내에 있는 문자의 크기를 1.5배수만큼 확장하도록 알려준다. 이 파라미터는 여백에 있는 텍스트 크기를 조절하는 cex.axis와는 다르다.
- mar=c(side1, side2, side3, side4)는 플롯여백의 각 면에 텍스트가 놓일 위치를 조정한다.
- oma=c(side1, side2, side3, side4)는 여백의 외곽 부분을 조정한다(플롯들의 배열 바깥쪽 영역을 의미한다).
- usr=c(x1, x2, y1, y2)는 x축과 y축에 주어진 범위로 플롯 내의 좌표시스템을 조정한다.

par() 함수는 여러 가지 방법으로 사용할 수 있다. 만약 par("mfrow")와 같이 사용한다면 par() 함수는 현재 지정되어 있는 그래픽 파라미터의 값을 알려준다. 만약 par(mfrow=c(1, 2))와 같이 사용한다면 주어진 값으로 대응하는 파라미터의 값이 조정되고 이전의 값은 list 형식으로 반환된다. 마지막으로 여러 개의 파라미터들을 한 번에 조정하고자 한다면 list를 이용할 수도 있다.

3장 연습문제

01 islands 자료를 다시 활용하여 아래에 주어진 코드를 실행해 보도록 한다.

```
> hist(log(islands,10), breaks="Scott", axes=FALSE, xlab="area",
+                    main="Histogram of Island Areas")
> axis(1, at=1:5, labels=10^(1:5))
> axis(2)
> box()
```

(a) 위에서 주어진 코드의 각 단계를 설명해 보도록 한다.

(b) 부제목 "Base-10 Log-Scale"을 추가해 보도록 한다.

(c) Scott의 규칙 대신 Sturges의 규칙을 사용하도록 코드를 수정해 본다. 이 경우 초과 자릿수가 축의 라벨로 사용되지 않게 round() 함수의 사용이 필요할 수 있다.

02 데이터 프레임 pressure을 다시 고려해 본다.

(a) pressure를 temperature에 대하여 플롯해 보고, 아래의 명령어를 이용하여 생성된 플롯 위에 곡선을 추가해 보도록 한다.

```
> curve((0.168 + 0.007*x)^(20/3), from=0, to=400, add=TRUE)
```

(b) 이제 pressure에 $y^{3/20}$으로 정의된 함수를 적용해 본다. 변환된 값을 temperature에 대해서 플롯해 본다. 선형 또는 비선형 관계를 뚜렷히 볼 수 있는지 확인해 본다. abline() 함수를 이용하여 이들을 지나가는 직선을 추가해 보도록 한다. (이것을 하기 위해서는 기울기와 절편이 필요하다. 이 내용을 다루었던 이전 부분을 다시 살펴보고 올바른 값을 사용하도록 한다.)

(c) 그래프에 적절한 주 제목을 추가해 보도록 한다.

(d) mfrow() 함수를 이용하여 그래픽 페이지의 레이아웃 크기를 2×1로 조정한 뒤, 위의 플롯들을 다시 한 번 반복해 보도록 한다. 레이아웃의 크기를 1×2로 조정한 뒤 동일한 작업을 반복해 본다.

제4장 R 프로그래밍 하기

프로그래밍은 비교적 복잡한 구조의 명령어들을 작성하는 과정을 수반한다. 프로그램을 작성하는 방법에는 크게 두 가지 유형을 들 수 있다. 하나는 R에서 사용하는 것과 같이 컴퓨터에게 무엇을 해야 하는지를 알려주는 지시 사항들을 작성하는 명령형 스타일 (imperative style)이다. 다른 하나는 웹페이지의 HTML에서 사용하는 것과 같이 결과에 어떻게 도달했는가에 대한 기록 없이 결과에 대한 설명만을 작성하는 선언형 스타일 (declarative style)이다. 이들은 각각 더욱 세분화될 수 있으며, 주어진 하나의 프로그램이 여러 가지 유형들의 특징을 동시에 가질 수도 있다. 예를 들면 R 프로그램은 어떤 작업을 달성하기 위해 밟아야 하는 절차들을 기록하는 절차형 (procedural)이라고 할 수 있으며, 독립적인 작업 단위로 나뉠 수 있는 모듈형 (modular)일 수도 있고, 복잡한 객체들의 작동 방법을 구조적으로 설명해 나가는 객체지향형 (object-oriented)일 뿐만 아니라 외부의 도움 없이 특정 연산의 수행을 위한 함수들의 집합으로 짜인 함수형 (functional)일 수 있다. 그 외에도 많은 관점에서 바라볼 수 있으나 이 책에서는 프로그래밍의 절차적인 측면만을 다룰 것이다.

1장에서 설명한 것과 같이 R 명령문은 평가되어야 할 표현식들로 구성되어 있다. 대부분의 프로그램들이 주로 반복적으로 수행되지만, 반복의 양은 입력에 따라 달라지게 된다. 이 장에서는 명령문들의 반복 횟수를 조절할 수 있는 몇 가지 종류의 제어 (flow control) 문들에 대해서 설명함으로써 시작한다. 그리고 프로그램을 어떻게 디자인하고 디버깅하는 방법들을 이 장의 나머지 부분에서 다루게 된다.

4.1 흐름 제어문

4.1.1 for( ) 루프문

이 책의 목표 중 하나는 통계적 모의실험 (stochastic simulation)을 소개하는 것이다. 모의실험은 많은 반복을 수행해야 하는데 그 이유는 통계학에서는 단지 한 번 발생한 어떤 특정한 경우 (instance)를 관찰하는 것이 아니라 일반적인 패턴 (pattern)을 보고자 하기 때문이다.

이와 같이 특정한 작업을 주어진 수만큼 반복하고자 할 때 `for()` 문을 사용하게 된다.

구문

```
for (name in vector) {commands}
```

이것은 name이라는 이름의 변수가 vector의 각 구성 요소의 값을 순차적으로 가지게 된다는 것을 의미한다. 그리고 매번 중괄호 { } 내에 작성된 commands의 위치에 놓인 명령어들이 수행될 것이 됨을 나타낸다. 중괄호는 일련의 명령어들을 한데 묶어 R이 이를 하나의 명령어와 같이 처리되도록 하기 위하여 사용된다.

만약 실행해야 할 명령어가 하나인 경우에는 중괄호가 반드시 필요하지는 않다.

예제 4.1

피보나치의 수열 (Fibonacci sequence)은 수학에서 잘 알려진 수열 중 하나이다. 처음 두 개의 구성 요소는 [1, 1]로 정의된다. 그 다음의 구성 요소는 바로 이전 두 개의 구성 요소들의 합으로서 정의된다. 따라서 세 번째 구성 요소는 2(=1+1)가 되고, 네 번째 요소는 3(=1+2)이 되며, 다섯 번째 구성 요소는 5(=2+3)가 된다.

R을 이용하여 처음 12개의 피보나치 숫자들을 얻기 위해서 아래와 같이 해 볼 수 있다.

```
> Fibonacci <- numeric(12)
> Fibonacci[1] <- Fibonacci[2] <- 1
> for (i in 3:12) Fibonacci[i] <- Fibonacci[i - 2] + Fibonacci[i - 1]
```

코드 이해하기

첫 번째 줄은 12개의 구성 요소를 가지고 이름이 `Fibonacci`라는 숫자형 벡터를 생성한다. 이 벡터는 12개의 0값으로 구성되어 있다. 두 번째 줄은 `Fibonacci`의 처음 두 개의 구성 요소들의 값을 1로 변경한다. 세 번째 줄은 세 번째 구성 요소, 네 번째 구성 요소, 그리고 이어서 열두 번째 구성 요소까지 피보나치 수열의 정의를 따라 값을 변경하게 된다. 특히 `Fibonacci[3]`은 `Fibonacci[1]` + `Fibonacci[2]`로부터 얻은 값 2가 할당된다. 그리고 `Fibonacci[4]`는 `Fibonacci[2]` + `Fibonacci[3]`로부터 얻은 값 3이 할당된다. `for()` 루프 (loop)를 이용하여 이 수열의 세 번째 구성 요소부터 12번째 구성 요소의 값을 변경하게 된다.

다음과 같이 입력함으로써 12개의 값들을 확인해 볼 수 있다.

```
> Fibonacci
[1]   1   1   2   3   5   8   13   21   34   55   89   144
```

예제 4.2

두 가지 판촉 방법을 가지고 \$20 000짜리 새 차를 판매해야 하는 자동차 중개인이 있다고 가정해 본다. 첫 번째 방법은 고객이 먼저 새 차의 값을 먼저 지불하고 이후에 \$1 000를 고객에게 돌려주는 것이다. 두 번째 방법은 무이자 (0%–interest financing)로 고객이 20달 동안 \$1 000씩 지불하도록 하는 것이다.

첫 번째 방법의 경우 새 차의 실제 가격은 \$19 000이 되므로, 두 번째 방법의 적용 시 중개인은 이 가격을 기준으로 이자율 i를 계산해야 한다. 연금의 현재 가치를 구하기 위해 사용한 공식을 활용하여 이를 계산해 볼 수 있다.

$$19\,000 = 1\,000\left(\frac{1-(1+i)^{-20}}{i}\right).$$

이 등식에 양변에 i를 곱하고 19 000로 나누어주게 되면, 아래와 같은 고정소수점 문제 (fixed–point problem)[1]의 형태가 된다.

$$i = (1-(1+i)^{-20})/19.$$

i에 적당한 초깃값을 생각한 뒤에 그 값을 우변에 대입하면, 좌변에 있는 i는 계산된 새로운 값을 가지게 된다. 예를 들어 $i = 0.006$로 시작하면 새로이 얻어진 값은 아래와 같을 것이다.

$$i = (1-(1+0.006)^{-20})/19 = 0.005\,93.$$

이렇게 새로 얻어진 값을 다시 등식의 우변에 대입하면 아래와 같이 다시 새로운 값을 가지게 된다.

$$i = (1-(1+0.005\,93)^{-20})/19 = 0.005\,86.$$

이러한 종류의 고정소수점 반복 (fixed–point iteration)은 주어진 고정소수점 등식 (fixed–point equation)이 만족할 만한 수준의 해를 찾기 전까지 많은 반복을 하게 된다. 다음은 적합한

---

1) 고정소수점 문제는 주어진 어떤 함수 $f(x)$에 대하여 풀고자 하는 등식이 $x = f(x)$의 형식으로 표현되는 경우이다. 즉, 미지수가 x가 등식의 양변에 함께 존재하는 경우이다.

해를 찾기 위하여 위의 과정을 1000번 반복하는 R 코드이다.

```
> i <- 0.006
> for (j in 1:1000) {
+     i <- (1 - (1 + i)^(-20)) / 19
+ }
> i
[1] 0.004935593
```

연습문제

01. 다음과 같은 방법으로 피보나치 수열을 생성할 수 있도록 코드를 수정해 보길 바란다.

(a) 처음 두 구성 요소들의 값을 모두 2로 변경한다.

(b) 처음 두 구성 요소들의 값을 각각 3과 2로 변경한다.

(c) 연속된 두 구성 요소들의 합이라고 정의된 규칙을 차로 변경하도록 한다. 예를 들어 세 번째 구성 요소의 값은 두 번째 구성 요소가 가지는 값에서 첫 번째 구성 요소가 가지는 값을 뺀 것이다.

(d) 이번에는 피보나치 수열을 연속된 세 개의 구성 요소들의 합으로 정의해 보도록 한다. 이를 위해서는 세 번째 구성 요소의 값을 1로 놓는다.

02. f_n을 n번째 피보나치 숫자로 가정한다.

(a) f_n / f_{n-1}와 같이 비율로 정의된 수열을 생각해 본다(n = 1, 2,..., 30). 이 수열이 수렴할 것으로 생각되는가?

(b) 이번에는 $(1+\sqrt{5})/2$이라는 황금비를 계산해 본다. 위의 문제에서 생각해 본 수열이 이 값으로 수렴되는가? 증명해 보길 바란다.

03. 아래의 코드를 먼저 읽어보고 answer가 가지게 될 값을 생각해 본다. R에서 이를 실행해보고 값을 확인해 보도록 한다.

(a)
```
> answer <- 0
> for (j in 1:5) answer <- answer + j
```

(b)
```
> answer <- NULL
> for (j in 1:5) answer <- c(answer, j)
```

(c)
```
> answer <- 0
> for (j in 1:5) answer <- c(answer, j)
```

(d)
```
> answer <- 1
> for (j in 1:5) answer <- answer * j
```

(e)
```
> answer <- 3
> for (j in 1:15) answer <- c(answer, (7 * answer[j]) %% 31)
```

이 마지막 수열을 잘 살펴보도록 한다. 만약 이 수열을 생성하는 규칙을 알 수 없다고 하여도 다음에 얻어질 값을 예측할 수 있는가?

04. 이번 절에서 다루었던 자동차 중개인의 예제를 다시 살펴보도록 한다. 이자율 i의 초깃값을 0.006이라 가정한 뒤 얻어지게 되는 이자율은 얼마가 되는지 20번을 반복하면서 값을 확인해 보도록 한다. 동일한 작업을 i의 초깃값을 0.005와 0.004로 변경한 뒤 각각 수행해 보도록 한다. 이들을 살펴봄으로써 i의 진짜 값을 찾을 수 있는가? (소수점 5번째 자리까지 정확해야 한다).

05. 고정소수점 반복을 이용하여 다음의 등식 $x = \cos(x)$의 해를 [0, 1]의 구간 내에서 찾아보도록 한다. 초깃값은 0.5를 사용하도록 한다. 소수점 두 번째 자리까지의 정확도를 가지는 해를 찾기 위하여 얼마나 많은 반복이 필요한지 살펴보도록 한다. 소수점 세 번째 자리까지는 몇번이나 반복해야 하는가? 소수점 네 번째 자리까지의 경우는 어떤가? 만약 초깃값을 0.7, 0.6, . . . , 0.0을 사용하면 어떻게 되는지에 대해서도 살펴보도록 한다.

06. 위의 문제에서 사용한 방법을 이용하여 이번에는 등식 $x = 1.5\cos(x)$를 풀어보도록 한다. (답은 대략 $x = 0.914\,856\,5$이어야 한다.)

(a) 고정소수점 반복을 통하여 얻어진 값이 수렴하는가? 만약 그렇지 않다면 주어진 등식을 $x = \cos(x)/30 + 44x/45$로 바꾸어 본다. 이것은 수렴하는가?

(b) 이들이 같은 해를 가지는 것을 보일 수 있는가?

(c) $1.5\cos(x)$과 $\cos(x)/30 + 44x/45$을 미분한 뒤 이들의 절댓값 (the absolute value of derivative)을 계산해 보도록 한다. 만약 이 값이 1보다 작은 경우, 초깃값을 해에 충분히 가깝게 정할 수 있다면 고정소수점 반복은 해에 수렴한다는 수치해석 이론이 있다. 이 이론은 (a)에서 관찰된 결과를 뒷받침하고 있는가?

4.1.2 if( ) 문

우리는 앞서서 논리형 벡터와 관계형 연산자에 대해서 배웠다. 인덱스의 사용은 서로 다른 위치에 있는 벡터의 구성 요소들에 대하여 다양한 연산을 수행할 수 있도록 도와주는 좋은 방법이다. if() 문은 어떤 명령문이 실행되어야 하는지를 제어해 주는 매우 유용한 방법이다.

구문

```
if   (condition) {commands when TRUE}
if   (condition) {commands when TRUE} else {commands when FALSE}
```

이것은 condition에 해당하는 조건식이 TRUE로 평가된다면 중괄호 ({ })안에 놓인 명령어들 (commands)을 실행한다는 의미이다. else 부분은 선택적으로 사용하게 되는데, 조건식에 놓인 논리변수 (logical variable)가 FALSE로 평가되었을 경우에 실행된다. 그러나 이를 사용하는 경우에는 주의가 요구된다. 다음과 같이 입력하면 에러를 발생시킨다.

```
if (condition) {commands when TRUE}
else {commands when FALSE}
```

그 이유는 사용자가 두 번째 줄의 내용을 입력하기 전에 R은 첫 번째 줄의 내용을 실행한 뒤 입력을 종료하기 때문이다. R은 모든 명령문을 다 읽기 전에는 실행을 하지 않기 때문에 두 명령어 라인들을 중괄호를 이용한 블록으로 묶어준다면 에러를 피할 수 있다.

이러한 경우와 같은 입력의 불분명함을 피하기 위하여 if ... else를 사용할 때는 다음과 같이 작성하는 것이 일반적이다.

```
if (condition) {
    commands when TRUE
} else {
    commands when FALSE
}
```

이러한 방법으로 작성하는 것은 명령문의 가장 끝 부분에 도달할 때까지 어떤 부분이 아직 끝나지 않았다는 것을 분명히 알 수 있도록 도와준다.

R은 또한 condition의 결과를 숫자를 이용하여 표현할 수 있다. 이 경우 영 (zero)은 FALSE이고, 영이 아닌 다른 값들은 TRUE를 의미하게 되며 이러한 논리값의 변환규칙을 사용하는 것이다. 조건식 (condition) 부분에는 결측값은 사용할 수 없으며, 에러를 야기한다.

예제 4.3

간단한 예를 들어본다.

```
> x <- 3
> if (x > 2) y <- 2 * x else y <- 3 * x
```

x > 2이므로 TRUE가 된다. 따라서 y에는 2 * 3 = 6이 할당된다. 만약 이것이 참이 아니라면 3 * x의 값이 할당될 것이다.

---

if()문은 사용자정의 함수를 작성하는 경우에 자주 이용된다. 다음은 전형적인 예제이다.

예제 4.4

두 개의 숫자형 벡터들 간의 상관관계를 계산하기 위하여 종종 cor() 함수가 이용된다. 이것은 선형관계에 대한 척도로 여겨진다. 다음과 같은 방법으로 우리는 상관계수 외에도 산점도를 함께 보여줄 수 있다.

```
> corplot <- function(x, y, plotit) {
+     if (plotit == TRUE) plot(x, y)
+     cor(x, y)
+ }
```

만약 산점도를 생성하지 않고 상관계수만을 확인하고자 한다면 다음과 같이 함수를 사용할 수 있다.

```
> corplot(c(2, 5, 7), c(5, 6, 8), FALSE)
[1] 0.953821
```

예제 4.5

이번에는 주어진 어떤 값 n보다 작은 범위 내에 있는 정수들 중 모든 소수 (prime numbers)를 찾아 주는 가장 오래된 수학적인 방법으로 알려진 에라토스테네스의 체 (the sieve of Eratosthenes)의 원리를 이용한 함수를 작성해 보도록 한다. 방법은 다음과 같다. 먼저 2부터 n 사이에 있는 정수를 가지는 벡터를 생성하고, 2보다 큰 정수들 중에서 2의 배수에 해당하는 정수들을 모두 삭제한다. 벡터 안에 남아있는 정수들 중 다음의 정수 3을 선택한다. 이제 3보다 큰 정수들 중에서 3의 배수에 해당하는 정수들을 모두 삭제한다. 동일한 방법으로 벡터 안에 남아 있는 정수들을 지워 나가도록 한다. 4의 배수에 해당하는 정수들은 이미 2의 배수에 해당하는 정수들을 삭제할 때 모두 제거되었기 때문에 3 다음으로 이용할 수 있는 정수는 5이다. 따라서 그 다음에는 5의 배수에 해당하는 정수들을 지워 나가게 되고, 이 과정을 반복한다.

```
> Eratosthenes <- function(n) {
+ # n 까지의 모든 소수를 출력 (에라토스테네스의 체 알고리즘 이용)
+    if (n >= 2) {
+       sieve <- seq(2, n)
+       primes <- c()
+       for (i in seq(2, n)) {
+           if (any(sieve == i)) {
+              primes <- c(primes, i)
+              sieve <- c(sieve[(sieve %% i) != 0], i)
+           }
+       }
+       return(primes)
+    } else {
+        stop("Input value of n should be at least 2.")
+    }
+ }
```

작성된 함수의 실행결과는 다음과 같다.

```
> Eratosthenes(50)
[1] 2 3 5 7 11 13 17 19 23 29 31 37 41 43 47
> Eratosthenes(-50)
Error in Eratosthenes(-50) : Input value of n should be at least 2.
```

코드 이해하기

이 함수의 목적은 주어진 값 n보다 작은 모든 소수 (prime numbers)를 찾아내는 것이다. 프로그램의 핵심 명령문들은 다음과 같다.

```
sieve <- seq(2, n)
primes <- c()
for (i in seq(2, n)) {
  if (any(sieve == i)) {
    primes <- c(primes, i)
    sieve <- sieve[(sieve %% i) != 0]
  }
}
```

sieve라는 객체는 확인해야 할 모든 정수들을 가지고 있다. 가장 처음에 해야 할 작업은 2와 n 사이의 모든 정수들을 이 벡터 안에 저장하는 것이다. primes라는 객체는 비어진 상태로 처음에 생성되지만, 결과적으로 이 객체는 n보다 작거나 같은 모든 소수들을 저장하는 데 사용된다. sieve 내에 있는 합성수 (composite number)들은 제거되고, 소수 (prime)만이 primes에 복사된다.

앞의 숫자 배수 제거에도 불구하고 2부터 n까지 정수 중 여전히 벡터 내에는 존재하는 정수 i가 있는지 확인해야 한다. 이에 대한 확인 과정은 입력된 논리벡터의 구성 요소 중 하나라도 TRUE을 가진다면 TRUE를 돌려주는 함수 any()를 이용한다. i가 벡터 sieve 내에 존재한다면 이것은 아직 제거되지 않은 가장 작은 정수이므로 소수임에 틀림없다. 합성수이기 때문에 지워져야만 하는 i의 배수들이 모두 제거되고 나면, 이 i는 primes에 추가된다. 표현식 (sieve %% i) = = 0은 sieve의 모든 값들이 i의 배수인 경우에 TRUE를 반환하게 된다. 우리는 이러한 배수를 모두 삭제하고, 배수가 아닌 것들만을 저장하길 원하므로 !(sieve %% i == 0) 또는 sieve %% i != 0와 같이 반대로 사용해야 한다. 다음과 같은 방법으로 sieve에 있는 모든 i의 배수들을 제거할 수 있다.

```
sieve <- sieve[(sieve %% i) != 0]
```

이 표현식은 i도 지우게 되지만, 이미 우리는 primes에 미리 저장해 두었다.

만약 입력된 숫자 n이 2보다 작다면 함수의 결과는 아무런 의미가 없을 것이다. 이러한 경우를 피하기 위하여 입력된 값이 2보다 작으면 에러 메시지가 출력되도록 하였다.

연습문제

01. Eratosthenes() 함수는 n이 정수가 아닌 경우에도 실행이 되는지 살펴보도록 한다. 이 경우에 필요한 에러 메시지가 있는지 생각해 보도록 한다.

02. Eratosthenes() 함수의 원리를 이용하여 무한개의 소수들이 존재함을 증명해 보도록 한다.

힌트: 모든 소수들이 m보다 작다고 가정하고, sieve에 의해서 제거되지 않는 n보다 큰 숫자를 찾아보도록 한다.

03. 쌍둥이 소수 (twin prime)란 $y = x + 2$와 같은 경우로서 (x, y)와 같이 표현되는 한 쌍의 소수를 말한다. 1000보다 작은 모든 쌍둥이 소수를 나열해 보도록 한다.[2]

04. 은행에서는 만기일이 3년 이내인 경우 4%의 연이율을 적용하고, 그 이상인 경우에는 5%의 연이율을 적용하는 보증출자증권 (guaranteed investment certificate, GIC)이라는 것이 있다. 초기 투자 비용 (initial investment amount) P와 연 단위의 이자 기간을 입력인자로 받아들이고 GIC가 적용되는 기간 동안 벌어들인 이자 총액을 알려주는 함수를 작성해 보도록 한다. 즉, $I = P((1+i)^n - 1)$와 같이 정의된 I의 값을 계산해 주어야 한다.

05. 담보대출 이자율은 종종 담보대출이 **개방식** 또는 **폐쇄식**인지에 따라 달라진다. 다음 공식을 이용하여 월 담보대출 상환금 R을 계산하는 함수를 생성해 보도록 한다.

$$R = \frac{Pi}{1-(1+i)^{-n}}$$

여기에서 i는 복리 (compounded interest), P는 원금 (original principal), n은 상환기간 (term, 단위: 월)을 나타낸다. 함수는 n, P, 그리고 open을 입력인자로 가져야 한다. 만약 open==TRUE인 경우 $i = 0.005$를 적용하고, 그렇지 않다면 $i = 0.004$를 하도록 한다.

---

2) 고대로부터 무수히 많은 소수들이 존재한다는 것은 알려져 왔다. 그러나 쌍으로 된 소수가 무한개로 존재할 수도 있다는 것은 추측으로 남아 있다.

4.1.3 while( ) 문

때때로 명령문들이 반복되기를 원하지만, 그 반복 패턴을 미리 알 수 없는 경우가 있다. 따라서 어떤 계산들을 수행하고 난 뒤 주어진 어떤 특정 조건을 만족하는 한 이를 계속 수행하도록 해야 하는 경우가 존재한다. while()문은 이러한 것을 할 수 있도록 도와준다.

구문

```
while (condition) {statements}
```

condition에 해당하는 조건문이 FALSE로 평가되면 더 이상 수행해야 할 작업은 없다. 반대로 TRUE로 평가되면 중괄호 내의 명령문들을 실행하고 condition을 다시 평가하여 작업을 반복하게 된다.

예제 4.6

300보다 작은 모든 피보나치 숫자들을 찾아 나열하고자 한다. 이 수열이 얼마나 긴 길이를 가지는가는 실제로 계산이 완료되기 전까지 알 수 없으므로 for() 루프를 이용하여 반복을 조절하는 것은 적절하지 않을 것이다. 이러한 경우에 while() 문을 이용하는 것이 적합하다.

```
> Fib1 <- 1
> Fib2 <- 1
> Fibonacci <- c(Fib1, Fib2)
> while (Fib2 < 300) {
+     Fibonacci <- c(Fibonacci, Fib2)
+     oldFib2 <- Fib2
+     Fib2 <- Fib1 + Fib2
+     Fib1 <- oldFib2
+ }
```

코드 이해하기

문제 해결의 핵심은 아래 부분에 나타나 있다.

```
while (Fib2 < 300) {
    Fibonacci <- c(Fibonacci, Fib2)
```

즉, 마지막으로 생성된 피보나치 숫자 Fib2가 300보다 작은 값을 가지고 있는 한 Fibonacci의 구성 요소는 하나씩 증가된다.

따라서 Fib2가 가장 최근에 얻어진 피보나치 숫자를 가지고 있는지를 반드시 확인해야 한다. 이것은 가장 최근에 추가된 두 개의 숫자들 (Fib1와 Fib2)을 기록해 나가면서, 다음과 같이 업데이트를 할 수 있다.

```
Fib2 <- Fib1 + Fib2
```

이제 Fib1의 값은 Fib2가 이전에 가지고 있던 값으로 변경되어야 한다. 그러나 이것은 새로운 값에 의해서 덮어 씌워지게 된다. 따라서 위의 명령문을 실행하기 전에 Fib2의 값을 oldFib2에 복사해 두도록 한다. Fib2를 변경한 뒤에는 oldFib2의 값을 다시 Fib1에 할당하도록 할 수 있다.

이러한 작업을 하기 위해서는 Fib1, Fib2 그리고 Fibonacci의 값들은 초기화되어야 할 필요가 있다. 즉, 루프 내에서 이러한 객체들이 사용될 것이므로 이들 객체에 적절한 초깃값들이 주어져야 할 필요가 있다.

최종 계산 결과를 확인하기 위해서 다음을 입력해 보도록 한다.

```
> Fibonacci
  [1] 1 1 1 2 3 5 8 13 21 34 55 89 144 233
```

주의할 점

for() 또는 while()를 사용할 때 Fibonacci <- c(Fibonacci, Fib2)와 같이 벡터의 구성 요소를 개수를 하나씩 늘려가는 작업은 연산의 양이 많은 경우에는 피하는 것이 좋다. R은 단지 하나의 구성 요소가 더 많은 벡터를 위하여 새로운 벡터를 계속 생성하여 값을 할당해야 하므로 실제적으로 전체적인 프로세스를 매우 느리게 할 수 있다.

연습문제

01. 변수 oldFib2는 꼭 필요한 것은 아니다. Fib1과 Fib2에 주어진 현재 값들만을 이용하여 Fib1를 업데이트하는 피보나치 수열을 while() 루프를 이용하여 다시 생성해 보도록 한다.

02. 사실은 Fib1과 Fib2 모두 필요한 것은 아니다. Fibonacci 외에 다른 변수를 사용하지 않고 피보나치 수열을 while() 루프를 이용하여 다시 생성해 보도록 한다.

03. 1 000 000보다 작은 피보나치의 숫자들의 개수를 구해 보도록 한다.

04. 4.2절에서 사용한 자동차 중개인 예제를 다시 떠올려 본다. 아래의 고정소수점 등식을 만족하는 이자율 i를 반복적으로 계산하기 위하여 `while()` 루프를 사용해 보도록 한다.

$$i = (1-(1+i)^{-20})/19.$$

i에 대한 초깃값에 0.006을 이용해 보도록 한다. 연속적으로 얻어진 두 이자율의 차이가 0.000 001보다 작다면 계산을 종료하도록 한다.

다른 값을 가지는 초깃값을 이용해 본다면 어떤 결과가 나오지는 살펴보도록 한다.

05. 위의 문제에 이어서, 연속적으로 얻어진 이자율의 차이가 0.000 001보다 작을 때까지 몇 번의 반복이 이루어졌는지를 알 수 있도록 코드를 수정해 보도록 한다.

4.1.4 뉴튼의 방법을 이용한 방정식 해 찾기

뉴튼의 방법은 다음과 같은 형식을 가지는 해를 수치적으로 찾는 방법으로 잘 알려져 있다.[3]

$$f(x) = 0.$$

만약 $f(x)$가 미분 가능하여 $f'(x)$가 존재한다면, 다음의 반복문은 주어진 방정식의 해에 수렴하게 된다(단, 초깃값이 해에 충분히 근접한 부근의 값을 가진다고 가정하는 경우이다).

$$x_0 = \texttt{initialguess}$$

$$x_n = x_{n-1} - \frac{f(x_{n-1})}{f'(x_{n-1})}.$$

이러한 방법은 아래와 같은 테일러 근사법 (Taylor approximation)에 기초를 두고 있다.

$$f(x_n) \approx f(x_{n-1}) + (x_n - x_{n-1})f'(x_{n-1}) \tag{4.1}$$

뉴튼의 방법은 (4.1)을 $f(x_n)=0$로 정리하여 x_n에 대해서 푸는 것과 동일하다. 비록 (4.1)을 만족하는 값이 근사치이기는 하지만, 얻어진 x_n의 값이 진짜 해의 정확한 값에 아주 근

3) 다르게 말하면 함수 $f(x)$가 영 (zero)이 되는 x의 값을 찾는 것이라고 할 수 있다.

접하다고 보고 있다. 이때 반드시 주의해야 할 점은 x_{n-1}의 값이 충분히 해에 가깝지 않다면 x_n의 값은 해에 수렴하지 않는 경우가 많다는 점이며, 어떤 경우에는 초깃값과는 무관하게 수렴하지 않는 경우도 존재한다는 것이다.

예제 4.7

$f(x) = x^3 + 2x^2 - 7$이라는 함수를 생각해 본다. 만약 x_0가 이 함수가 가질 수 있는 세 가지의 해들 중 하나와 충분히 근접하다면, 이 값은 해에 수렴하게 된다.

$$x_n = x_{n-1} - \frac{x_{n-1}^3 + 2x_{n-1}^2 - 7}{3x^2 + 4x}$$

이것을 R로 구현하면 다음과 같다.

```
> x <- x0
> f <- x^3 + 2 * x^2 - 7
> tolerance <- 0.000001
> while (abs(f) > tolerance) {
+     f.prime <- 3 * x^2 + 4 * x
+     x <- x - f / f.prime
+     f <- x^3 + 2 * x^2 - 7
+ }
> x
```

코드 이해하기

x에 x_0을 대입함으로써 시작하여 $f(x_0)$의 값을 먼저 계산한다. 그리고 $|f(x_i)|$의 값이 0.000001보다 큰 경우에는 뉴튼의 방법을 이용하여 x를 업데이트한다. 변수 i는 필요하지 않다. 뉴튼의 방법은 새로운 값이 이전의 값으로부터 계산되는 재귀적인 공식 (recursive formula)이기 때문에, 몇 번째 반복에서 업데이트가 이루어지를 아는 것은 중요하지 않기 때문이다.

연습문제

01. 다음의 식은 정확히 1개의 실수해를 가진다.

$$x^7 + 10\,000x^6 + 1.06x^5 + 10\,600x^4 + 0.0605x^3 + 605x^2 + 0.0005x + 5$$

초깃값이 $x = 0$로 주어진다면 해를 구하기 위하여 뉴튼의 방법은 몇 번의 반복이 필요한지 확인해 보길 바란다.

02. 뉴튼의 방법을 이용하여 다음의 함수가 영 (zero)값을 가지도록 하는 x의 값을 찾아보도록 한다.

$$f(x) = x^4 + 3x^3 - 2x^2 - 7,$$

초깃값 $x = 1$을 사용하여 이를 구해 본다.

03. 다음의 함수가 영 (zero)값을 가지도록 하는 x의 값들 중 하나를 찾아본다.

$$f(x) = \cos(x) + e^x,$$

초깃값 $x = -1.5$를 사용해 본다.

04. 다음의 함수를 최소화하는 x의 값을 찾아본다.

$$f(x) = (x-3)^4 + 7(x-2)^2 + x.$$

05. 다음의 함수가 영 (zero)의 값을 가지도록 하는 x의 값은 몇 개인가?

$$f(x) = \frac{5x-3}{x-1}$$

해가 있긴 있는가? 만약 존재한다면, 그 값들은 무엇인가? 아래의 값들을 초깃값으로 이용하여 이 함수에 적용된 뉴튼의 방법이 가지는 특징을 설명해 보도록 한다.

(a) 0.5

(b) 0.75

(c) 0.2

(d) 1.25

06. 다음의 함수가 영 (zero)의 값을 가지도록 하는 해는 몇 개가 있는가?

$$f(x) = (x^2 - 6x + 9)e^{-x}$$

해가 존재함을 확인할 수 있는가? 만약 존재한다면, 그 값들은 무엇인가? 아래의 값들을 초깃값으로 이용하여 이 함수에 적용된 뉴튼의 방법이 가지는 특징을 설명해 보도록 한다.

(a) 3

(b) 3.2

(c) 2.99

(d) 3.01

07. 4.2절에서 사용된 자동차 중개인의 예제를 다시 살펴본다. 아래의 함수를 만족하는 이자율 i를 뉴튼의 방법을 이용하여 구해 보도록 한다.

$$i = (1 - (1+i)^{-20})/19.$$

초깃값으로 $i = 0.006$을 이용해 본다. 이자율 i가 가지는 연속적인 값들의 차이가 0.000 001보다 작아지기 위해서는 얼마나 많은 반복이 필요한지 확인해 보길 바란다.

4.1.5 repeat 루프문과 break 그리고 next문

종종 우리는 루프 (loop)를 이용할 때 주어진 수만큼의 반복을 원치 않을 뿐더러, `while()` 문을 사용하는 경우와 같이 루프의 시작 부분에서 조건문을 사용하지 않기를 희망할 때가 있다. 이러한 경우 `repeat` 문을 사용할 수 있다. 이 루프는 `break`문을 만나게 될 때까지 반복을 계속하게 된다.

구문

```
repeat { statements }
```

이것은 중괄호 내에 놓인 명령문의 블록이 무한적으로 반복되게 한다. 이 명령문은 일반적으로 아래와 같은 형식의 `break`문을 포함해야 한다.

```
if (condition) break
```

그러나 이것이 꼭 필요한 것은 아니다.

break문은 즉각적으로 루프를 빠져나가도록 해 준다. 또한 break은 for()와 while() 루프에서도 사용할 수 있다. next문은 현재의 반복을 즉각적으로 빠져나와 루프의 처음으로 돌아가도록 한다. 루프의 종류에 관계없이 사용할 수 있다.

repeat 루프와 break 그리고 next문은 상대적으로 매우 적게 사용된다. 일반적으로 루프의 첫 부분에서 조건문을 보여 주는 것이 코드를 이해하기 쉬울 뿐더러 for와 while 문을 사용하는 경우 루프의 첫 부분에서 보여지는 조건문을 통하여 이를 빠져나가는 유일한 방법이기 때문이다. 그러나 반드시 그렇지는 않으며 종종 이러한 명령문들을 사용하는 것은 프로그램을 더 읽기 명료하게 읽을 수 있도록 돕기도 한다.

예제 4.8

앞 절에서 뉴튼의 알고리즘을 설명하기 위하여 사용한 예제를 repeat문을 이용하여 다시 작성해 보도록 한다.

```
> x <- x0
> tolerance <- 0.000001
> repeat {
+ f <- x^3 + 2 * x^2 - 7
+ if (abs(f) < tolerance) break
+ f.prime <- 3 * x^2 + 4 * x
+ x <- x - f / f.prime
+ }
> x
```

이 프로그램에서는 f를 계산하는 라인이 중복되어야 하는 점을 없애주었다.

연습문제

01. 주어진 함수의 값이 영 (zero)이 되도록 하는 해를 구하는 데 사용되는 또 다른 알고리즘은 **이분법** (bisection algorithm)이 있다. 이 알고리즘은 $f(x_1)$과 $f(x_2)$가 서로 다른 부호를 가지도록 하는 두 개의 x_1과 x_2을 가지고 시작한다. 만약 $f(x)$가 연속형 함수라면, 해는 반드시 이 두 값들 사이에 놓여 있다. 먼저 두 점 사이의 중간 지점에서 $f(x)$를 구한 뒤, 해를 포함하는 한쪽 구간을 선택한다. 그런 뒤에 미

리 주어진 정확도를 만족하는 충분히 짧은 구간을 찾을 때까지 이 계산 과정을 반복하게 된다.

(a) repeat 루프를 이용하여 $f(x) = x^3 + 2x^2 - 7$의 해를 찾는 이분법 알고리즘을 작성해 보도록 한다. 정확도는 소수점 6자리까지 이며, 해는 0과 2 사이에 놓여 있다고 가정한다.

(b) 0과 2에서 서로 다른 부호를 가지는 값을 가지는 어떤 주어진 연속형 함수들에 대하여 이분법 알고리즘으로부터 얻어진 값은 반드시 해에 수렴함을 증명해 보도록 한다. 그리고 얼마나 많은 반복이 필요한지 계산해 본다.

02. 다음은 while() 루프를 이용하여 에라토스테네스의 체를 구현한 것이다.

```
> Eratosthenes <- function(n) {
+   # n까지의 모든 소수를 출력 (에라토스테네스의 체 알고리즘 이용)
+   if (n >= 2) {
+     sieve <- seq(2, n)
+     primes <- c()
+     while (length(sieve) > 0) {
+       p <- sieve[1]
+       primes <- c(primes, p)
+       sieve <- sieve[(sieve %% p) != 0]
+     }
+     return(primes)
+   } else {
+     stop("Input value of n should be at least 2.")
+   }
+ }
```

(a) 작성된 함수가 왜 올바른 값을 찾을 수 있는가를 이해할 수 있을 때까지 코드를 따라 읽어 보도록 한다.

(b) 만약 p >= sqrt(n) 이라면, sieve 내의 남아있는 모든 값들이 소수임을 보이도록 한다.

(c) 위의 결과의 장점을 활용할 수 있도록 break를 이용하여 함수를 수정해 본다.

4.2 함수를 이용한 복잡성 관리

실무에서 작성하게 되는 프로그램의 대부분은 이 책에서 제공하는 예제들보다 길이가 훨씬 길게 된다. 대부분의 사람들이 모든 세부 사항들을 머릿속에 담아둘 수 없기 때문에 복잡성을 줄이는 방법을 찾는 것은 매우 중요한다. 프로그램을 디자인하는 다양한 전략들이 수년간 개발되어 왔다. 이 절에서는 이러한 방법들 중 우리에게 적합한 몇 가지 방법들을 간략히 소개하고자 한다.

4.2.1 함수란 무엇인가?

함수는 목적을 수행하기 위해 잘 정의된 독립적인 단위이다. 일반적으로 함수는 입력을 받아 계산(중간 결과의 출력, 그래프 생성, 다른 함수의 호출 등)을 한 뒤 최종 결과물을 출력하도록 되어 있다. 만약 잘 정의된 입력과 출력을 가지고 있다면 프로그래머는 함수가 잘 작동하는가에 대한 여부를 꽤 확실히 알 수 있다. 그리고 이들이 잘 동작함을 확인했다면 다음 문제로 넘어갈 수 있다.

예제 4.9

매년 고정된 이자 수익이 i인 은행 계좌에 매년 R달러씩 저금을 한다고 생각해 본다. n년 후 계좌 내 잔고(연말 기준)는 얼마인가? 저금의 시기는 매년 말이다.

n년 후의 총액(연말 기준)은 다음과 같이 계산할 수 있다.

$$R(1+i)^{n-1}+\cdots+R(1+i)+R=R\frac{(1+i)^n-1}{i}$$

이를 계산하는 R 함수는 다음과 같이 작성할 수 있다.

```
> annuityAmt <- function(n, R, i) {
+     R*((1 + i)^n - 1) / i
+ }
```

만약 10년간 매년 $400씩 저축을 하고 연 이자가 5%이라면 누적 총계는 아래와 같이 얻을 수 있게 된다.

```
> annuityAmt(10, 400, 0.05)
[1] 5031.157
```

R에서 함수는 벡터, 행렬, 그리고 리스트와 같은 보통의 객체들보다 더 많은 것들을 조정할 수 있는 것들이 더 많은 객체라는 점에서 다른 컴퓨터 언어들과는 다소 다르다.

일반적으로 함수를 정의하기 위해서는 다음과 같은 구조를 필요로 한다.

1. function이라는 단어
2. 입력인자 목록 (argument list)을 둘러싸는 괄호 (). 목록은 비어 있을 수도 있다.
3. 단일 명령문 또는 중괄호 { }로 둘러싸인 여러 개의 명령문들.

다른 R 객체들과 마찬가지로 함수도 일반적으로 이름을 가진다. 함수의 목적을 간단명료하게 설명할 수 있는 함수명을 사용해야 한다. 예를 들면 var()와 median()은 분산과 중앙값을 계산한다. 의미 있는 이름을 부여하는 것은 매우 중요한다. 만약 그렇지 않아 이름을 쉽게 기억해 낼 수 없다면 추후에 이를 찾기 위하여 많은 시간을 허비해야 할 것이기 때문이다. 또한 annuityAmt 함수를 annuityRate라고 하는 것과 같이 함수의 목적과 부합하지 않는 함수명을 사용하는 경우에는 프로그램을 읽기가 매우 힘들어지게 된다.

R이 함수의 정의를 실행할 때, 헤더 (header), 본체 (body), 그리고 정의 (definition)된 함수가 실행된 환경에 대한 참조 (reference)라는 세 가지 부분을 가지는 객체를 생성하게 된다.

위의 함수의 정의에서 처음 두 가지 항목은 헤더를 생성하기 위해 사용된다. 이것은 R 함수에 입력 또는 인자들에 대해서 설명한다. 예를 들면, Eratosthenes 함수의 헤더는 function(n)이다. 이것은 함수가 sieve의 상한선을 제한하는 n이라는 인자 하나만을 가진다는 것을 알려준다. annuityAmt의 헤더는 function(n, R, i)인데, 이것은 n, R, 그리고 i라는 이름을 가진 세 가지 인자들을 가짐을 알려준다. 입력인자의 수에는 제한이 없다. 재차 강조하지만, 함수의 목적을 잘 나타내는 함수명을 선택하도록 한다.

함수를 이용하게 되는 사용자의 편의를 위하여 인자들에 기본값을 설정할 수 있다. 만약 사용자가 인자의 값을 특별히 지정하지 않는 경우 이 기본값을 사용하게 된다. 예를 들어 아래와 같이 헤더를 사용할 수도 있다.

```
annuityAmt <- function(n, R = 1, i = 0.01)
```

만약 R과 i를 지정하지 않고 annuityAmt(24)을 호출한다면, R = 1과 i = 0.01을 이용하여 함수를 계산하게 된다는 의미이다.

함수의 두 번째 부분은 본체이다. 이것은 하나의 명령문일 수 있으며, 중괄호로 묶여진 일련의 명령문들이 될 수도 있다. 이 부분은 함수에 의하여 어떤 연산이 수행될 것인지에 대해서 명시한다. Eratosthenes의 처음 예제를 들면, 본체는 다음과 같다.

```
{
   if (n >= 2) {
   sieve <- seq(2, n)
   primes <- c()
   for (i in seq(2, n)) {
      if (any(sieve == i)) {
      primes <- c(primes, i)
      sieve <- c(sieve[(sieve %% i) != 0], i)
    }
  }
  return(primes)
} else {
   stop("Input value of n should be at least 2.")
  }
}
```

함수 본체의 적절한 위치에서 일반적으로 return(primes)과 같이 함수의 결과를 반환하는 명령문을 가지게 된다. (R에서는 모든 함수들이 하나의 결과를 반환한다. 일부 다른 언어들은 반환해야 할 결과가 없거나 혹은 다중의 결과들을 가지고 있다.) 만약 return()과 같은 반환문이 없다면, 마지막에 사용된 명령문의 실행으로 얻어진 결과가 반환되게 된다. 이것이 함수 annuityAmt이 값을 반환하는 방법이다.

함수의 세 번째 부분인 환경 (environment of function)이라는 것은 이해하기가 가장 어려운 부분이다. 여기에서는 자세한 설명은 하지 않을 것이지만, 간략하게 설명하면 환경은 함수가 정의된 환경에 대한 참조 (reference)를 의미한다.

이것이 의미하는 것은 다음과 같다. Eratosthenes 함수의 경우, 상당히 다른 두 종류의 객체들을 사용하였다. n, sieve, primes, i는 모두 함수 내에서 지역적으로 정의 된 것들이다. 이것들을 이해하는 데 어떠한 불분명함도 없다. 그러나 seq, c, any, return, stop는 함수 내에서 정의되지 않았다. 이것들은 Eratosthenes가 정의되어 있는 위치에 있는 R 환경의 일부이다. (그것들은 모두 함수이며, 지역변수가 아니다. 이것은 가장 일반적인 예일 뿐, 꼭 이렇다는 것은 아니다.)

가장 흥미로운 점은 Eratosthenes 함수 내에서 새로운 함수를 정의할 수 있다는 것이다. 새로이 정의되는 함수의 환경에는 n, sieve, primes, i가 있다. 예를 들어 소수의 배수를 제거하는 부분을 noMultiples이라는 새로운 작은 함수로 정의함으로써, 이 부분을 보다 명확하게 나타낼 수 있다.

```
> Eratosthenes <- function(n) {
+       # n 까지의 모든 소수를 출력 (에라토스테네스의 체 알고리즘 이용)
+       if (n >= 2) {
+
+         noMultiples <- function(j) sieve[(sieve %% j) != 0]
+
+         sieve <- seq(2, n)
+         primes <- c()
+         for (i in seq(2, n)) {
+             if (any(sieve == i)) {
+                primes <- c(primes, i)
+                sieve <- c(noMultiples(i), i)
+             }
+         }
+         return(primes)
+       } else {
+         stop("Input value of n should be at least 2.")
+       }
+ }
```

noMultiples 함수는 헤더 부분에서 j를 정의한다. 따라서 j는 지역변수이고, sieve를 함수가 정의된 환경에서 찾게 된다.

연습문제

01. var, cos, median, read. table, dump 객체들 모두가 함수임을 확인해 본다.[4]

02. Ng씨는 연이자율 i.r을 복리로 계산하는 은행에 P 만큼의 금액을 예치하였다. 만약 돈은 이자가 지불되는 기간 n동안 은행에 돈을 놓아둔다면 누적총금액은 다음과 같이 계산할 수 있다.

4) 4함수를 나타내기 위하여 var(), cos()와 같이 함수의 이름 뒤에 소괄호를 함께 쓰는 것이 일반적인 관례이다. 여기에서는 의미의 전달을 명확히 하고자 그러한 표기를 하지 않았다. var라는 객체를 이야기하고 있는 것인가? 아니면 var()로의 호출에 의하여 반환된 결과를 이야기하는 것인지를 생각해 보도록 한다.

$$P(1+i.r)^n.$$

(a) 이 액수를 계산하기 위하여 R 함수 compound.interest()를 작성해 본다. 세 가지 종류의 인자를 가져야 한다.

(b) 종종 이자가 지불되는 기간은 1달이다. 이 경우 만약 $1000을 예치했고 월이자율이 1%라면 30개월 후에 Ng씨의 계좌에는 얼마가 있게 되는가?

03. 이분법을 이용하여 사용자가 임의로 제공하는 함수 (user-supplied function)가 영(zero)을 가지는 경우의 해를 찾는 함수를 작성해 본다.

4.2.2 변수의 적용 범위

변수의 적용 범위 (scope)란 것은 변수가 영향을 미치게 되는 범위를 말한다. 예를 들어 함수 내에서 정의되는 변수들은 지역적 범위를 가진다고 하는데 이들은 오로지 함수 내에서만 사용할 수 있다. 같은 변수명이라도 이들이 서로 다른 함수명에서 사용된다면 변수의 값들이 서로 바뀌게 되는 일은 없다.

예제 4.10

이 예제에서는 x라는 이름의 지역변수 (local variable)를 가지는 두 개의 함수 f와 g를 생성한다. g는 f에 의하여 호출되는데 x의 객체를 f 내에 있는 x에 영향을 미치지 않고 수정할 수 있다.

```
> f <- function() {
+    x <- 1
+    g()                    # g는 x에 영향을 미치지 않는다.
+    return(x)
+ }
> g <- function() {
+      x <- 2               # 이것은 g의 x를 변경하지만 f의 x를 변경하지 않는다.
+  }
> f()
[1] 1
```

R에서는 이러한 변수의 적용 범위는 함수의 환경에 의하여 관리되게 된다. 콘솔의 위치에서 정의된 변수들은 전역적 적용 범위를 가지게 되기 때문에 어떠한 사용자정의 함수에서 사용이 가능하다. 함수 내에서 정의된 변수들은 오로지 정의된 함수 또는 정의된 함수 내부에 정의된 또 다른 함수 내에서만 사용 가능한다.

전역변수보다 지역변수를 이용하는 것은 함수를 작성하는 동안 프로그램의 다른 부분에 의하여 변수의 값이 바뀌는 일에 대하여 걱정할 필요가 없기 때문에 프로그램을 작성하는데 큰 도움을 주게 된다. 또한 작성한 코드로부터 값을 예측할 수 있기 때문에, 얻고자 하는 올바른 값을 얻었다면 결과에 대한 신뢰를 가질 수 있다.

또한 R은 함수와 데이터들의 집합체인 패키지라는 것을 가지고 있다. 일반적으로 패키지들은 네임스페이스 (namespace)라고 알려진 그들 자신만의 적용 범위를 가지고 있다. 그러나, 네임스페이스 (그리고 네임스페이스가 없는 패키지들)의 세부 사항은 이 책의 범위를 벗어난다.

4.3 기타 다양한 프로그래밍 팁들

4.3.1 fix( )문 사용하기

함수를 작성할 때 종종 에러가 생기고는 한다. 이들을 올바르게 수정하기 위해서 `fix()` 함수를 사용할 수 있다. 또한 새로운 함수를 생성하기 위하여 `fix()`를 사용할 수도 있다.

예제 4.11

`fix(Eratosthenes)`라고 입력한 뒤 `Eratosthenes` 함수를 수정해 보도록 한다.

예제 4.12

`factorial`라는 이름의 새로운 함수를 만들기 위하여 `fix(factorial)`라고 입력해 본다. 함수의 입력인자와 본체를 입력받을 준비가 된 것을 확인할 수 있을 것이다.

계승(factorial)을 계산하기 위한 객체를 생성하기 위하여 `prod()` 함수를 이용할 것이다. 이 함수는 입력된 모든 인자들의 곱을 반환해 주는 함수이다.

```
prod(1:n)
```

이 결과는 반드시 $n!$의 값을 가져야 한다. 위 명령문은 본체(중괄호 사이)에 놓여야 하며

function(n)라는 헤더를 가져야 한다.

편집기를 종료한 뒤 새로운 factorial() 함수를 시행해 보도록 한다.

4.3.2 # 기호를 이용하여 문서화하기

#(샵) 기호는 R 함수와 스크립트 (script)에 제목이나 설명과 같은 주석 (comments)을 넣는 간편한 방법이다. R은 # 기호로부터 라인의 끝까지 있는 모든 텍스트를 실행하지 않는다.

새로운 함수를 작성할 때 제목과 짧은 설명을 넣어두는 것은 프로그래밍을 하는 데 좋은 습관이다. 따라서 작성자 자신 또는 다른 사용자들이 추후에 함수의 목적을 쉽게 떠올릴 수 있게 된다. 불과 몇 주 또는 몇 달 전에 작성한 함수의 목적을 얼마나 쉽게 잊어버릴 수 있는 것은 놀라운 일이 아니다.

코드의 특정 부분이 어떤 작업을 하는지 설명하는 것 또한 유용하다. 이것은 잘 알려지지 않은 명령문을 사용할 때 특히 유용하다.

연습문제

01. 10!, 50!, 100!, 1000!을 계산해 본다.

02. (a) fix()와 factorial()을 이용하여 다음과 같이 정의된 이항계수 (binomial coefficient)를 계산하는 함수를 작성해 본다.

$$\binom{n}{m}.$$

(b) $\binom{4}{2}$, $\binom{50}{20}$, $\binom{5000}{2000}$을 계산해 본다.

(c) sum() 함수는 입력받은 모든 인자들을 합을 구하는 데 사용된다. 반면 log()와 exp() 함수들은 입력된 모든 인자들에 자연로그 (natural logarithm)와 지수 (exponential)를 취한 값을 돌려준다. 이 함수들을 이용하여 이항계수 (binomial coefficients)를 계산하는 함수를 작성해 본다.

(d) 새로이 작성된 함수를 이용하여 $\binom{4}{2}$, $\binom{50}{20}$, $\binom{5000}{2000}$를 계산해 본다.

03. 4.2.1절의 연습문제 2에서 작성했던 함수 compound.interest()를 다시 살펴본다. 종종 이자율은 매달 복리로 계산된 명목 연이율 (nominal annual rate)로 불리

기도 한다. 월이자율을 구하기 위해서는 단순히 명목 연이율을 12로 나누면 된다. 좀 더 일반적으로 말하면, 만약 이자율 변환기간이 일 년에 m번 있다면, 적당한 이자율 변환 기간 동안 가장 알맞은 이자율을 얻기 위하여 명목 연이율은 m으로 나누면 된다. (예를 들어 매일 복리가 계산된다면 명목 연이자율 365로 나누면 된다.) 명목 연이율 j와 일 년 동안 이자율 변환 횟수 m을 입력 인자의 일부로 하는 함수 `compound.interest()`를 수정해 본다. 함수의 본체 부분에는 가장 알맞은 이자율 $i.r$은 j/m으로 계산하도록 하는 명령문을 포함시키도록 한다(입력인자 목록에서 $i.r$을 지워도 된다).

04. 새로운 `compound.interest()` 함수를 이용하여 매일 복리로 계산된 연이자율이 12%인 경우 $1000에서 시작하여 누적된 값은 얼마인지 계산해 보도록 한다. 만약 복리계산된 금액을 월별 또는 연별로 계산하여 이 값들을 비교해 보도록 한다.

05. Wu양은 집을 구매하기 위한 목적으로 모기지를 받으려고 하는데 정기적으로 얼마씩 내야 하는지를 알고 싶어 한다. 만약 P가 초기 모기지 금액이고 i.r은 이자율이며, n이 모기지 기간이라고 할 때 정기적으로 지불해야 하는 금액 R은 다음과 같이 계산되어 진다.

$$R = \frac{P \times i.r}{1-(1+i.r)^{-n}}.$$

(a) 이 공식을 이용하여 `mortgage.payment()`라는 함수를 작성해 보도록 한다.

(b) 만약 초기 모기지 금액이 $100,000이고, 이자율이 1%이며, 이자율 변환 기간이 300이라면, Wu양이 매달 지불해야 할 금액이 얼마인지 계산해 보도록 한다.

(c) 정기적으로 지불해야 할 금액이 $400이라고 할 때, 10년 후에 누적된 금액이 얼마인지 `annuity()` 함수를 이용하여 계산해 보도록 한다. 이자율을 0.01부터 0.20까지 0.01 단위씩 증가하는 벡터를 생성하여 이를 계산해 보도록 한다.

4.4 일반적인 프로그래밍 가이드라인

어떤 문제를 풀기 위하여 컴퓨터 프로그램을 작성할 때 보편적으로 다음과 같은 단계를 거치게 된다.

1. 문제 이해하기
2. 문제를 어떻게 풀 것인지에 대한 일반적인 아이디어 도출하기

3. 일반적인 아이디어를 구체적이고 실현 가능한 알고리즘으로 변환하기
4. 구현한 알고리즘이 제대로 작동하는가에 대한 확인
   작동이 충분히 만족스러운가?
   만약 만족스럽다면 작업을 무사히 수행한 것임.
   만약 그렇지 않다면 다시 2번째 단계로 돌아감.

예제 4.13

정수로 이루어진 벡터를 오름차순으로 정렬하는 프로그램을 작성한다고 생각해 본다.

1. 문제 이해하기.
   프로그래밍 문제를 이해하는 좋은 방법은 특별한 사례를 이용해 보는 것이다. 단순한 경우를 고려해 보는 것이 종종 필요하게 될 것이지만, 너무 당연한 것을 해 보는 것은 피하도록 한다. 정렬과 관련된 이 문제에 대해서는 아마도 다음과 같이 3, 5, 24, 6, 2, 4, 13, 1으로 구성된 벡터를 생각해 볼 수 있을 것이다.
   이 벡터를 이용하여 sort()라는 함수를 작성해 본다.

```
x <- c(3, 5, 24, ..., 1)
sort(x)
```

   오름차순으로 정리된 결과는 1, 2, 3, 4, 5, 6, 13, 24가 될 것이다.

2. 일반적인 아이디어 도출하기.
   첫 번째 아이디어는 어디에서 가장 작은 값이 발생하는지 확인한 뒤 그것을 따로 두는 것이다. 이 과정을 나머지 값들에 대해서 반복적으로 수행하되 각 단계마다 가장 작은 값을 따로 두게 하는 것이다.
   두 번째 아이디어는 연속적인 두 값을 비교해 보는 것이다. 벡터의 첫 부분에서 시작해서 끝까지 확인해 보도록 한다. 만약 순서가 맞지 않으면 두 값의 위치를 바꾸어 본다. 가장 작은 값을 확인한 다음에 두 번째 방법이 제대로 작동하지 않는다는 것을 알게 될 것이다. 예를 들면 2, 1, 4, 3, 0이라는 벡터에 두 번째 아이디어를 적용하였는데 결과적으로 얻은 것은 1, 2, 3, 0, 4이기 때문이다.
   두 번째 아이디어를 확인하는 과정에서 가장 큰 값이 항상 새로운 벡터의 맨 마지막에 놓이게 된다는 점을 알게 되었을 것이다. (이것이 항상 일어난다는 것을 증명할 수 있는가?) 이러한 사실은 벡터의 처음에서 시작해서 인접해 있는 모든 쌍들을 확인하여 정렬할 수 있다는 것을 의미한다.

3. 구체적이고 실현가능한 알고리즘으로 변환하기.
이 단계에서는 코딩과 관계된 특정한 질문들을 해야 한다. 앞에서의 정렬문제의 경우에 제기될 수 있는 문제들은 다음과 같은 것이 있다. 어떻게 x[i]와 x[i+1]의 위치를 바꿀 수 있을까?
여기에 x[3]과 x[4]의 위치를 변경하는 한 가지 방법을 설명한다.

```
> save <- x[3]
> x[3] <- x[4]
> x[4] <- save
```

여기에서 주의해야 할 것은 x[3]의 값을 x[4]의 값으로 대체하기 전에 원래 x[3]의 값을 다른 곳에 저장해야 한다는 것이다. 만약 그렇게 하지 않는다면 x[4]에 다시 원래 x[3]의 값을 할당할 수 없기 때문이다.
이제 코드를 작성할 준비가 되었다.

```
> sort <- function(x) {
+     # x는 처음에는 입력벡터로 사용되지만,
+     # 출력의 형식을 위해 변경될 것이다.
+     # first를 last와 비교한다.
+     for(last in length(x):2) {
+        for(first in 1:(last-1)) {
+           if(x[first] > x[first + 1]) { # 값의 교환
+              save <- x[first]
+              x[first] <- x[first + 1]
+              x[first + 1] <- save
+           }
+        }
+     }
+     return (x)
+ }
```

4. 구현한 알고리즘 확인하기.
분명히 나타나는 버그 (bugs)를 찾기 위해서 작성한 코드를 단순한 예제를 이용하여 테스트를 해보는 것이 좋다.

```
> sort(c(2, 1))
[1] 1 2
> sort(c(2, 24, 3, 4, 5, 13, 6, 1))
[1] 1 2 3 4 5 6 13 24
```

여러 가지 다른 숫자형 벡터들에도 적용을 해 보길 바란다. 만약 길이가 1인 벡터를 입력하면 어떻게 되는가?

```
> sort(1)
Error in if (x[first] > x[first + 1]) { : missing value where TRUE/FALSE
needed
```

여기에서 문제는 `length(x) == 1`일때 `last`가 아무런 값을 가지지 않기 보다는 `1:2`라는 값들을 가지게 되기 때문이다. 이러한 이유로 함수를 다시 작성해야 할 필요는 없다. 함수의 맨 첫 부분에 이러한 경우를 특별한 경우로 다룸으로써 버그를 고칠 수 있다.

```
> sort <- function(x) {
+     # x는 처음에는 입력벡터로 사용되지만,
+     # 출력의 형식을 위해 변경될 것이다.
+
+     if (length(x) < 2) return (x)
+
+     # last는 비교될 마지막 구성 요소이다.
+
+     for(last in length(x):2) {
+        for(first in 1:(last - 1)) {
+           if(x[first] > x[first + 1]) { # 값의 교환
+              save <- x[first]
+              x[first] <- x[first + 1]
+              x[first + 1] <- save
+              }
+           }
+      }
+      return (x)
```

```
+ }
```

새로 고친 함수를 확인해 본다.

```
> sort(1)
[1] 1
```

성공했다! (또는 최소한 우리가 원하고자 하는 바와 같이 되었다. 혹시 놓친 부분이 있는가?)

4.4.1 하향식 설계

구체적으로 실현 가능한 프로그램으로 변환하는 것은 매우 어려운 작업이다. 이러한 작업을 가능하게 하는 가장 중요한 요소는 문제를 풀 수 있는 작은 단위로 나누어서 생각하는 것인데 이렇게 하는 것을 “하향식 설계 (top-down design)”라고 한다. 이러한 하향식 설계는 에세이를 쓸 때 구체적인 내용을 쓰기 전에 전체적인 윤곽을 잡는 것과 비슷하게 생각할 수 있다.

1. 전체적인 프로그램을 1개에서 5개 정도의 단계로 나누어 쓴다.
2. 각각의 단계를 더 작은 단계로 나누어 쓰도록 한다.
3. 프로그램을 작성할 수 있을 때까지 작은 단계로 계속 나누어 간다.

예제 4.14

예제 4.13에서 설명한 정렬 알고리즘은 버블정렬 (bubble sort)이라고도 알려져 있다. 버블정렬은 프로그램 작성하기가 쉬우며 벡터 x의 길이가 짧을 때 매우 효율적이지만, 반대로 x의 길이가 긴 경우에 더 효율적인 방법들이 있다. 그 중 하나가 “합병정렬 (merge sort)”이라고 알려진 것이다.

합병정렬의 기본원리는 벡터를 반으로 쪼개어, 이를 각각 따로 정렬하고, 다시 합치는 것이다. 두 벡터가 다시 합쳐지는 동안 해야 할 작업은 오로지 정렬된 두 벡터들의 첫 번째 값들을 서로 비교하여 전체적으로 가장 작은 값을 찾는 것뿐이다. 가장 작은 값이 속해 있던 벡터로부터 이 값을 제거하고 나면 두 번째 값이 남아 있는 값들 중 가장 작은 값이 된다. 이러한 방법으로 두 벡터들을 다시 하나의 정렬된 벡터로 합쳐 나갈 수 있다.

그럼 반으로 나눈 벡터에 대한 초기정렬 (initial sorting)은 어떻게 이루어지는 것일까?

버블 정렬을 사용할 수도 있으나 좀 더 세련된 방법은 머지정렬을 각각에 적용하는 것이다. 이것은 **재귀** (recursion)라고 불리는 개념이다. 아래에서 작성하게 될 `mergesort()` 함수는 함수가 다시 자기 자신을 불러 온다. 변수의 적용 범위 때문에 모든 지역변수들이 새로이 복사되면서 매번 호출될 때마다 생성되게 되고 서로 다른 호출들은 서로 간섭하지 않게 된다.

원리 이해하기

알고리즘을 실제로 구체적으로 구현하기 전에 알고리즘의 기본 원리를 제대로 이해했는가를 확인하기 위하여 작은 예제를 이용하여 테스트를 하는 것은 의미 있는 일이다. 예를 들면 x는 [8, 6, 7, 4]이라고 하고, 이를 정렬한 결과를 r에 저장하는 경우를 생각해 본다. 머지정렬은 다음과 같이 진행된다.

1. x를 두 부분으로 나눈다: $y \leftarrow [8, 6]$, $z \leftarrow [7, 4]$
2. y와 z를 각각 정렬한다: $y \leftarrow [6, 8]$, $z \leftarrow [4, 7]$
3. y와 z를 서로 합친다:
   (a) $y_1 = 6$와 $z_1 = 4$를 비교한다: $r_1 \leftarrow 4$; z_1를 제거한다; z는 이제 [7]이다.
   (b) $y_1 = 6$와 $z_1 = 7$를 비교한다: $r_2 \leftarrow 6$; y_1를 제거한다; y는 이제 [8]이다.
   (c) $y_1 = 8$와 $z_1 = 7$를 비교한다: $r_3 \leftarrow 7$; z_1를 제거한다; z는 이제 아무것도 없다.
   (d) y에 남아있는 값을 r에 덧붙이다: $r_4 \leftarrow 8$
4. $r = [4, 6, 7, 8]$을 반환한다.

코드로 전환하기

코드로 전환하는 과정은 프로그램이 제대로 작동할 때까지 연속적인 여러 단계를 거치면서 프로그램을 세밀하게 다듬는 것이라고 생각하면 된다.

이를 일반적인 문장들로부터 시작하여 각 부분을 점차적으로 확대해 나가는 것이다. 이때 이중 주석 표시 ## 기호를 사용하여 확장이 필요한 부분을 명시하면서 주석을 달아나갈 것이다. 각 주석마다 번호를 달아 이들을 쉽게 알 수 있도록 할 것인데, 실제 활용면에 있어서는 이것이 꼭 필요한 작업이 아니라는 것을 알게 될 것이다. 프로그램 확장이 모두 끝난 뒤에는 다시 일반적이고 주석 표시 기호를 이용하여 주석 처리를 할 것이다.

먼저 아래와 같이 무엇을 달성하고자 하는 목적에 대하여 설명하는 문장으로 시작하도록 한다.

```
## 1. 벡터를 정렬하기 위하여 머지정렬을 사용한다.
```

이제 세부 사항들을 추가하면서 천천히 이전 단계를 확장하도록 할 것이다. 단계 1의 간단한 확장은 mergesort이라고 이름을 붙인 함수가 작업해야 할 벡터 x가 필요하다는 점을 인지한 대로 따르는 것이다. 그리고 어떻게든 이 벡터를 정렬할 것이다. 그 이후에는 결과를 반환하고자 할 것이다.

```
# 1. 벡터를 정렬하기 위하여 머지정렬을 사용한다.
mergesort <- function (x) {
  ## 2: x를 정렬하고 결과를 반환한다.
  return (result)
}
```

이제 단계 2를 확장하도록 한다. 어떻게 머지정렬 알고리즘을 진행할 것인지 적는다.

```
# 1. 벡터를 정렬하기 위하여 머지정렬을 사용한다.
mergesort <- function (x) {
  # 2: x를 정렬하고 결과를 반환한다.
  ## 2.1: x를 반으로 나눈다.
  ## 2.2: 각각을 정렬한다.
  ## 2.3: 두 정렬된 벡터들을 하나의 정렬된 결과로 합친다.
  return (result)
}
```

각 단계는 더욱 확장되어야 할 필요가 있다. 먼저 단계 2.1을 확장하도록 한다.

```
  # 2.1: x를 반으로 나눈다.
  len <- length(x)
  x1 <- x[1:(len %/% 2)]
  x2 <- x[(len %/% 2 + 1):len]
```

특별한 경우에 대해서 주의를 해야 한다. 일반적으로 벡터를 정렬할 때는 한 개 이상의 구성 요소를 가진 경우를 의미하는데 우리가 생성하고자 하는 정렬함수는 구성 요소가 한 개인 경우에도 올바르게 작동해야 한다. 위의 코드는 len < 2인 경우를 제대로 다루지 못한다.

다시 단계 2.1을 수정하도록 한다. 해법은 간단한다. 만약 x의 길이가 0 또는 1이라면 함수는 x를 다시 반환하도록 하는 것이다. 만약 그렇지 않다면 x를 나누어 정렬 알고리즘을 적용하도록 한다. 이 과정은 단계 2.1의 바깥 부분의 코드에도 영향을 주기 때문에 전체적인 프로그램 구성을 수정해야 한다. 이 새로운 프로그램 구성에 따라 다음과 같이 새로운 단계 2.1을 작성하게 된다.

```
# 1. 벡터를 정렬하기 위하여 머지정렬을 사용한다.
mergesort <- function (x) {
    # 정렬이 필요하지 않은 벡터인지를 확인한다.
    len <- length(x)
    if (len < 2) result <- x
    else {
        # 2: x를 정렬하고 결과를 반환한다.
        # 2.1: x를 반으로 나눈다.
        y <- x[1:(len %/% 2)]
        z <- x[(len %/% 2 + 1):len]
        ## 2.2: y와 z를 정렬한다.
        ## 2.3: y와 z를 합쳐 하나의 정렬된 결과로 만든다.
    }
    return(result)
}
```

단계 2.2는 아직 완성이 되지 않았으나 mergesort() 함수를 이용하면 되기 때문에 확장하기가 쉽다. 이 단계에서는 아직 코드를 실행시키는 것이 아니라 디자인을 하는 단계이기 때문에 현재 진행되는 디자인이 결과적으로 성공한다고 가정하며, 이 작업의 결과를 활용할 수 있다고 생각해야 한다. 따라서 단계 2.2를 다음과 같이 확장할 수 있다.

```
# 2.2: y와 z를 정렬한다.
y <- mergesort(y)
z <- mergesort(z)
```

단계 2.3은 다소 복잡하지만 천천히 해 보도록 한다. 최종적으로는 result 벡터가 필요한데 이 부분을 작성하기 전에 프로세스의 나머지 부분부터 서술해 보도록 한다. 단계 2.2를 확장한 것과 이번 단계에서 확장하는 내용을 포함하여 전체 함수를 여기에 다시 적는다.

```
# 1. 벡터를 정렬하기 위하여 머지정렬을 사용한다.
mergesort <- function (x) {
    # 정렬이 필요하지 않은 벡터인지를 확인한다.
    len <- length(x)
```

```
    if (len < 2) result <- x
    else {
        # 2: x를 정렬하고 결과를 반환한다.
        # 2.1: x를 반으로 나눈다.
        y <- x[1:(len %/% 2)]
        z <- x[(len %/% 2 + 1):len]
        # 2.2: y와 z를 정렬한다.
        y <- mergesort(y)
        z <- mergesort(z)
        # 2.3: y와 z를 합쳐 하나의 정렬된 결과로 만든다.
        result <- c()
        ## 2.3.1: while (일부가 양쪽에 남아있다면)
        ## 2.3.2: 가장 작은 첫 번째 요소를 끝에 둔다.
        ## 2.3.3: 이를 y 또는 z으로부터 제거한다.
        ## 2.3.4: 남아있는 것들을 result의 끝에 놓는다.
    }
    return(result)
}
```

이제 마지막 단계는 쉽게 확장할 수 있다. y[1]와 z[1] 중 어느 것이 작은 값을 가지는가에 대한 테스트의 결과에 따라서 달라 질 수 있기 때문에 단계 2.3.2와 단계 2.3.3을 서로 뒤섞이게 하도록 한다.

```
> # 1. 벡터를 정렬하기 위하여 머지정렬을 사용한다.
> mergesort <- function (x) {
+     # 정렬이 필요하지 않은 벡터인지를 확인한다.
+     len <- length(x)
+     if (len < 2) result <- x
+     else {
+         # x를 정렬하고 결과를 반환한다.
+         # 2.1: x를 반으로 나눈다.
+         y <- x[1:(len %/% 2)]
+         z <- x[(len %/% 2 + 1):len]
+         # 2.2: y와 z를 정렬한다.
```

```
+         y <- mergesort(y)
+         z <- mergesort(z)
+         # 2.3: y와 z를 합쳐 하나의 정렬된 결과로 만든다.
+         result <- c()
+         # 2.3.1: while (일부가 양쪽에 남아있다면)
+         while (min(length(y), length(z)) > 0) {
+             # 2.3.2: 가장 작은 첫 번째 요소를 끝에 둔다.
+             # 2.3.3: 이를 y 또는 z으로부터 제거한다.
+             if (y[1] < z[1]) {
+                 result <- c(result, y[1])
+                 y <- y[-1]
+             } else {
+                 result <- c(result, z[1])
+                 z <- z[-1]
+             }
+         }
+         # 2.3.4: 남아있는 것들을 result의 끝에 놓는다.
+         if (length(y) > 0)
+             result <- c(result, y)
+         else
+             result <- c(result, z)
+     }
+     return(result)
+ }
```

연습문제

01. 이 장에서 설명한 mergesort 함수를 수정하여 decreasing이라는 논리 인자를 받을 수 있도록 한다. 이것이 TRUE로 판정되면 내림차순으로 정렬한다.

02.

$$\begin{aligned} f(x,y) &= 0 \\ g(x,y) &= 0 \end{aligned} \tag{4.2}$$

뉴튼법을 이용하여 위의 두 식을 만족하는 해를 구해 보도록 한다. x_0와 y_0에 초깃값을 주어야 한다.

그리고 나서 $n=1,2,\ldots$에 대해서 다음의 반복문을 수행하도록 한다.

$$x_n = x_{n-1} - (g_{y,n-1} f_{n-1} - f_{y,n-1} g_{n-1})/d_{n-1}$$

$$y_n = y_{n-1} - (f_{x,n-1} g_{n-1} - g_{x,n-1} f_{n-1})/d_{n-1}$$

여기에서 f와 g는 아래와 같이 정의된다.

$$f_{x,n-1} = \frac{\partial f}{\partial x}(x_{n-1}, y_{n-1})$$

$$f_{y,n-1} = \frac{\partial f}{\partial y}(x_{n-1}, y_{n-1})$$

$$g_{x,n-1} = \frac{\partial g}{\partial x}(x_{n-1}, y_{n-1})$$

$$g_{y,n-1} = \frac{\partial g}{\partial y}(x_{n-1}, y_{n-1})$$

$$f_{n-1} = f(x_{n-1}, y_{n-1})$$

$$g_{n-1} = g(x_{n-1}, y_{n-1})$$

$$d_{n-1} = f_{x,n-1} g_{y,n-1} - f_{y,n-1} g_{x,n-1}$$

함수의 값이 0에 충분히 가깝다면 반복문을 중단하도록 한다.

(a) 이 반복을 수행하는 함수를 작성해 보도록 한다.

(b) 이 함수를 다음의 시스템에 적용해 보도록 한다.

$$x + y = 0$$

$$x^2 + 2y^2 - 2 = 0$$

이 두 연립방정식의 해를 손으로 계산하여 구해보고 컴퓨터로 찾은 값과도 비교해 보도록 한다.

4.5 디버깅과 유지보수

컴퓨터 에러들을 "버그 (bugs)"라고 한다. 이 버그들을 프로그램으로부터 없애는 것을 디버깅 (debugging)이라고 한다. 실제로 디버깅은 어렵다. 프로그래머가 추구하는 목적 중 하나는 버그가 없는 프로그램을 작성하는 것이다. 그러나 때때로 프로그래머들은 실수를 하게 된다.

아래의 다섯 단계들은 아마도 버그를 찾고 고치는 데 유용할 것이라고 생각한다.

1. 어떤 버그가 존재한다는 것을 인지한다.
2. 버그를 일부러 다시 생기도록 해 본다.
3. 버그의 원인을 파악한다.
4. 에러를 고친 뒤 검증해 본다.
5. 유사한 에러들을 찾아본다.

이제 이들 각각에 대해서 하나씩 살펴보도록 한다.

4.5.1 버그가 존재함을 인지하기

때때로 버그가 존재한다는 것을 아는 것은 쉽다. 그 이유는 어떤 프로그램이 작동하지 않는다면 이는 버그가 있기 때문이다. 그러나 어떤 경우에는 프로그램이 작동하는 것 같아도 결과물이 올바르지 않은 경우가 있거나 프로그램이 어떤 입력에는 작동을 해도 다른 입력에는 작동하지 않는 경우가 있다. 여러 가지 종류의 에러들을 동시에 발생시키는 버그는 알아차리기가 더욱 어렵다.

이러한 것을 보다 쉽게 작업하는 방법이 있다. 첫 번째 방법은 앞 절에서 설명한 것과 같이 프로그램을 가장 단순한 최소 작업 단위의 함수로 작게 나누는 것이다. 입력과 출력을 문서화한다. 함수의 입력이 올바르게 이루어지고 있으며 테스트 입력에 대하여 기대했던 결과를 주는지에 대한 여부를 판단하도록 한다.

어떤 경우에는 두 가지 종류의 다른 함수를 작성하는 것이 도움이 되는 경우도 있다. 예를 들면 너무 느려서 실제로는 이용할 수 없으나 정말 올바르게 수행되고 있는지를 알 수 있는 프로그램을 작성하는 것이다. 그리고 다른 하나는 빠르지만 올바르게 수행되었는지를 확신할 수 없는 프로그램이다. 어떠한 경우에도 이 두 가지 종류의 다른 프로그램들이 동일한 결과를 제공하는지 확인해야 한다.

만약 에러가 특정 입력에만 발생하는 경우에는 우리의 경험상으로는 아주 특수한 경우 (edge cases)일 가능성이 크다. 즉 올바른 입력과 올바르지 않은 입력 간의 경계선상에 놓인 상황들을 의미한다. 이러한 경우들을 반드시 확인해야 한다. 예를 들면 벡터의 길이가

0인 경우에는 어떤 일이 벌어지는지 혹은 아주 큰 값 또는 아주 작은 값들을 넣었을 때 어떤 결과가 나오는지 확인해 보아야 한다.

4.5.2 버그의 재현

버그를 수정하기 전에 어디가 잘못되고 있는지를 확실히 알아야 한다. 만약 버그가 어떻게 발생되는지 안다면 더욱 쉬운 작업이 될 것이다. 그러나 예상하지 못하게 나타나는 버그들은 정말로 고치기가 힘들다. 다행히도 대부분의 경우에 컴퓨터의 작동은 예측이 가능하다. 그 이유는 동일한 입력을 넣었다면 동일한 결과를 주기 때문이다. 어려운 점은 어떤 것이 필요한 입력인가를 정하는 것이다.

예를 들어 프로그래밍에서 가장 많이 하게 되는 실수는 변수명을 잘못 쓰는 것인데 일반적으로 이러한 경우에는 즉각적인 에러 메시지를 통하여 확인할 수 있다. 그러나 이미 존재하는 변수를 실수로 사용하기도 하는데, 이 경우에는 전혀 상관이 없는 어떠한 임의의 잘못된 값을 얻게 될 것이다. 그 이유는 관계가 없는 변수의 값에 영향을 받기 때문이다.

이러한 종류의 문제 해결 핵심은 에러가 다시 생기도록 계속 반복하여 작업을 해 보는 것이다. 예를 들면 객체들이 하나도 없는 R 세션에서 프로그램을 작동시켜 에러를 다시 만들 수 있는지를 알아보는 것이다. 만약 에러를 재현할 수만 있다면 결과적으로는 수정이 가능하다.

난수를 이용하여 시뮬레이션을 하는 프로그램의 경우에는 난수시드 (random number seed, 5장 참조)를 사용하여 시뮬레이션을 재현할 수 있다.

4.5.3 버그의 원인 파악

버그의 존재가 확인하였을 때, 그 다음 단계는 원인 파악이다. 만약 프로그램이 에러 때문에 멈추게 되었다면 에러 메시지를 읽어보고, 무엇이 문제인지를 파악해 보아야 한다.

R에서 `traceback()` 함수를 이용하여 에러 메시지에 대한 추가적인 정보를 얻을 수 있다. 이는 에러가 발생하게 되면 R은 현재 실행하고 있는 함수의 스택에 대한 정보를 저장하게 되고 `traceback()` 함수가 이를 출력해 준다.

예제 4.15

어떤 자료의 값을 자료의 평균으로 나눈 후 이들에 대한 표준편차를 변동계수 (coefficient of variation)[5]라고 하고, 이를 계산하는 함수를 생각해 보도록 한다. 그러나 아래에 보이는

5) 역자주: 실제로 변동계수는 표준편차를 평균으로 나눈 값을 말한다. 즉, sd(x)/mean(x)이다.

바와 같이 0이라는 자료가 주어졌을 때의 변동계수를 구하고자 한다면 에러가 발생한다.

```
> cv <- function(x) {
+ sd(x / mean(x))
+ }
> cv(0)
Error in var(x, na.rm = na.rm) : missing observations in cov/cor
```

에러메시지를 살펴보면 사용되지 않은 함수 var()에 관하여 설명하고 있다. 이 에러 메시지가 어디로부터 오게 되었는가를 살펴보기 위하여 traceback()를 이용해 보도록 한다.

```
> traceback()
3: var(x, na.rm = na.rm)
2: sd(x/mean(x))
1: cv(0)
```

이것은 표준편차를 계산하는 함수 sd()가 var()를 호출하면서 에러가 발생함을 알 수 있다. x/mean(x)의 결과는 결측값을 주어야 함에 틀림없다. 이를 아래와 같이 직접 계산해 봄으로써 확인해 볼 수 있다.

```
> x <- 0
> mean(x)
[1] 0
> x / mean(x)
[1] NaN
```

이 문제 대한 해법은 우리가 작성한 cv() 함수에 들어오는 입력을 확인해 보는 것이다. 변동계수의 표준정의 (standard definition)에 따르면 x의 모든 값들은 양수이어야 한다. 따라서 계산을 수행하기 전에 이 조건을 확인해 볼 것이다.

```
> cv <- function(x) {
+ stopifnot(all(x > 0))
+ sd(x / mean(x))
+ }
> cv(0)
```

```
Error: all(x > 0) is not TRUE
```

여기에서는 all(x > 0)이라는 조건의 평가된 값이 TRUE이 아니라면 실행을 중지하는 표준함수 stopifnot()를 사용하여 실행을 중단하였다.

---

traceback() 함수는 어느 부분에서 에러가 발생했음을 알려주지만, 왜 그런지에 대해서는 설명하지 않는다. 게다가 많은 버그들은 어떠한 에러 메시지를 발생시키지 않고 단지 잘못된 값을 주는 경우가 많다.

그렇다면 무엇이 잘못되고 있다는 것을 어떻게 알 수 있을까?

사전에 계획을 잘 세우는 것은 이 과정을 다소 쉽게 만들어 줄 수 있다. 4.5.1절의 첫 부분에서 설명한 것 또한 이 과정에 도움이 된다. 만약 변수이름만으로 그 변수가 하는 역할이 무엇인지 알 수 있다고 한다면 그 변수를 사용하여 출력되는 값이 예상한 값과 일치하는가를 확인해 볼 수 있을 것이다. 이를 확인하기 위한 가장 쉬운 방법은 아래와 같은 출력물을 함수에 넣어 주는 것이다.

```
cat("In cv, x=", x, "\n")
```

이것은 x의 값을 출력하여 보여 줌으로써 어느 부분에서 에러가 발생하는지를 확인하는데 사용할 수 있다. 여기에서 cat()의 맨 마지막 부분에 있는 "\n"은 내용을 출력한 뒤 새로운 줄로 넘어가라는 개행 (new line)의 의미이다. 보다 자유로운 서식설정 (formatting)을 위하여 cat() 대신 print()를 사용할 수도 있으나 이것은 한 번에 하나씩만을 처리하기 한다. 따라서 다음과 같은 방법으로 사용해 볼 수도 있다.

```
cat("In cv, x=\n")
print(x)
```

browser()와 debug()는 함수의 값들을 보다 유연하게 확인해 줄 수 있게 해 주는데, 이들은 4.5.6절에서 다룰 것이다.

작성하고 있는 함수가 작은 경우 잘못된 부분을 이해하고 찾는 데 가장 좋은 방법은 본인의 손으로 따라해 가면서 확인해 보는 것이다. 프로그래머 스스로가 R이라고 생각한 뒤에 함수 안에 적힌 과정들을 따라서 일일이 모든 변수의 값들이 어떻게 변할지에 대해서 손으로 써 내려가도록 한다. 앞에서 서술한 기법들과 함께 사용한다면 R에 관하여 잘못 이해하고 있는 부분을 알게 해 줄 수도 있다. 예를 들어 손으로 직접 따라해 본 결과와 R이 출력하는 결과가 다르다면 R이 어디에서 기대하는 결과와 다르게 계산하고 있다는 것을 알게 될 것이다. 이렇게 함으로써 어디에서 R이 버그를 발생시키는가를 찾아낼 수 있다.

대부분의 실수들은 R을 충분히 잘 모르기 때문일 경우가 높으나, R 내부에 실제로 존재하는 버그를 찾게 될 수도 있다.

4.5.4 에러 수정 후 테스트하기

프로그램에서 버그를 확인하였다면 이를 수정해야 한다. 수정한 부분으로 인하여 다른 부분이 영향을 받아 발생하는 문제가 없도록 해야 한다. 그렇게 버그를 수정한 것을 확인해 보도록 한다! 어떻게 버그가 재현될 수 있는지, 특수한 경우 (edge case) 때문인지, 생각할 수 있는 또 다른 경우에 어떻게 작동하는지에 대해서 모든 종류의 확인 작업이 이루어져야 한다.

4.5.5 유사한 에러를 다른 곳에서 찾아보기

종종 버그를 수정하면서 프로그래머 스스로가 만든 다른 실수를 알아차리는 경우도 있다. 똑같은 실수를 반복할 수도 있기 때문에 프로그램의 다른 부분들에 대해서도 유사한 종류의 에러들을 살펴보아야 한다.

4.5.6 browser( )와 debug( ) 함수들

cat()과 print()를 이용하여 디버깅을 하는 것 외에도 함수 browser()를 이용할 수 있다. 이것은 함수의 실행을 일시적으로 중단시키면서 함수가 평가되는 환경에 놓인 지역 변수의 값들이 어떻게 바뀌어 나가는지를 살펴보거나 다른 R 함수들을 실행시킬 수 있게 해준다.

다음과 같은 디버거 명령어들을 이용할 수 있다.

- n – "next"는 코드의 다음 번째 줄을 실행하는 것이다. 함수 내부의 코드를 한 줄 한 줄 실행 (single-stepping)시킨다.
- c – "continue"는 멈추지 않고 계속 실행시켜 준다.
- Q – 디버거를 종료하도록 한다.

debug()를 이용하여 브라우저에 들어갈 수도 있다. 디버깅을 위하여 함수 debug(f)라고 입력하여 함수 f를 살펴볼 것임을 표시하면 이 함수가 실행될 때 브라우저가 호출되게 된다. undebug(f)을 이용하여 디버깅을 중단할 수 있다.

예제 4.16

이전에 작성했던 mergesort() 함수를 다시 살펴보도록 한다. debug() 함수를 이용하여 다른 계산들이 수행되기 이전에 x의 값들을 확인해 보고 y와 z를 정렬하기 전에 가지는 값들에 대해서도 확인해 볼 것이다.

```
> debug(mergesort)                # mergesort에 디버깅을 할 것이라는 표시를 한다.
> mergesort(c(3, 5, 4, 2))        # 실행이 멈추고 함수가 표시된다.
debugging in: mergesort(c(3, 5, 4, 2))
debug: {
    len <- length(x)
    if (len < 2)
      result <- x
    else {
      y <- x[1:(len / 2)]
      z <- x[(len / 2 + 1):len]
      y <- mergesort(y)
      z <- mergesort(z)
      result <- c()
      while (min(length(y), length(z)) > 0) {
          if (y[1] < z[1]) {
             result <- c(result, y[1])
             y <- y[-1]
          }
          else {
              result <- c(result, z[1])
              z <- z[-1]
          }
      }
      if (length(y) > 0)
         result <- c(result, y)
      else result <- c(result, z)
    }
    return(result)
}
```

```
Browse[1]> x # x가 가지는 값들을 보여 준다.
[1] 3 5 4 2
Browse[1]> n # 본체로 들어간다.
debug: len <- length(x)
 Browse[1]> # 엔터를 누르는 것은 n을 누르는 것과 같다: len에 할당을 실행한다.
debug: if (len < 2) result <- x else {
   y <- x[1:(len / 2)]
   z <- x[(len / 2 + 1):len]
   ... # 실제로 if문이 보이지만 이를 생략하였다.
Browse[1]> n
debug: y <- x[1:(len / 2)]
Browse[1]> n
debug: z <- x[(len / 2 + 1):len]
Browse[1]> n
debug: y <- mergesort(y)
Browse[1]> y    # mergesort에 호출되기 전의 y값을 살펴본다.
[1] 3 5
Browse[1]> z    # z를 살펴본다.
[1] 4 2
Browse[1]> Q    # 여기에서 본래 엔터키를 한 번 더 누르면
                # y를 정렬하는 mergesort로 들어가게 된다.
                # 그러나 우리는 Q를 이용하여 디버깅을 중단하였다.
> undebug(mergesort) # mergesort의 디버그 표식을 제거한다.
```

4.6 효율적인 프로그래밍

빠른 속도를 가진 컴퓨터를 이용하여 코드를 작성했음에도 불구하고, 기대했던 것보다 훨씬 느리게 동작하는 경우들이 있다. 그러나 프로그램의 연산 속도를 높이는 방법은 항상 존재하며 이러한 방법을 찾아가는 과정을 **최적화** (optimization)라고 한다. 이 절에서는 몇 가지 **손으로 할 수 있는 최적화** (hand optimization) 방법을 설명한다. 이것은 자신의 코드를 재작성함으로써 연산 속도를 높이는 것을 의미한다. 이 외에 자동최적화 (automatic optimization)라는 것이 있는데 이는 R에는 존재하지 않지만 일부 다른 프로그래밍 플랫폼

에서는 가능하다. 또한 하드웨어 최적화 (hardware optimization) 방법이 있는데 이는 프로그램을 더 빠르게 수행할 수 있는 새로운 컴퓨터로 바꾸는 것을 말한다.

최적화에는 일종의 거래가 요구되는데, 손으로 하는 최적화의 경우에는 시간이 많이 걸릴 수도 있다. 그 이유는 이미 최적화가 되어 있는 코드는 이해하기가 어려우며 에러를 찾기 힘들기 때문이다. 따라서 최적화하기 이전의 코드가 올바르게 작동하는 것을 반드시 확인해야만 한다. 그렇지 않다면 추후에 디버그가 어려워지기 때문에 프로그램의 최적화가 정말로 필요한가에 대해서 먼저 판단을 해야 한다.

4.6.1 당신의 도구에 대해서 배우기

효율적인 코드를 작성하기 위해서는 현재 사용하고 있는 플랫폼에 대하여 이해를 해야 할 필요가 있다. 예를 들면 R은 벡터로 작동하도록 설계되어 있다. 이는 벡터 전체를 이용하는 연산이 각 구성 요소별로 하는 연산보다 빠르다는 것을 의미한다. 두 개의 벡터를 아래와 같이 합하는 연산을 해 보도록 한다.

```
> X <- rnorm(100000) # Xi ~ N(0, 1) i=1, ..., 100,000
> Y <- rnorm(100000) # Yi ~ N(0, 1) i=1, ..., 100,000
> Z <- c()
> for (i in 1:100000) {
+     Z <- c(Z, X[i] + Y[i]) # 대략 53초가 걸린다.
+ }
```

R에서 이러한 방식을 사용하는 것은 매우 비효율적이다. 첫째로 벡터 Z의 구성 요소를 하나씩 늘려가면서 100 000번의 재할당을 해야하기 때문이다. 이 경우 Z의 길이를 미리 알고 있기 때문에 한 번만 그 공간을 할당하고, 이것의 구성 요소들을 수정할 수 있다.

```
> Z <- rep(NA, 100000)
> for (i in 1:100000) {
+ Z[i] <- X[i] + Y[i] # 대략 0.88초가 걸린다.
+ }
```

단순히 매번 재할당하는 것을 피했을 뿐임에도 불구하고, 대충 60배 정도의 연산속도가 빨라졌음을 확인할 수 있다.

좀 더 자연스러운 방법으로 R에서 이러한 종류의 계산을 하는 방법은 완전히 벡터화한 방법으로 해 보는 것이다.

```
> Z <- X + Y # 대략 0.002초가 걸린다.
```

이렇게 완전히 벡터화한 연산은 440배 정도 빠르다. 즉 원래의 연산보다도 26 500배 빠른 것이다. 만약 원래의 코드가 1년 정도 걸린다면, 최적화된 코드는 20여 분밖에 걸리지 않는다. 결과적으로 이것은 실행 가능한 해법과 실행 불가능한 해법의 차이와 같다.

여기에서는 원래의 코드가 53초 걸리고 최적화된 코드가 2밀리세컨드 (millisecond)가 걸린다. 이는 매우 놀라운 비율이지만 단지 53초만을 줄인 것이다. 그러나 이 경우에 고쳐진 코드는 본래의 코드보다 더 명확하게 읽을 수 있다. 따라서 수정한 코드를 사용하는 것이 더 효율적이다. 그러나 최적화하는 데 너무 많은 시간이 걸린다거나 다음번에 확인해 보았을 때 다소 이해하기가 어려운 코드로 끝나게 된다면, 이러한 최적화 과정을 정말로 해야 하는 것인지에 대하여 생각해 보아야 한다.

4.6.2 효율적인 알고리즘 사용하기

예제 4.17

어떤 한 학급의 시험 성적 파일을 스프레드시트 (spreadsheet)에 기입하는 경우를 생각해 보도록 한다. 이 파일에는 n개의 과목이 있고, 각 과목마다 이름과 성적이 같이 있다. 또한 스프레드시트에는 학급명부가 있으며, 여기에 성적을 기입하고자 한다.

정말 느린 알고리즘

1. 특정 스프레드시트에서 첫 번째 학생의 이름을 읽는다.
2. n개의 과목 성적 중 하나를 임의로 선택한다.
3. 만약 이름이 일치하면 성적을 기입하고, 다음 학생으로 넘어간다.
4. 만약 일치하는 이름이 없으면 뽑아냈던 과목을 다시 집어넣고 다시 무작위로 한 개의 과목 성적을 뽑아본다.
5. 모든 성적이 기록이 될 때까지 이를 계속 반복한다.

이 알고리즘이 얼마나 비효율적인가? 이 질문의 대답은 일치하는 이름과 성적을 기입하는 데 걸리는 평균 시간을 계산함으로써 알 수 있게 된다.

n개의 과목이 있으므로 일치할 확률은 $1/n$이다. 첫 번째로 일치하는 이름이 나올 때까지 뽑아야 할 과목의 숫자는 모수가 $1/n$인 기하확률변수 (geometric random variable)를 따르게 된다. 이 확률변수의 평균 (expected value)은 n이다. 이제 두 번째 이름이 일치할 때까지 시행해야 하는 평균 횟수는 하나가 적은 탐색을 수행하게 되기 때문에 $n-1$이다. 따라서 전체적으로 걸리는 시간은 $\sum_{i=1}^{n} i = n(n-1)/2$가 될 것이다.

다소 빠른 알고리즘

1. 첫 번째 과목을 선택한다.
2. 일치하는 이름이 나올 때까지 스프레드시트에 있는 모든 이름들을 검색한 뒤 성적을 기입한다.
3. 이 과정을 모든 학생들에게 적용한다.

각 과목마다 이 알고리즘은 평균적으로 목록에 있는 이름 전체의 절반을 스캔하게 된다. 여기서 총 걸리는 시간은 하나의 이름을 스캔하는 데 걸리는 시간인 $n^2/2$에다가 파일로부터 하나의 과목을 선택하는 데 걸리는 시간인 n을 더하게 된다. 따라서 $n^2/2+n=n(n+2)/2$의 단계가 필요하게 되는데, 각 단계가 이전의 알고리즘보다 빠르기 때문에 더 빨리 작업을 마칠 수 있을 것이다.

좀 더 빠른 알고리즘

1. 먼저 스프레드시트의 이름을 알파벳으로 정렬한다.
2. 첫 번째 과목을 선택한다.
3. 알파벳순으로 스프레드시트에서 일치하는 이름을 찾다.
4. 이 과정을 모든 학생들에게 적용한다.

이 알고리즘은 정렬된 리스트를 이용하기 때문에 더 빠를 것이다. 이제 이분법 (bisection technique)을 이용하여 미들네임을 확인하고 어느 쪽 절반의 파일에 있는지 확인해 가며 이 과정을 반복한다. 올바른 과목을 찾기 위해서는 대략 $\log_2 n$이 걸리므로 전체적으로 소요되는 시간은 $n\log_2 n$이라고 예상된다. 학생의 수가 중간 정도에서 많은 학급의 경우에 이전 알고리즘에 비교하여 $n^2/2$의 시간을 단축할 수 있게 된다. 100명의 있는 학급의 경우라면 5 000번의 정도의 반복 작업을 하는가 또는 700번보다 적은 양의 반복 작업을 하는가의 차이이다.

좀 더 나아가 레코딩 작업을 하기 전에 과목을 먼저 과목들을 정렬하도록 한다. 그 이유는 과목과 학급의 리스트가 같은 순서로 놓이게 되어 레코딩을 하는 데 단지 n번이 필요하게 될 것이기 때문이다. 그러나 스프레드시트에서 컴퓨터에게 이름을 자동으로 정렬하라고 하는 것보다 과목 파일을 정렬하는 것은 수작업이기 때문에 더 많은 시간이 걸릴 것이다. 따라서 이렇게 하는 것은 위에서 설명한 알고리즘보다 느려질 가능성이 있다. 반면에 특정학생의 과목성적을 찾는 것과 같은 경우에는 더 빠르게 작업할 수 있을 것이다. 이러한 추가적인 작업은 시간을 얼마나 절약할 수 있는가를 판단하여 결정하면 된다.

4.6.3 프로그램이 실행되는 시간 측정하기

최적화라는 것은 어려운 작업이기 때문에 반드시 필요한 것이 아니라면 원하지 않는 작업일 것이다. 많은 경우에 최적화된 코드로부터 실질적으로 절약되는 시간이 코드를 최적화함으로써 기대되는 시간보다 더 걸린다. 따라서 최적화 이전에 프로그램이 얼마나 많은 시간이 걸리는지 측정할 수 있어야 한다. 다시 말해서 최적화함으로써 절약할 수 있는 최대시간을 알 수 있어야 한다.

R에서는 프로그램의 실행시간을 측정하는 system.time()이라는 함수가 있다.

```
> X <- rnorm(100000)
> Y <- rnorm(100000)
> Z <- rep(NA, 100000)
> system.time({
+     for (i in 1:100000) {
+         Z[i] <- X[i] + Y[i]
+     }
+ })
   user system elapsed
   0.87   0.00     0.88
```

이것은 위의 프로그램을 실행시키는 데 걸리는 시간을 알려주는 것이다. "user"는 이 특정 작업을 수행하는 데 걸리는 시간을 말하고, "system"은 사용자의 시스템이 다른 작업을 하는 데 걸리는 시간이며, "elapsed"는 시계로 측정된 시간이다.

최적화에 필요한 부분만을 측정할 수도 있다. 컴퓨팅하는 데 있어서 잘 알려진 경험적 법칙은 90/10 규칙이라는 것이다. 이것은 프로그램 실행시간의 90%는 코드의 10%에 해당하는 부분에서 나온다는 것이다. 이렇게 프로그램의 실행 시간을 지연시키는 부분에 해당하는 10%의 코드 부분을 **병목 지점** (bottleneck)이라고 하는데 이 부분을 찾아 최적화할 수 있다면 90%의 코드를 수정하지 않고도 실질적으로 속도를 많이 올릴 수 있다.

많은 소프트웨어 플랫폼 (software platform)은 이러한 병목 지점을 찾는 데 도움이 되는 **프로파일러** (profilers)를 가지고 있다. 다양한 종류의 프로파일러가 있으나 일반적인 경우에는 수행하는 프로그램을 모니터하면서 어느 부분이 수행되고 있으며 걸리는 시간이 얼마나 되는지를 알려준다. R 프로파일러는 Rprof() 함수에 의해서 사용할 수 있으나 자세한 내용은 이 책의 범위를 넘어선다.

4.6.4 다른 컴퓨터 언어 사용하기

우리는 R을 사랑하는 만큼이나 R이 사용 가능한 유일한 컴퓨팅 플랫폼이 아니라는 것을 인정하고 있다. 그리고 모든 작업에 대하여 R이 최고의 도구인 것은 아니다. 속도에 많은 신경을 쓴다면 C, C++, Fortran과 같은 컴파일 언어를 사용하는 것이 좋다. 실제로 R은 C와 Fortran으로 작성되어 있으며, 벡터 방식의 연산이 빠른 이유는 대부분의 작업이 컴파일된 코드를 이용하기 때문이다.

추천하는 프로그래밍 스타일은 R에서 독자가 원하는 대부분의 작업을 하는 것이다. 기대하는 만큼의 속도가 나오지 않는다면 병목 지점을 찾아보고, 이 부분만을 컴파일된 언어로 변경해 보기를 권장한다. R은 다른 언어로 작성된 코드를 연결할 수 있도록 많은 지원을 하고 있다. 그러나 이 내용은 이 책의 범위를 넘어서는 기술적 사항들에 대한 이해가 필요하다.

4.6.5 주의를 요하는 최적화

유명한 컴퓨터 과학자 Donald Knuth는 "프로그래밍에 있어서 어설픈 최적화는 모든 (또는 적어도 대부분) 악의 근원이다"라고 말한 적이 있다.[6] 위에서 최적화는 어려운 문제라는 것을 강조하였고 최적화를 항상 추천하는 것은 아니다. 효율적인 코드를 작성하는 데 있어서 아래와 같은 조언으로 이 장을 마무리하도록 하겠다.

1. 올바른 값을 먼저 구하고 (Get it right),
2. 충분히 빠르게 하며 (Get it fast enough),
3. 아직도 올바른지 확인하도록 한다 (Make sure it's still right).

6) Knuth, D.E. (1974) Computer programming as art. *Commun. ACM* 17(12), 671.

4장 연습문제

01 다음 다항식 (polynomials)을 계산하는 함수를 작성해 보도록 한다.

$$P(x) = c_n x^{n-1} + c_{n-1} x^{n-2} + \cdots c_2 x + c_1.$$

시작하는 함수는 반드시 x와 다항계수 (polynomial coefficients)를 입력인자로 가져야 하며, 다항식의 계산된 값을 반환해야 한다. 이 함수를 `directpoly()`라고 해 본다.

02 이전의 질문을 참고하여 n이 어느 정도 큰 값에서 아주 큰 값을 가지는 경우, 호너의 규칙 (Horner's Rule)을 적용하여 주어진 x의 값을 이용한 다항식의 계산을 더욱 효율적으로 해 보도록 한다.

(a) $a_n \leftarrow c_n$으로 설정한다.

(b) $i = n-1, \ldots, 1$에 대해서, $a_i = a_{i+1}x + c_i$으로 놓는다.

(c) a_1를 반환한다(이것이 계산된 $P(x)$이다).

x와 다항계수를 입력인자로 가지며, 주어진 x를 이용하여 계산된 값을 돌려주는 `hornerpoly()`라는 이름의 R 함수를 작성해 보도록 한다. 그리고 이 함수가 x가 벡터인 경우에도 올바른 벡터 형식의 결과를 돌려주는지 확인해 보도록 한다.

03 이제 이전의 두 문제에서 사용된 알고리즘이 수행하는 데 걸리는 시간을 비교해 보도록 한다.

(a) 아래의 코드를 실행해 보도록 한다.

```
> system.time(directpoly(x=seq(-10, 10, length=5000000),
+                       c(1, -2, 2, 3, 4, 6, 7)))
> system.time(horner(x=seq(-10, 10, length=5000000),
+                     c(1, -2, 2, 3, 4, 6, 7)))
```

(b) 다항계수의 값을 작게 하면 어떤 결과가 나오는가? 다음의 다항식을 이용해 보도록 한다.

$$P(x) = 2x^2 + 17x - 3$$

04 초깃값을 2.9로 놓고 뉴튼법을 이용하여 다음의 식들이 0을 가지는 x의 값을 찾는데 걸리는 시간을 측정해 보도록 한다. 이때 소수점 7째 자리까지 살펴보도록 한다.

(a) $(x-3)e^{-x}$

(b) $(x^2-6x+9)e^{-x}$

05 이분법 알고리즘을 이용하여 이전 문제를 반복해 보도록 한다. 구간 [2.1, 3.1] 내에서 초깃값을 선택하도록 한다.

06 버블정렬(예제 4.13 참조)와 머지정렬(예제 4.14 참조)의 속도를 비교해 보도록 한다. 벡터의 길이를 10, 1000, 10 000, 100 000으로 변경해 가면서 비교해 본다(벡터를 생성하기 위하여 `rnorm()`를 이용해 볼 수 있다).

제 5 장 시뮬레이션

대부분의 통계학은 확률변수의 기댓값[1]을 평가할 수 있는지의 여부와 분포의 분위수를 찾을 있는지에 대하여 의존하게 된다.

- 가설검정에서 표본의 유의확률 (p-value)이란 귀무가설이 참일 때 현재의 관찰된 검정통계량으로 대립가설이 사실이라고 말할 수 있는 최대확률을 말한다. 이것은 어떤 표본이 극단 값보다 작을 때 0이고 크다면 1인 확률변수의 기댓값이다.
- 추정량 (estimator)의 편향 (bias)이란 추정값에서 실제값을 뺀 것의 기댓값이다.
- 신뢰구간 (confidence interval)은 $(\overline{X}-\mu)(s/\sqrt{n})$와 같은 피봇통계량 (pivotal quantity)의 분포에 대한 분위수를 바탕으로 정해진다.

간단한 경우에는 이러한 통계량을 계산하여 얻거나 대표본을 이용한 근사로 얻을 수 있다. 만약 그렇지 않은 경우에는 통계량은 컴퓨터를 이용하여 근사적으로 구할 필요가 있다.

이 장에서는 몬테카를로 시뮬레이션 (Monte Carlo simulation)에 대하여 소개할 것이다. 여기에서는 난수의 생성에 대한 기본 개념을 담고 있다. 보다 정확하게는 의사난수 (pseudo-random)이다. 몇 가지 잘 알려진 확률분포를 이용하여 어떻게 확률변수를 생성할 수 있는지 알아보게 될 것이다. 그리고 시뮬레이션이 어떻게 사용될 수 있는지 적분의 값을 구하는 경우를 들어 설명할 것이다. 이 장의 마지막에서는 기각법 (rejection)과 주표본기법 (importance sampling)과 같은 좀 더 고급적인 방법들을 소개할 것이다.

5.1 몬테카를로 시뮬레이션

몬테카를로 기법 (Monte Carlo Method)은 컴퓨터를 이용하여 확률변수가 가지는 속성들의 근삿값을 얻을 수 있는 가장 일반적인 방법 중의 하나이다.

몬테카를로 기법을 이용하여 평균 $\mu = E(X)$의 근삿값을 구하기 위해서는 m개의 동일하고 독립적인 분포 (independent and identically distributed, i.i.d.)로부터 얻어진 표본

1) 만약 확률변수와 이에 대한 속성들에 대하여 복습이 필요하다면 부록을 살펴보길 바란다.

X를 이용한다. 이를 $X_1, \ldots, X_m$로 표현한다. 그리고 표본평균 $\overline{X} = (1/m)\sum X_i$을 $E(X)$의 추정치 (estimate)로 사용한다. m이 큰 값을 가지는 경우, $\overline{X}$는 $E(X)$에 좋은 근삿값을 가지게 된다.[2]

만약 m이 충분히 크다면 표본평균 $\overline{X}$의 분포는 평균이 μ이고 분산이 σ^2/m인 정규분포에 근사하게 된다.[3] 여기에서 σ^2는 X의 분산인 Var(X)를 의미하며 표본분산 $s^2 = [1/(m-1)]\sum(X_i - \overline{X})^2$를 근삿값으로 사용할 수 있다. 이 표본분산은 μ에 대한 신뢰구간의 근삿값을 구할 수 있게 해 준다. 예를 들어 $\overline{X} \pm 1.96s/\sqrt{m}$의 식으로 계산된 무수히 많은 신뢰구간들 중에서 95%가 μ를 포함하게 될 것이다.

이 장의 나머지 부분에서는 컴퓨터를 이용하여 확률변수들을 생성하는 시뮬레이션 방법들을 설명할 것이다. 먼저 마치 진짜 난수들과 같이 여겨져 처리되는 변수값들을 생성해 주는 결정론적 방법을 설명할 것이다. 이 과정은 커튼 뒤에 있는 프로그래머는 어떤 숫자들을 생성하는 알고리즘이 결정적이고 예측 가능하다는 것을 알고 있지만 이 숫자를 이용하는 사용자는 이들을 생성하는 데 사용되는 방법을 알지 못하기 때문에, 사용자는 숫자들이 임의적이고 예측 불가능하다고 생각하면 이해하기가 쉽다. 실제로 사용자는 이 방법을 만든 프로그래머와 같을 수도 있다. 정말로 예측 불가능한 진짜 난수들과 이렇게 계획되어 생성된 숫자들을 구분하기 위하여 이 장의 나머지 부분에서는 이 숫자들을 **의사난수** (pseudorandom numbers)라고 할 것이다.

5.2 의사난수의 생성

의사난수 생성법 (mechanics of pseudorandom number generation)에 대한 간략한 설명과 함께 시뮬레이션에 대해서 알아보도록 하겠다. 특히 구간 [0, 1] 내에서 독립 균등확률변수 (uniform random variable)를 생성하는 가장 간단한 방법들 중 한 가지를 설명할 것이다.

승산식 합동법을 이용한 난수생성기 (multiplicative congruential random number generator)는 구간 [0, 1] 내에서 독립 균등확률변수로 여겨지는 연속적인 의사난수 $u_0, u_1, u_2, \ldots$를 생성한다.

m은 어떤 큰 정수라고 하고, b는 m보다는 작은 정수라고 생각해 보자. 종종 b의 값이 m의 제곱근 근처의 값으로 선택될 수 있다. 서로 다른 b와 m은 다양한 특징을 가지는 의사난수생성기 (pseudorandom number generator)가 된다. 이러한 모수에 대한 좋은 값을

2) 이를 대수의 법칙 (law of large numbers)을 따른다고 한다.
3) 이것을 중심극한정리 (central limit theorem)라고 한다.

선택하는 데에는 여러 가지 종류의 기준들이 있으나, 타당한 결과를 제공하는 생성기인가를 검증하는 것은 매우 중요하다.

이를 이해하기 위하여 1과 m 사이에서 선택된 정수 x_0을 이용하여 살펴보도록 한다. x_0를 시드 (seed)라고 한다. x_0을 선택하는 방법은 나중에 설명할 것이다.

시드가 선택되었다면 생성기는 다음과 같이 작업을 수행한다.

$$x_1 = bx_0 (\mathrm{mod}\, m)$$
$$u_1 = x_1 / m$$

여기에서 (mod m)는 m으로 나눈 나머지를 의미한다. 그리고 u_1은 0과 1 사이의 값을 가지는 첫 번째 의사난수인데, 두 번째 의사난수 역시 동일한 방법으로 얻어진다.

$$x_2 = bx_1 (\mathrm{mod}\, m)$$
$$u_2 = x_2 / m.$$

u_2는 역시 또 다른의사난수이다. 만약 m과 b가 올바르게 선택되었고 사용자가 어떻게 생성되었는지 모른다면, u_1의 값만을 가지고 u_2의 값을 예측하는 것은 어렵다. 다시 말해 실제적 사용측면에서는 u_1과 u_2는 거의 독립적이라고 할 수 있다. 이 방법은 다음의 일반화된 공식을 이용하여 계속 반복하여 u_n을 얻게 된다.

$$x_n = bx_{n-1} (\mathrm{mod}\, m)$$
$$u_n = x_n / m.$$

이 방법은 완전히 결정론적인 방법으로 의사난수를 생성하게 되지만, 이 공식을 모르는 사용자에게는 적어도 단기간 동안 생성된 숫자들이 무작위처럼 보이며 (appear) 예측 불가능하다.

예제 5.1

$m = 7$이고 $b = 3$이라고 가정한다. 또한 x_0=2이다. 이 경우에 아래와 같은 의사난수를 생성할 수 있다.

$$x_1 = 3 \times 2 (\mathrm{mod}\, 7) = 6,\ u_1 = 0.857$$
$$x_2 = 3 \times 6 (\mathrm{mod}\, 7) = 4,\ u_2 = 0.571$$

$$x_3 = 3 \times 4 (\bmod 7) = 5,\ u_3 = 0.714$$
$$x_4 = 3 \times 5 (\bmod 7) = 1,\ u_4 = 0.143$$
$$x_5 = 3 \times 1 (\bmod 7) = 3,\ u_5 = 0.429$$
$$x_6 = 3 \times 3 (\bmod 7) = 2,\ u_6 = 0.286.$$

이 과정에서 $x_7 = x_1$이고 x_i 값들은 동일한 순서로 반복되기 때문에 u_i의 값 역시 연속적으로 반복되게 된다. 사용자가 u_1를 가지고 u_2를 예측하는 것은 아마도 쉽지 않을 것이다. 그러나 모든 $i > 0$에 대하여 $u_{i+6} = u_i$이므로 좀 더 긴 길이의 연속적인 숫자들을 가지는 경우에는 예측이 가능할 수도 있게 된다. 따라서 아주 긴 길이의 반복주기를 가지도록 하여 어떠한 사용자라도 전체의 반복주기를 알아차릴 수 없도록 함으로써 예측이 불가능한 연속적인 숫자를 생성하는 것이 바람직하다. 이러한 반복주기는 m보다 큰 값을 가질 수는 없으나, 일반적으로 m은 매우 큰 값을 가지도록 한다.

---

b와 m의 값을 선택할 때 반복주기가 실제로 m이 되도록 해야 하는 점을 명심해야 한다. 예를 들어 $b = 171$ 이고 $m = 29\,241$일 때, $x_0 = 3$인 경우 어떻게 되는지 살펴보도록 한다.

$$x_1 = 171 \times 3 = 513$$
$$x_2 = 171 \times 513 (\bmod 29\,241) = 0.$$

이후의 x_n의 모든 값들은 0이 될 것이다. 이러한 종류의 문제를 피하기 위해서는 m이 b로 나누어지지 않도록 선택을 해야 한다. 따라서 m은 소수 (prime)가 되도록 선택하는 것이 좋다. 다음의 예제는 좀 더 나은 반복주기를 가지는 생성기를 보여 준다.

예제 5.2

승산식 합법동을 이용한 생성기를 사용하여 50개 임의의 숫자들을 생성해 본다.

$$x_n = 171 x_{n-1} (\bmod 30\,269)$$
$$u_n = x_n / 30\,269,$$

초기 시드는 $x_0 = 27\,218$를 사용한다.

```
> random.number <- numeric(50) # this will store the
```

```
>                          # pseudorandom output
> random.seed <- 27218
> for (j in 1:50) {
+     random.seed <- (171 * random.seed) %% 30269
+     random.number[j] <- random.seed / 30269
+ }
```

이 프로그램으로 결과로 생성된 벡터 random.number는 아래와 같다. 구성 요소들이 모두 0과 1 사이의 값을 가진다. 이 숫자들이 무작위로 추출된 의사난수 $u_1, u_2, \ldots, u_{50}$이다.

```
> random.number
 [1] 0.76385080 0.61848756 0.76137302 0.19478675 0.30853348 0.75922561
 [7] 0.82757937 0.51607255 0.24840596 0.47741914 0.63867323 0.21312234
[13] 0.44391952 0.91023820 0.65073177 0.27513297 0.04773861 0.16330239
[19] 0.92470845 0.12514454 0.39971588 0.35141564 0.09207440 0.74472232
[25] 0.34751726 0.42545178 0.75225478 0.63556774 0.68208398 0.63636063
[31] 0.81766824 0.82126929 0.43704780 0.73517460 0.71485678 0.24051009
[37] 0.12722587 0.75562457 0.21180085 0.21794575 0.26872378 0.95176583
[43] 0.75195745 0.58472364 0.98774324 0.90409330 0.59995375 0.59209092
[49] 0.24754700 0.33053619
```

이와 유사한 (그러나 다른 공식을 사용하며 더 긴 반복주기를 가짐) 방법이 의사난수를 자동으로 생성하기 위하여 사용되는 함수 runif()를 이용할 때 R에 의하여 내부적으로 이용되고 있음을 이해하길 바란다.

구문

```
runif(n, min = a, max = b)
```

이 명령어의 실행으로 구간 $[a, b]$에서 균등확률분포를 따르는 n개의 의사난수들을 얻을 수 있다. 기본값은 $a=0$과 $b=1$이다. 시드는 내부적으로 선택된다.

예제 5.3

구간 [0, 1]에서 균등분포를 따르는 5개의 의사난수를 생성해 보고, 구간 [−3, −1] 내에서 균등분포를 따르는 10개의 의사난수를 생성해 보도록 한다.

```
> runif(5)
[1] 0.9502223 0.3357378 0.1330718 0.4901114 0.0607455
> runif(10, min = -3, max = -1)
 [1] -2.284105 -2.545768 -2.199852 -1.126908 -1.324746 -2.744848
 [7] -1.549739 -1.445740 -2.834744 -1.372574
```

독자들이 위의 명령문을 실행하면 여기에서 보여지는 결과와는 다른 결과를 보게 될 것이다. 이것은 사용자가 사용한 시드값이 이 명령문을 실행할 때 사용된 시드값이 다르기 때문이다.

초기 시드 x_0를 선택하기 위하여 사용되는 두 가지 종류의 다른 방법들이 있다. 만약 예측 불가능한 연속적인 값을 생성하는 것이 목적이라면 난수를 사용하는 것이 바람직하다. 예를 들어, 컴퓨터는 현재의 날짜와 시간을 밀리초 (millisecond) 단위로 계산하는데, 컴퓨터 현재 시간의 분 단위가 시작되고 나서 지나간 밀리초의 값을 초기 시드의 값으로 한다. 예측이 되지 않도록 하기 위해서 이와 같은 외부에서 수행되는 임의화 (external randomization)는 오로지 한 번만 수행하고, 이후부터는 앞서 설명한 방법을 이용하여 업데이트한다. 예를 들어 만약 모든 u_i를 생성하기 전에 위와 같은 컴퓨터 시간이 사용되었다면 아주 빠른 컴퓨터의 경우에는 밀리초 내에 생성된 동일한 값들을 연속적으로 사용하게 될 것이다.

x_0를 선택하는 두 번째 방법은 난수가 아닌 $x_0 = 1$과 같은 고정값을 이용하는 것이다. 이렇게 하면 u_i가 가지는 연속적인 값들이 예측이 가능하며 재현이 가능하게 된다. 이러한 고정값의 사용은 난수를 이용하는 프로그램을 디버깅하거나 일종의 반복이 요구되는 상황에서 매우 유용하다. R에서 이 방법을 사용하기 위해서는 set.seed() 함수를 사용한다.

```
> set.seed(32789) # 시드의 사용으로 동일한 결과를 볼 수 있게 된다.
> runif(5)
[1] 0.3575211 0.3537589 0.2672321 0.9969302 0.1317401
```

연습문제

01. 아래의 공식을 이용하여 20개의 의사난수를 생성해 보도록 한다.

$$x_n = 172x_{n-1}(\text{mod } 30\,307),$$

초기시드 $x_0 = 17\,218$를 사용하도록 한다.

02. 승산식 합동법을 이용하여 20개의 의사난수를 생성해 보도록 한다. b=171와 m=32 767, 그리고 초기시드 2018을 사용하도록 한다.

03. `runif()` 함수를 사용하여 다음 분포를 따르는 10개의 의사난수를 생성해 보도록 한다(`set.seed(32078)`를 이용한다).

(a) 구간 (0, 1) 위에 정의된 균등분포.

(b) 구간 (3, 7) 위에 정의된 균등분포.

(c) 구간 (−2, 2) 위에 정의된 균등분포.

04. `runif()` 함수를 사용하여 1000개의 의사난수를 균등분포로부터 생성하고, 이것을 `U`라는 이름을 가진 벡터에 저장해 본다. `set.seed(19908)`를 사용한다.

(a) `U`에 저장된 값들의 평균, 분산, 표준편차를 구해 본다.

(b) (a)로부터 얻어진 값들을 실제 평균, 분산, 표준편차를 비교해 본다.

(c) `U`가 가지는 값들 중 0.6보다 작은 비율을 구해 보고, 균등확률변수 U가 0.6보다 작을 확률을 계산하여 비교해 본다.

(d) `1/(`U`+1)`의 기댓값을 추정해 본다.

(e) `U`와 `1/(U+1)`의 히스토그램을 각각 생성해 본다.

05. 구간 [3.7, 5.8]에서 균등하게 분포된 10 000개의 독립된 관측값들을 생성해 본다.

(a) 이들의 평균, 분산, 표준편차를 구해 보고, 이론적인 값과 비교해 보도록 한다.

(b) 이 확률변수가 4.0보다 큰 값을 가질 확률을 계산해 보고, 이론적인 값과 비교해 보도록 한다.

06. `runif()`를 사용하여 구간 (0, 1)을 가지는 균등확률변수 U_1의 값 10 000개를 생성한다. 그리고 구간 (0, 1)을 가지는 균등확률변수 U_2의 값 10 000개를 생성한다.

이 벡터들을 각각 U1와 U2에 할당한다. U1와 U2는 거의 독립이기 때문에, U_1와 U_2를 구간 (0, 1) 내의 독립 균등확률변수들이라고 한다.

(a) $E(U_1+U_2)$의 값을 추정해 본다. $E(U_1)+E(U_2)$의 값을 추정해 보고 이론값과 비교해 본다.

(b) $\mathrm{Var}(U_1+U_2)$의 값과 $\mathrm{Var}(U_1)+\mathrm{Var}(U_2)$의 값을 추정해 본다. 이들은 서로 같은가? 이 추정값이 가져야 할 이론값을 구해 본다.

(c) $P(U_1+U_2 \leq 1.5)$를 추정해 본다.

(d) $P(\sqrt{U_1}+\sqrt{U_2} \leq 1.5)$를 추정해 본다.

07. U_1, U_2, U_3는 구간 (0, 1)에서 균등한 분포를 따르는 서로 독립적인 균등확률분포라고 가정한다. 다음의 통계량을 추정하기 위한 시뮬레이션을 사용해 보도록 한다.

(a) $E(U_1+U_2+U_3)$

(b) $\mathrm{Var}(U_1+U_2+U_3)$와 $\mathrm{Var}(U_1)+\mathrm{Var}(U_2)+\mathrm{Var}(U_3)$

(c) $E[\sqrt{U_1+U_2+U_3}]$

(d) $P(\sqrt{U_1}+\sqrt{U_2}+\sqrt{U_3} \geq 0.8)$.

08. `round()` 함수와 함께 `runif()`를 사용하여 1부터 10 사이의 정수 1000개를 생성하도록 한다. 이를 `discreteunif`라고 한다. 각각의 값에 대하여 `table()` 함수를 이용하여 얻은 관찰도수 (observed freqeuncies)가 기대도수와 근사한지 확인해 본다. 만약 그렇지 않다면 어떻게 이를 수정해야 하는가?

09. `sample()` 함수는 어떤 값을 가진 벡터로부터 단순임의추출 (simple random sample)을 할 수 있다. 예를 들면 `sample(c(3,5,7), size=2, replace=FALSE)`은 집합 {3, 5, 7}에서 두 개의 표본을 비복원 (without replacement)추출한다. `sample()` 함수를 이용하여 1부터 100 사이에서 50개의 의사난수를 생성해 보도록 한다.

(a) 비복원추출을 사용한다.

(b) 복원추출을 사용한다.

10. 다음의 코드는 두 개의 균등확률변수 U_1와 U_2의 합(X)와 차(Y)를 시뮬레이션하는 것이다. X와 Y의 산점도를 생성해 보고 상관계수를 추정해 보도록 한다.

```
> U2 <- runif(1000)
> U1 <- runif(1000)
> X <- U1 + U2
> Y <- U1 - U2
> plot(Y ~ X)
> cor(X, Y)            # 표본상관계수를 구한다.
```

상관계수는 두 확률변수 간의 선형적인 관계 (linear dependence)를 나타내는 측도이다. 이 값이 0에 가까울수록 서로 독립적이며, −1 또는 1에 가까울수록 선형관계가 존재한다고 보아야 한다. 위의 코드를 실행해 보고, 결과를 활용하여 다음의 질문들에 답변해 보도록 한다.

(a) X와 Y가 선형관계에 있다고 생각하는가?

(b) X와 Y가 통계적으로 독립 (stochastically independent)인가? [이를 대답하기 위해서는 산점도를 주의 깊게 살펴보아야 한다.]

(c) U_1와 U_2는 선형적인 관계가 있다고 할 수 있는가? [이를 확인하기 위하여 필요한 계산을 해 보도록 한다.]

(d) U_1와 U_2가 통계적으로 독립인가? [이를 확인하기 위하여 필요한 플롯을 생성해 보도록 한다.]

5.3 다른 확률변수 시뮬레이션

5.3.1 베르누이 확률변수

베르누이 시행 (Bernoulli trial)은 실험의 결과가 오로지 두 가지 중 하나가 나타나는 시행을 말한다. 예를 들면 전구를 킬 때 가능한 경우는 오로지 전구가 켜지는 경우와 켜지지 않는 경우이다. 각 시행의 결과에 대응하는 확률이 있으며, 두 시행의 결과에 대응하는 확률을 모두 더하면 반드시 1이 되어야 한다.

예제 5.4

오지선다형의 객관식 질문을 접한 학생을 생각해 본다. 학생이 답을 맞출 확률은 0.2이고 틀릴 확률은 0.8이다. [여기서 가능한 결과는 학생이 답을 맞춘다와 그렇지 않다는 두 가지 경우뿐이다.]

20개의 객관식 문제가 주어졌을 때 한 학생이 몇 개의 올바른 답을 얻을 수 있는지에 대하여 생각해 본다. 시뮬레이션을 통하여 이를 알아보도록 한다.

먼저 각 문제는 올바른 답을 맞출 수 있는 확률이 0.2인 독립적인 베르누이 시행이라고 할 수 있다. 따라서 한 학생이 각 문제별로 답을 맞출 수 있는지의 여부를 독립균등 의사난수를 생성함으로써 흉내내 보는 것이다. 만약 생성된 의사난수가 0.2보다 작다면 학생은 답을 맞추었고, 그렇지 않다면 답을 맞추지 못했다고 간주한다.

이는 균등확률변수가 0.2보다 작을 확률이 0.2인 반면 0.2보다 클 확률이 0.8(즉, 학생이 문제를 틀릴 확률)이므로 시뮬레이션을 위한 설정이 주어진 상황을 충분히 설명한다고 할 수 있다. 따라서 균등 의사난수생성기는 이러한 특징을 가진 학생을 시뮬레이션하는 것이라 할 수 있다. 이것을 R을 이용하여 다음과 같이 해 볼 수 있다.

```
> set.seed(23207) # use this to obtain our output
> guesses <- runif(20)
> correct.answers <- (guesses < 0.2)
> correct.answers
 [1] FALSE FALSE FALSE FALSE TRUE TRUE TRUE FALSE TRUE TRUE FALSE
[12] FALSE FALSE FALSE FALSE FALSE FALSE FALSE FALSE TRUE
```

correct.answers는 가상의 학생이 입력한 답안의 정답 여부를 담고 있는 논리형 벡터이다. TRUE는 올바른 답을 했음을 의미하고, FALSE는 올바른 답을 하지 못했음을 의미한다. 올바른 답을 한 문제의 개수를 다음과 같이 요약해 볼 수 있다.

```
> table(correct.answers)
correct.answers
FALSE TRUE
   14    6
```

우리가 가상으로 생각한 학생은 6/20이라는 점수를 받을 것이다.

이전 예제에서 0과 1을 베르누이 시행의 결과로 나타내었다. 이것은 1일 확률이 p이고, 0일 확률이 $1-p$인 베르누이 확률변수를 정의하는 것이다.

이 베르누이 확률변수의 기댓값은 p이고 분산은 $p(1-p)$이다. 위의 예제에서 이론적으로는 학생이 20%의 문제를 맞출 것이라는 기댓값을 가지고 있었는데, 우리가 가상으로 생각한 학생은 운이 좋게 30%를 맞추었다.

연습문제

01. 예와 아니오로 답하는 n개의 문제가 있는 시험에서 학생이 어떤 답을 적어낼 것인지를 모의실험을 하는 R 함수를 작성해 보도록 한다.

(a) 한 학생이 10개의 문항을 가진 시험을 볼 때 어떤 답을 적어낼 것인지를 모의실험해 보도록 한다. 그리고 올바른 답을 한 문항의 개수를 세어 본다.

(b) 한 학생이 1000개의 문항으로 구성된 시험을 볼 때 올바른 답을 한 문항의 개수를 모의실험해 보도록 한다.

02. 예와 아니오로 답하는 20개의 문항으로 구성된 시험지를 100명에게 주고, 시험을 치르게 하였다.

(a) 시험점수의 평균과 표준편차를 추정하기 위한 모의실험을 해 보도록 한다.

(b) 시험점수가 30% 이상을 얻은 학생들의 비율을 추정해 보도록 한다.

03. 정상적으로 불이 켜질 확률이 0.99인 전구 500개를 모의실험하는 R 함수를 작성해 보도록 한다. 전구에 불이 들어오면 1이고 불이 들어오지 않으면 0으로 정의되는 확률변수 X의 기댓값과 분산을 모의실험을 통하여 추정해 보도록 한다. 이론적인 평균과 분산은 각각 무엇인가?

04. $n=25$와 $p=0.4$를 모수로 가지는 이항확률변수 (binomial random variable)를 모의실험하는 R 함수를 작성해 본다. (이것은 25개의 독립 베르누이 확률변수들의 합이다. 모든 베르누이 확률변수들은 모수 p를 가진다.) 이러한 이항확률변수로부터 100개의 의사난수를 생성하여 이항확률변수의 평균과 분산을 추정해 본다. (이론적인 평균과 분산의 값은 각각 10과 6이다.)

5.3.2 이항확률변수

X는 m개의 독립적인 베르누이 확률변수들의 합이며, 각각의 베르누이 시행은 성공확률 p를 가지고 있다. 이러한 X를 이항 (binomial)확률변수라고 하며, 주어진 m번의 베르누이 시행에서 성공한 횟수를 나타낸다.

이항확률변수는 $\{0, 1, 2, \ldots, m\}$와 같은 값들을 가질 수 있다. 이항확률변수 X가 특정한 값을 가질 때의 확률은 아래와 같은 이항확률밀도함수를 따른다.

$$P(X=x) = \binom{m}{x} p^x (1-p)^{m-x}, \ \ x = 0,1,2,\ldots,m.$$

이 확률값은 dbinom() 함수를 이용하여 계산할 수 있다.

구문

```
dbinom(x, size, prob)
```

여기에서 size와 prob은 각각 이항확률분포의 모수 m과 p이며, x는 성공의 횟수를 의미한다. 이 함수의 결과는 $P(X=x)$이다.

예제 5.5

앞면과 뒷면이 나올 확률이 같은 동전을 6번 던졌을 때 앞면이 4번 나올 확률을 계산해 본다.

```
> dbinom(x = 4, size = 6, prob = 0.5)
[1] 0.234375
```

따라서 $m=6$과 $p=0.5$를 모수로 가지는 이항확률변수 X로부터 $P(X=4)=0.234$이다.

누적확률 $P(X \le x)$는 pbinom()를 이용하여 계산할 수 있다. 이 함수는 dbinom()와 동일한 인자들을 가진다. 예를 들어 X는 앞면과 뒷면이 나올 확률이 같은 동전을 6번 던져서 앞면이 나오는 개수라고 할 때 아래와 같은 방법으로 $P(X \le 4)$를 계산할 수 있다.

```
> pbinom(4, 6, 0.5)
[1] 0.890625
```

함수 qbinom()는 이항확률분포의 분위수 (quantile)를 알려준다. X의 분포에서 89퍼센트에 해당하는 분위수는 다음과 같다.

```
> qbinom(0.89, 6, 0.5)
[1] 4
```

이항확률변수의 기댓값(또는 평균)은 mp이고 분산은 $mp(1-p)$이다. rbinom() 함수는 이항분포를 따르는 의사난수를 생성할 수 있다.

구문

```
rbinom(n, size, prob)
```

여기에서 size와 prob는 이항분포의 모수인 반면 n은 생성해야 할 변량 (variates)의 개수이다.

예제 5.6

기계에 의하여 생산되는 청소기 튜브의 10%가 불량이고, 시간마다 15개의 튜브가 생산된다고 가정한다. 생산되는 각 튜브는 서로 독립이다. 이 공정은 한 시간 내 5개 이상의 불량품이 나온 경우 고장으로 간주된다. 이 기계가 24시간 동안 매시간 생산하는 불량품의 개수를 모의실험하고, 결과를 이용하여 어느 시간대에서 고장이 발생했는지 판단해 보도록 한다.

매시간별로 15개의 튜브가 생산되고, 한 개의 튜브가 가지는 불량률은 0.1이며, 튜브들은 서로 독립이므로, 한 시간 동안 생산되는 불량품의 개수는 $m = 15$와 $p = 0.1$을 모수로 가지는 이항확률변수이다. 24시간 동안 매시간별 불량품의 개수를 모의실험하기 위해서는 이항확률분포를 따르는 24개의 의사난수를 생성할 필요가 있다. 그리고 불량품의 개수가 5보다 큰 시간대를 확인해 보아야 한다. 이런 모의실험은 다음과 같이 해 볼 수 있다.

```
> defectives <- rbinom(24, 15, 0.1)
> defectives
[1] 0 1 1 0 1 1 2 5 0 0 1 1 3 3 0 2 2 0 1 0 1 1 4 2
> any(defectives > 5)
[1] FALSE
```

연습문제

01. 어떤 제조공정의 불량률이 0.15라고 가정해 본다. 24시간 동안 시간마다 생산되는 불량품의 개수를 모의실험해 보도록 한다. 한 시간에 생산되는 제품의 개수는 25개이다. 불량품의 개수가 5를 초과하는지 확인해 본다. $p=0.2$로 가정하고 모의실험을 반복해 본다. 그리고 $p=0.25$로 바꾸어서도 해 본다.

02. 모수가 20과 0.3을 따르는 이항확률분포를 따르는 의사난수를 10 000개를 생성하고 이를 벡터 `binsim`에 할당한다. 이항확률변수 X가 binomial(20, 0.3)를 따른다고 할 때, 생성된 난수들을 이용하여 다음을 추정해 보도록 한다.

(a) $P(X \le 5)$

(b) $P(X=5)$

(c) $P[X]$

(d) $\mathrm{Var}(X)$

(e) X의 95 분위수를 찾아본다.(`quantile()` 함수를 이용해 볼 수 있다.)

(f) X의 99 분위수를 찾아본다.

(g) X의 99.9999 분위수를 찾아본다.

각각의 경우에 대하여 추정된 값을 이론적인 값과 비교해 보도록 한다. 아주 극단적인 분위수를 정확하게 추정하기 위해서는 어떠한 점이 고려되어야 하는가?

03. 이항확률변수의 모수가 $n=18$과 $p=0.76$인 경우 기댓값과 분산을 추정하기 위한 모의실험을 해 본다. 추정량을 이론적인 값들과 비교해 보도록 한다.

04. 다음의 코드는 역변환법을 이용하여 이항확률분포를 따르는 변량을 모의실험하기 위하여 작성된 함수이다.

```
> ranbin <- function(n, size, prob) {
+     cumpois <- pbinom(0:(size -1), size, prob)
+     singlenumber <- function() {
+        x <- runif(1)
+        N <- sum(x > cumpois)
+       N
+    }
```

```
+    replicate(n, singlenumber())
+ }
```

(a) 이 함수를 주의 깊게 살펴보고 문서화해 보도록 한다.[4] 특히, singlenumber() 함수 내에서 어떤 연산들이 이루어지는지 살펴보도록 한다.

(b) 시행횟수가 10이고 성공확률이 0.4인 이항확률분포로부터 길이가 1000, 10 000, 100 000인 벡터들을 생성하기 위하여 ranbin()를 이용한다. system.time() 함수를 이용하여 ranbin()을 이용한 모의실험의 실행시간 (execution times)와 rbinom()을 이용한 모의실험의 실행시간을 비교해 보도록 한다.

05. 다음 함수는 독립 베르누이 확률변수들을 합하여 이항확률분포를 따르는 의사난수를 생성해 준다.

```
> ranbin2 <- function(n, size, prob) {
+     singlenumber <- function(size, prob) {
+        x <- runif(size)
+        N <- sum(x < prob)
+        N
+     }
+     replicate(n, singlenumber(size, prob))
+ }
```

(a) 이 함수를 주의 깊게 살펴보고 문서화해 보도록 한다. 특히 singlenumber() 함수 내에서 어떤 연산들이 이루어지는지 살펴본다.

(b) 시행횟수가 10, 100, 1000이고 성공확률이 0.4인 이항확률분포로부터 길이가 10 000인 벡터들을 생성하기 위하여 ranbin2()을 사용한다. system.time() 함수를 이용하여 ranbin2()을 이용한 모의실험과 rbinom()을 이용한 모의실험에 걸린 수행시간의 차이를 비교해 보도록 한다.

06. 이전 연습문제에서 사용한 생성기는 각 이항확률 의사난수를 생성하기 위하여 size의 개수만큼 균등확률 의사난수의 생성이 필요했다. 아래의 생성기 역시 이전의 생성기에 사용된 동일한 원리를 기초로 하고 있다. 그러나 이 생성기는 각 이항확률 의사난수를 생성하기 위하여 오로지 한 개의 균등확률 의사난수 생성을 필요로 한다.

---

4) replicate() 함수는 n 결과들을 벡터에 할당하기 위해 사용되는 singlenumber()를 반복적으로 호출하도록 한다. 더 많은 정보를 보기 위해서는 help(replicate)를 살펴본다.

```
> ranbin3 <- function(n, size, prob) {
+     singlenumber <- function(size, prob) {
+        k <- 0
+        U <- runif(1)
+        X <- numeric(size)
+        while (k < size) {
+            k <- k + 1
+            if (U <= prob) {
+               X[k] <- 1
+               U <- U / prob
+            } else {
+               X[k] <- 0
+               U <- (U - prob)/(1 - prob)
+            }
+        }
+        return(sum(X))
+     }
+     replicate(n, singlenumber(size, prob))
+ }
```

(a) 다음과 같은 모수들을 가지는 이항분포로부터 100개의 의사난수를 생성하기 위하여 `ranbin3()` 함수를 사용해 본다.

  (i) `size = 20`과 `prob = 0.4`.

  (ii) `size = 500`과 `prob = 0.7`.

(b) $U < p$가 주어졌을 때 U / p 의 조건부분포(conditional distribution)는 무엇인가?

(c) $U > p$가 주어졌을 때 $(U-p)/(1-p)$의 조건부분포는 무엇인가?

(d) 위의 질문들에 대한 답을 이용하여 `ranbin3()` 함수에 대한 문서를 작성해 본다.

07. 중심극한정리의 한 가지 예는 다음과 같다. 만약 X가 모수 m과 p를 가지는 이항확률변수라면 다음과 같이 정의된 Z는 근사적으로 표준정규분포를 따른다.

$$Z = \frac{X - mp}{\sqrt{mp(1-p)}},$$

그리고 이것의 근사정도는 m이 커질수록 향상되게 된다. 다음의 코드는 m이 {1,

2,..., 100)으로부터 순차적으로 가지게 되는 값마다 생성된 많은 수의 Z 값들 가지고 정규성을 확인해 보기 위하여 QQ 플롯을 작성하는 것이다.

```
> for (m in 1:100) {
+     z <- (rbinom(20000, size = m, prob = 0.4) - m * 0.4) / sqrt(m
* 0.4 * 0.6)
+    qqnorm(z, ylim = c(-4, 4), main = paste("QQ-plot, m = ", m))
+    qqline(z)
+ }
```

(a) 코드를 실행하고 m이 증가할 때마다 Z의 분포가 어떻게 바뀌는지 관찰해 보도록 한다.

(b) $P = 0.3, 0.2, 0.1, 0.05$의 경우에는 어떻게 분포가 바뀌는지를 영화(movie)와 같이 보여줄 수 있도록 코드를 변경한다. QQ 플롯에서 보기좋은 직선이 나타나기 위해서는 m의 값이 얼마나 커야 하는가? $m = 100$은 모든 경우에 있어서 충분히 크다고 생각하는가?

5.3.3 포아송 확률변수

포아송 (Poisson) 분포는 모수를 n과 p_n을 가지는 이항확률분포가 n이 무한대로 가고 p_n이 0에 가까워지면서 이 분포의 기댓값 np_n이 상수 λ에 수렴하게 되는 경우를 나타내는 극한분포를 말한다. 분산 $np_n(1-p)$ 또한 이 상수에 수렴하게 된다. 따라서 포아송 확률변수의 평균과 분산은 λ와 같다. 이 모수를 종종 비율이라고도 한다.

포아송 확률변수는 여러 가지 경우로 나타나게 된다. 사건 발생수 (count data)를 자연적 모델(crude model)로서 사용되기도 한다. 예를 들면 일 년 동안 한 지역 내에 발생한 지진의 발생 횟수 또는 한 시간 동안 한 은행원이 맞이하게 되는 고객의 수는 사건 발생수라고 할 수 있다. 사건이 발생한 기간을 개별 사건 발생의 수를 0 또는 1로 표현할 수 있는 n개 독립구간으로 나눔으로써 극한을 나타낼 수 있다. 따라서 포아송 확률변수는 이들의 총합으로 나타나게 된다.

포아송 확률변수 X가 가질 수 있는 값들의 가능한 범위는 음이 아닌 정수 {0, 1, 2,...}로 나타낼 수 있다. 이 값들에 대응하는 확률값은 다음과 같이 계산된다.

$$P(X = x) = \frac{e^{-x}\lambda^x}{x!}, \quad x = 0,1,2,...$$

dpois() 함수를 이용하여 이들의 확률값을 얻을 수 있다.

구문

```
dpois(x, lambda)
```

여기에서 lambda는 포아송 분포의 모수를 나타내는 비율이고, x는 사건발생 횟수이다. 위의 함수로부터 얻어진 결과는 $P(X=x)$이다.

예제 5.7

자동식 예금창구의 분당 평균도착 횟수가 0.5로 알려진 경우에 포아송 모델(Poisson model)을 이용하여 다음 일 분 동안 자동식예금창구를 세 번째로 이용할 고객의 확률은 다음과 같은 방법으로 얻을 수 있다.

```
> dpois(x = 3, lambda = 0.5)
[1] 0.01263606
```

포아송 확률변수 X의 모수를 0.5라고 가정할 때 $P(X=3)=0.0126$이다.

누적확률 $P(X \leq x)$는 ppois()를 이용하여 계산할 수 있으며, 포아송 분위수는 또한 qpois()을 사용하여 계산할 수 있다.

포아송 의사난수는 rpois()함수를 이용하여 생성할 수 있다.

구문

```
rpois(n, lambda)
```

인자 n은 생성할 변량의 개수이고 lambda는 위에서 설명한 것과 같다.

예제 5.8

매년 교차로에서 평균 3.7회의 교통사고가 발생한다고 생각해 본다. 포아송 모델을 가정하고 10년 동안에 매년 발생하는 교통사고의 수를 모의실험해 보도록 한다.

```
> rpois(10, 3.7)
 [1] 6 7 2 3 5 7 6 2 4 4
```

포아송 프로세스

포아송 프로세스 (Poisson process)는 단위 시간에 발생한 사건들의 묶음을 설명하는 간단한 모형이다. 이 포아송 프로세스는 직선 또는 평면(필요하다면 더 높은 차원) 위에 놓인 점들의 무작위 집합 (random collection)으로 생각해 볼 수 있다.

동질적 포아송 프로세스 (homogeneous Poisson process)는 다음과 같은 성질을 가지고 있다.

1. 어떤 집합 내에 존재하는 점들의 개수는 집합의 크기에 비례하는 비율을 모수로 가지는 포아송 분포를 따른다.
2. 겹치지 않는 집합들 내에 존재하는 점들의 개수는 서로 독립이다.

특히 비율 λ를 모수로 가지는 포아송 프로세스의 경우 구간 $[0, T]$ 내에 존재하는 점의 개수는 평균이 λT인 포아송 분포를 따른다. 이것을 모의실험하는 방법은 다음과 같다.

1. λ T를 모수로 가지는 포아송 분포로부터 1개의 의사난수를 생성하여 N이라고 한다.
2. 구간 $[0, T]$내에서 N개의 독립 균등확률 의사난수를 생성한다.

예제 5.9

구간 [0, 10] 위에서 비율이 1.5인 동질적 포아송 프로세스로부터 의사난수를 생성해 본다.

```
> N <- rpois(1, 1.5 * 10)
> P <- runif(N, max = 10)
> sort(P)
 [1] 0.03214420 0.11731867 0.25422972 2.43762063 3.93583254 4.05037783
 [7] 4.50931123 5.28833876 7.43922932 8.47007125 8.76151095 8.81578295
[13] 9.35800644
```

연습문제

01. 연간 발생하는 사고발생 횟수가 포아송 모델을 따르고 연평균 2.8회의 사고가 발생한다고 가정한다. 15년간 매년 발생하는 사고발생의 횟수를 모의실험해 보도록 한다.

02. 경기 결승점에 도달한 한 대의 스포츠카는 평균 1.2개의 표면결함을 가진다고 한

다. 20대의 스포츠카들이 경기 결승점에 도달했을 때 생기는 표면결함의 개수를 모의실험해 보도록 한다.

03. 평균이 7.2인 포아송 확률변수의 평균과 분산을 10 000개의 포아송 의사난수를 생성하여 추정해 보도록 한다. 추정된 값을 이론적인 값과 비교해 보도록 한다.

04. 5, 10, 15, 20을 평균으로 가지는 네 개의 포아송 확률분포가 있다. 각 분포로부터 10 000개씩의 난수들을 생성하여 벡터 `P5`, `P10`, `P15`, `P20`에 할당하도록 한다.

(a) $E(\sqrt{X})$와 $\mathrm{Var}(\sqrt{X})$를 추정해 보도록 한다. X는 비율 $\lambda = 5$, 10, 15, 20을 가지는 포아송 확률변수이다.

(b) X가 포아송 확률변수일 때 X의 분산은 X의 평균이 증가함에 따라 함께 증가한다. X에 제곱근을 취하는 것은 분산과 평균 사이의 관계에 어떠한 영향을 미치게 되는가? (통계학자들은 종종 사건발생 횟수와 같은 자료를 다룰때 분산을 안정시키기 위하여 제곱근을 취하곤 한다. 이것이 무엇을 의미하는지 이해할 수 있는가?)

05. 구간 [4, 5]에서 비율이 1.5인 포아송 프로세스로부터 생성된 점들의 분포가 평균이 1.5를 가지는 포아송 확률분포를 가짐을 보이기 위하여 모의실험을 수행해 본다. 먼저 구간 [0, 10]에서 포아송 프로세스를 이용하여 많은 수의 점들을 생성한다. 그리고 구간 [4, 5] 내에 존재하는 점들의 개수를 세어본다. 이 숫자가 포아송 확률분포로부터 생성된 값과 일치하는지 QQ 플롯을 이용하여 확인해 보도록 한다. 이를 위하여 다음의 코드가 제공되었다. 이 코드를 실행하고 생성된 그래프를 살펴보는 것은 독자에게 맡겨둔다.

```
> poissonproc <- function() {
+     N <- rpois(1, 1.5 * 10)
+     P <- runif(N, max = 10)
+     return(sum( 4 <= P & P <= 5 ))
+ }
> counts <- replicate(10000, poissonproc())
> qqplot(counts, rpois(10000, 1.5))
> abline(0, 1) # the points lie reasonably close to this line
```

06. 중심극한정리의 한 가지 예는 다음과 같다. 만약 X가 모수 λ를 가지는 포아송 확률변수라면 아래와 같이 정의된 Z는 근사적으로 표준정규분포를 따르게 된다.

$$Z = \frac{X - \lambda}{\sqrt{\lambda}},$$

λ 의 값이 커질수록 근사의 정도는 향상된다.

다음의 코드는 λ가 {1, 3,..., 99}의 값을 순차적으로 가지게 될 때마다 생성된 많은 수의 Z값들을 가지고 정규성을 확인해 보기 위하여 QQ 플롯을 작성하는 것이다.

```
> for (m in seq(1, 120, 2)) {
+     z <- (rpois(20000, lambda = m) - m) / sqrt(m)
+     qqnorm(z, ylim = c(-4, 4), main = "QQ-plot")
+     qqline(z)
+      mtext(bquote(lambda == .(m)), 3) # this creates a subtitle
which
+                              # mixes mathematical and numerical notation
+ }
```

(a) 위의 코드를 실행해 보고 λ 의 값이 증가함에 따라 Z의 분포가 어떻게 변하는지 확인해 보도록 한다.

(b) QQ 플롯에서 보기 좋은 직선을 나타내기 위해서는 λ의 값은 얼마나 커야 하는가?

07. 구간 [0, 2]에서 비율이 2.5인 포아송 프로세스를 10 000번 반복하도록 한다.

(a) 프로세스마다 부분구간 [0, 1]과 [1, 2]에 몇 개의 점들이 있는지 세어본다.

(b) (a)에서 점의 개수는 비율이 2.5인 포아송 분포에 대략 근사하고 있는가?

(c) 산점도를 그려보고 구간 [0, 1] 내에 있는 점들의 개수가 [1, 2] 내에 있는 점들의 개수와 독립이라고 가정하는 것이 타당한지 생각해 보도록 한다. [산점도를 유용하게 활용하기 위하여 `jitter()` 함수를 사용이 필요할 것이다.]

5.3.4 지수확률변수

지수확률변수는 기계 및 전자제품의 부품이 고장이 발생할 때까지 걸린 시간 또는 종업원이 고객에게 어떤 서비스를 완료하는 데까지 걸리는 시간 등을 설명하는 간단한 모델이다. 지수분포 (exponential distribution)는 고장률 (failure rate)이라는 상수를 모수로 가지며, 이 상수를 λ로 표시한다.

음이 아닌 수 t에 대하여 다음과 같이 나타낼 수 있다면 확률변수 T 는 비율 $\lambda > 0$를 가지는 지수분포를 따른다고 정의한다.

$$P(T \le t) = 1 - e^{-\lambda t}$$

이를 계산하기 위하여 pexp() 함수를 이용할 수 있다.

구문

```
pexp(q, rate)
```

이 함수의 사용으로 누적확률 $P(T \le q)$의 값을 얻을 수 있는데, 이때 T는 모수 rate를 가지는 지수확률 변수를 의미한다.

예제 5.10

은행원이 제공하는 서비스시간을 분당 3의 비율을 가지는 지수확률변수로 나타낸다고 생각해 본다. 이 경우 고객이 1분 미만의 서비스를 받을 확률은 아래와 같이 계산해 볼 수 있다.

```
> pexp(1, rate = 3)
[1] 0.9502129
```

X가 비율 3을 가지는 지수확률변수일 때, $P(T \le 1) = 0.95$이다.

위에서 정의된 분포함수의 우변을 t에 관하여 미분하면 아래와 같은 지수확률밀도함수(exponential probability density function)를 얻을 수 있다.

$$f(t) = \lambda e^{-\lambda t}.$$

dexp() 함수를 이용하여 이 값을 계산할 수 있다. pexp() 함수에서 사용한 것과 동일한 인자들이 사용된다. 지수분포의 분위수를 구하기 위해서는 qexp() 함수를 사용할 수 있다.

지수확률변수의 기댓값은 $1/\lambda$이고 분산은 $1/\lambda^2$이다.

지수확률분포를 따르는 변량을 생성하는 간단한 방법은 역변환법을 이용하는 것이다. X가 지수확률변수라면 $F(x) = 1 - e^{-\lambda x}$이므로 $F^{-1}(x) = -\dfrac{\log(1-U)}{\lambda}$이다. 따라서 $x \in (0,1)$의 값에 대하여 다음을 만족하게 된다.

$$P(F(T) \le x) = P(T \le F^{-1}(x)) = F(F^{-1}(x)) = x.$$

그러므로 $F(T)$는 구간 (0, 1) 위에 정의되는 균등분포 확률변수가 된다. 균등확률분포를 따르는 의사변량을 생성하는 방법을 알고 있으므로 역변환 함수 $F^{-1}(x)$를 이용하여 지수변량 (exponential variates)을 얻을 수 있다.
다시 말해서 구간 [0,1]에서 균등확률변수 U를 정의하고 아래와 같이 놓는다.

$$1 - e^{-\lambda T} = U$$

이 등식을 T에 관하여 풀도록 한다.

$$T = -\frac{\log(1-U)}{\lambda}.$$

이제 T는 비율 λ를 모수로 가지는 지수분포를 따르는 확률변수이다.

R 함수 rexp()는 지수확률분포를 따르는 n개의 변량을 생성하기 위하여 사용될 수 있다.

구문

```
rexp(n, rate)
```

예제 5.11

어떤 은행에서 한명의 은행원에게 서비스를 받기 위하여 10명의 고객이 줄을 서서 기다리고 있다고 한다. 각 고객마다 서비스를 완료하는 데 걸리는 시간은 분당 비율이 3인 지수확률분포를 따른다. 아래와 같은 방법으로 10명의 고객에 대한 서비스시간(분단위)을 모의실험해 볼 수 있다.

```
> servicetimes <- rexp(10, rate = 3)
> servicetimes
  [1] 0.25415279 0.79177402 0.24280817 0.07887371 0.10738250 0.16583246
  [7] 0.83294959 0.09676131 0.16938459 0.53317718
```

10명의 모의실험된 고객들에 대한 서비스를 모두 완료하는 데까지 걸린 총 시간은 대략 3분 16초이다.

```
> sum(servicetimes)
[1] 3.273096
```

포아송 프로세스를 시뮬레이션하는 다른 방법

직선상에서 비율 λ를 가지는 동질적 포아송 프로세스로부터 생성된 점들은 평균 $1/\lambda$를 가지는 독립 지수 확률변수들에 의하여 분리될 수 있다는 것을 보일 수 있다. 이러한 사실은 직선상의 포아송 프로세스를 모의실험할 수 있는 또 다른 방법을 제공한다.

예제 5.12

1.5를 모수로 가지는 포아송 프로세스를 0부터 시작하여 25개의 점들을 생성해 보도록 한다.

```
> X <- rexp(25, rate = 1.5)
> cumsum(X)
 [1]  1.406436  1.608897  1.800167  3.044730  3.160853  3.640911
 [7]  4.827413  5.229759  6.542869  6.596817  7.305832  8.134470
[13] 10.704220 11.412163 11.515945 11.642972 12.277173 12.505261
[19] 15.205137 15.548352 16.727192 17.381278 17.678511 18.457350
[25] 18.658113
```

연습문제

01. 비율이 3을 가지는 지수확률분포로부터 50 000개의 의사난수를 생성해 보도록 한다.

(a) 생성된 의사난수로부터 1보다 작은 숫자들의 비율을 구해 본다. 확률변수가 1보다 작을 확률을 비율이 3을 가지는 지수확률분포를 이용하여 구해 본다.

(b) 생성된 의사난수의 평균을 구해 보고, 이론적인 기댓값과 비교해 본다.

(c) 생성된 의사난수의 분산을 구해 보고, 이론적인 값과 비교해 본다.

02. 어떤 특정한 종류의 배터리가 수명이 평균 55시간인 지수확률분포를 따른다고 가정한다. 이 배터리의 수명에 대한 평균과 분산을 모의실험을 통하여 추정해 본다. 추정치들을 이론적인 값들과 비교해 보도록 한다.

03. 두 종류의 부품으로 되어 있는 간단한 전자기기가 있다. 각 부품이 고장나기까지 걸리는 시간을 지수확률변수로 모델할 수 있다. 첫 번째 부품은 고장나기까지 평균 3달이 걸리며, 두 번째 부품은 평균 6달 정도 걸린다. 하나의 부품이라도 고장난다

면 작동하지 않는다고 할 때, 이 전자기기가 작동되지 않게 될 때까지 걸리는 시간의 평균과 분산을 모의실험을 통하여 추정해 보도록 한다.

04. 두 부품이 모두 고장이 나야 기기가 작동하지 않는다고 가정한 뒤, 위의 주어진 문제를 다시 풀어보도록 한다.

05. 이 절에서 설명한 방법을 이용하여 비율 2.5인 포아송 프로세스로부터 10 000개의 의사난수를 생성한다. 구간 [0, 2] 내에 존재하는 점들의 개수에 대한 분포가 기댓값이 5인 포아송 분포와 유사함을 확인해 보도록 한다.

5.3.5 정규확률변수

정규확률변수 X는 아래와 같이 정의된 확률밀도함수를 가진다.

$$f(x) = \frac{1}{\sigma\sqrt{2\pi}} e^{-\frac{(x-\mu)^2}{2\sigma^2}}$$

여기에서 μ는 X의 기댓값이고, σ^2는 X의 분산이다. 표준정규확률변수는 평균 $\mu = 0$와 표준편차 $\sigma = 1$을 가진다.

정규밀도함수 (normal density function)는 dnorm() 함수를 이용하여 계산할 수 있고, 분포함수는 pnorm()를 사용하여 구할 수 있다. 정규분포의 분위수는 qnorm()를 사용하여 얻을 수 있다. 예를 들어 평균이 2.7이고 표준편차가 3.3인 정규분포에서 95%에 대응하는 분위수는 다음과 같이 구한다.

```
> qnorm(0.95, mean = 2.7, sd = 3.3)
[1] 8.128017
```

R에서는 rnorm() 함수를 이용하여 정규분포를 따르는 의사난수를 생성할 수 있다.

구문

```
rnorm(n, mean, sd)
```

이것은 평균 mean과 표준편차 sd를 모수로 가지는 정규분포로부터 n개의 의사난수를 발생시키는 것이다.

예제 5.13

평균이 −3이고 표준편차가 0.5인 정규분포를 따르는 10개의 독립적인 의사난수들은 아래에 보이는 것과 같이 생성시킬 수 있다.

```
> rnorm(10, -3, 0.5)
[1] -3.520803 -3.130006 -2.682143 -2.330936 -3.158297 -3.293808
[7] -3.171530 -2.815075 -2.783860 -2.899138
```

특정한 조건부 확률분포 (conditional distribution)를 따르는 난수들은 먼저 비조건부 확률분포 (unconditional distribution)부터 난수를 생성한 뒤 주어진 조건을 만족하지 않는 난수들을 제거함으로써 얻을 수 있다.

예제 5.14

표준정규분포를 따르는 확률변수 x가 가지는 값들 중 $0 < x < 3$에 해당하는 값들만을 생성하고자 한다. 이것은 정규분포가 가질 수 있는 모든 범위의 난수들을 먼저 생성한 뒤 이들 중에서 0과 3 사이에 있는 값들만을 수락함으로써 얻어지게 된다.

이러한 변량들은 아래와 같은 방법으로 구현해 볼 수 있다.

```
> x <- rnorm(100000)              # 표준정규분포로부터 x를 생성한다.
> x<- x[(0 < x) & (x < 3)]        #(0,3) 범위 밖의 x는 제거한다.
> hist(x, probability=TRUE)       # 생성된 값들을 확인해 본다.
```

그림 5.1 은 히스토그램이 구간 (0, 3)에서 재조정된 정규밀도를 어떻게 따르는지를 보여준다.

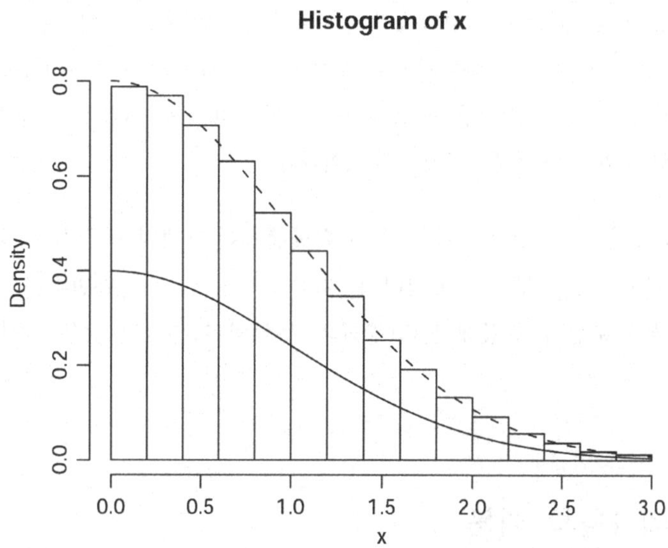

[그림 5.1] 표준정규확률밀도(실선)로부터 얻어진 난수들을 이용하여 생성한 히스토그램과 재조정된 확률밀도(점선)

연습문제

01. 평균이 51이고 표준편차가 5.2인 정규확률변수가 가질 수 있는 100개의 값들을 생성해 본다. 생성된 표본들의 평균과 표준편차를 추정해 보고, 이 추정치들을 이론적인 값과 비교해 본다.

02. 표준정규확률변수 Z가 가질 수 있는 1000개의 값들을 생성하여 다음을 구해 본다.

(a) $P(Z > 2.5)$

(b) $P(0 < Z < 1.645)$

(c) $P(1.2 < Z < 1.45)$

(d) $P(-1.2 < Z < 1.3)$.

이론적인 값들과도 비교해 본다.

03. 평균이 3이고 분산이 16인 정규확률변수 X가 $|X| > 2$를 만족하는 조건부분포를 모의실험해 보도록 한다.

04. 자유도 (degree of freedom)가 1인 χ^2 확률변수가 따르는 확률분포는 표준정규확률변수의 제곱이 가지는 확률분포와 동일하다는 사실을 이용하여 100개의 χ^2 확률변수가 가질 수 있는 값들을 생성해 보고, 이들의 평균과 분산을 추정해 본다(평균과 분산의 이론적인 값은 각각 1과 2이다).

05. 자유도가 n인 χ^2 확률변수가 따르는 확률분포는 n개의 독립적인 정규확률변수들의 합이 가지는 확률분포와 동일하다. 자유도가 8인 χ^2 확률변수를 생성해 보고 이들의 평균과 분산을 추정해 본다(평균과 분산의 이론적인 값은 각각 8과 16이다).

5.4 몬테카를로 적분

구간 $[a, b]$에서 적분 가능한 임의의 함수 $g(x)$를 고려해 보도록 한다.

$$\int_a^b g(x)\mathrm{d}x$$

이 적분값은 $a < x < b$와 y가 0과 $g(x)$ 사이에 놓인 지역의 면적을 의미한다(음의 값을 가지는 경우는 음의 방향을 가진 면적을 설명한다).

몬테카를로 적분 (Monte Carlo integration)은 이와 같은 종류의 적분의 근삿값을 얻기 위하여 모의실험을 이용한다. 이것은 대수의 법칙에 기초를 두고 있다. 이 법칙은 임의표본의 크기가 커질수록 표본의 평균이 표본을 얻은 모집단 분포의 기댓값에 가까워진다는 것을 의미한다. 만약 적분을 기댓값에 관하여 나타낼 수 있다면 표본평균을 이용하여 적분값을 근사할 수 있게 된다.

예를 들어 $U_1, U_2, \ldots, U_n$를 구간 $[a, b]$에 있는 독립적인 균등확률변수라고 가정한다. 이것들은 해당구간에서 밀도함수 $f(u) = 1/(b-a)$를 가진다.

$$E[g(U_i)] = \int_a^b g(u)\frac{1}{b-a}\mathrm{d}u$$

따라서 원래의 적분 $\int_a^b g(x)\mathrm{d}x$은 $g(U_i)$의 표본평균과 $b-a$의 곱으로 근사될 수 있다.

예제 5.15

적분 $\int_0^1 x^4 \mathrm{d}x$의 값을 근사하기 위하여 아래의 코드를 사용해 본다.

```
> u <- runif(100000)
> mean(u^4)
[1] 0.2005908
```

실제 적분값 0.2와 비교해 보면 이러한 근사방법의 사용을 통하여 적분값을 비교적 정확하고 쉽게 계산할 수 있음을 알 수 있다.

예제 5.16

적분 $\int_2^5 \sin(x)\mathrm{d}x$의 값을 근사하기 위하여 아래의 코드를 사용해 본다.

```
> u <-runif(100000, min = 2, max = 5)
> mean(sin(u))*(5-2)
[1] -0.6851379
```

실제 적분값은 -0.700이다.

다중 적분

이제 구간 $[0,1]$ 내에 정의된 또 다른 독립적인 균등확률변수 $V_1, V_2, \ldots, V_n$이 있으며, 함수 $g(x, y)$는 두 변수 x와 y로 이루어진 적분 가능한 함수라고 가정한다. 대수의 법칙에 따르면 다음의 식은 반드시 (1의 확률로) 성립한다.

$$\lim_{n\to\infty}\sum_{i=1}^{n} g(U_i, V_i)/n = \int_0^1\int_0^1 g(x,y)\mathrm{d}x\mathrm{d}y,$$

적분 $\int_0^1\int_0^1 g(x,y)\mathrm{d}x\mathrm{d}y$의 값은 독립적인 균등확률 변량 u_i와 v_i를 각각 생성하고, 생성된 변량을 이용하여 $g(U_i, V_i)$를 평가한 뒤, 이 계산된 값들의 평균을 구함으로써 근사될 수 있다.

예제 5.17

적분 $\int_3^{10}\int_1^7 \sin(x-y)\mathrm{d}x\mathrm{d}y$의 값을 근사하기 위하여 다음을 이용해 본다.

```
> U <-runif(100000, min = 1, max = 7)
> V <-runif(100000, min = 3, max = 10)
> mean(sin(U -V))*42
 [1] 0.07989664
```

여기에서 $42=(7-1)(10-3)$는 U와 V의 결합밀도 (joint density) 함수 $f(u,v)=1/42$로부터 나온 것이다.

균등확률분포만이 몬테카를로 적분에 사용될 수 있는 밀도함수는 아니다. 만약 X의 밀도함수가 $f(x)$라면 $E[g(X)/f(X)]=\int [g(x)/f(x)]f(x)\mathrm{d}x=\int g(x)\mathrm{d}x$이므로 $g(X)/f(X)$의 표본평균을 이용하여 $\int g(x)\mathrm{d}x$의 근삿값을 구할 수 있다.

예제 5.18

적분 $\int_1^\infty \exp(-x^2)\mathrm{d}x$의 값을 근사하기 위하여 이 값을 $\int_1^\infty \exp[-(x+1)^2]\mathrm{d}x$와 같이 표현해 보고, 지수확률분포를 따르는 X를 이용해 보도록 한다.

```
> X <- rexp(100000)
> mean( exp( -(X + 1)^2 ) / dexp(X) )
[1] 0.140112
```

이 적분의 실제값은 0.1394이다.

몬테카를로 적분이 항상 답을 주는 것은 아니다. 때때로 비율 $g(X)/f(X)$의 변동이 심하기 때문에 표본평균이 수렴하지 않을 때도 있다. $f(x)$를 선택할 때는 비율 $g(x)/f(x)$의 값이 되도록이면 거의 변하지 않는 것이 좋으며, 비율 $g(x)/f(x)$이 임의적으로 커질 수 있는 경우를 피해야 한다.

연습문제

01. 몬테카를로 적분을 이용하여 다음의 적분값을 추정해 보도록 한다. 만약 정확한 실제값을 알고 있다면 추정된 값과 비교해 본다.

$$\int_0^1 x\,dx \quad \int_1^3 x^2 dx \quad \int_0^{\pi} \sin(x) dx \quad \int_0^{\pi} e^x dx \quad \int_0^{\infty} e^{-x} dx$$

$$\int_0^{\infty} e^{-x^3} dx \quad \int_0^3 \sin(e^x) dx \quad \int_0^1 \frac{1}{\sqrt{2\pi}} e^{-x^2/2} dx$$

$$\int_0^2 \frac{1}{\sqrt{2\pi}} e^{-x^2/2} dx \quad \int_0^3 \frac{1}{\sqrt{2\pi}} e^{-x^2/2} dx$$

02. 몬테카를로 적분을 이용하여 다음 2차원 다중적분값들을 추정해 보도록 한다.

$$\int_0^1 \int_0^1 \cos(x-y) dx dy \quad \int_0^1 \int_0^1 e^{-(y+x)^2} (x+y)^2 dx dy$$

$$\int_0^3 \int_0^1 \cos(x-y) dx dy \quad \int_0^5 \int_0^2 e^{-(y+x)^2} (x+y)^2 dx dy$$

5.5 고급 시뮬레이션 방법들

지금까지 다룬 모의실험 방법들은 특정한 유형의 확률밀도 또는 분포들에만 적용되었다. 다양한 종류의 분포들로부터 의사난수 표본들을 얻기 위하여 일반적인 모의실험 방법들이 사용될 수 있다.

예제 5.19

(n, p)를 모수로 가지는 이항확률변수 X를 생각해 본다. n의 값은 정확히 알고 있으나 p의 값은 0.7 근처라고만 알고 있다고 가정한다. 자료의 값 $X=x$가 주어졌을 때, p의 값을 추정하고자 한다.

p에 대한 최대우도 추정량 (maximum likelihood estimator)는 $\hat{p}=\frac{x}{n}$로 알려져 있다. 그러나 이것은 p가 정말로 0.7에 가깝다는 사전지식이 반영되지 않았다.

만약 우리가 가진 사전지식을 밀도함수의 형식으로 $p \sim N(0.7, \sigma = 0.1)$와 같이 표현할 수 있다면, 베이지 이론 (Bayes' theorem)을 이용하여 $X = x$가 주어졌을 때 p의 조건부 밀도를 계산할 수 있다.

$$f(p|X = x) \propto \exp\left(\frac{-(p-0.7)^2}{2(0.1)^2}\right)p^x(1-p)^{n-x},\ 0 < p < 1.$$

모든 가능한 x에 대한 표준밀도의 합이 1이 되도록 하는 상수를 찾는 것은 어려운 일이다. 그러나 몬테카를로 적분과 같은 수치적 근사법 (numerical approximation)을 이용해 볼 수 있다.

이 절의 목적은 위에서 설명한 예제와 같이 어떤 주어진 밀도함수로부터 의사난수표본들을 생성하기 위하여 이용할 수 있는 모의실험 방법들에 대해서 설명하는 것이다. 일반적으로는 다음의 두 가지 방법들이 있다.

- 기각표본법
- 주표본법

5.5.1 기각표본법

기각표본법 (rejection sampling)의 기본원리는 5.3.5절에서 조건부 분포로부터 표본을 얻기 위하여 이미 사용한 바 있다. 이것은 표본을 얻기 편리한 분포 (convenient distribution)로부터 표본을 먼저 생성하고 원하고자 하는 분포 (target distribution)를 만족하는 표본만을 선택하는 것이다. 여기에서는 단변량 (univariate) 밀도함수 또는 주어진 확률밀도함수 $g(x)$로부터 무작위표본을 생성하기 위하여 기각표본법을 어떻게 사용하는지 다음의 두 예제를 통하여 알아보겠다.

첫 번째 예제에서는 기각표본법의 가장 단순한 사용법을 보여 준다.

예제 5.20

아래와 같이 주어진 삼각밀도함수 (triangular density function)로부터 의사난수 변량을 생성해 보도록 한다.

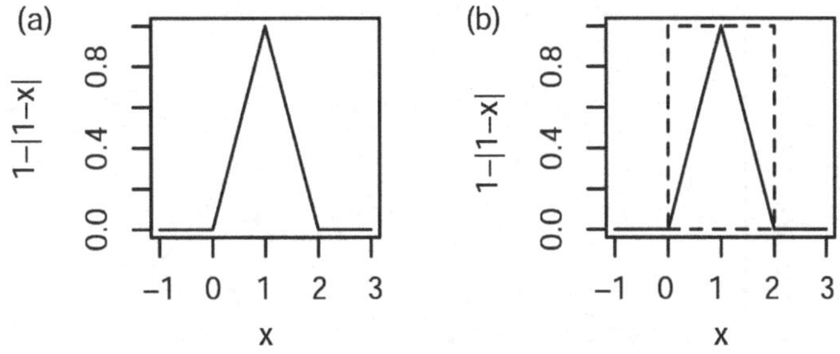

[그림 5.2] 구간 (0, 2) 위의 삼각밀도함수의 그래프와 직사각형(점선 표시).

$$g(x) = \begin{cases} 1 - |1 - x|, & 0 \leq x < 2 \\ 0, & \text{그 밖에} \end{cases}$$

이 삼각밀도함수의 그래프는 그림 5.2의 왼쪽 패널에 보이는 것과 같다. 만약 삼각밀도함수의 아래 부분인 삼각형 내부로부터 균등하게 점들을 얻을 수 있다면 x의 좌표들은 밀도 $g(x)$를 따르게 될 것이다. 이 그림의 오른쪽 패널은 영이 아닌 밀도를 가진 그래프가 높이가 1이고 너비가 2인 직사각형에 충분히 포함되고 있다는 것을 보여 주고 있다. 만약 이 사각형 안에서 점들이 균등하게 분포되어 있다면 삼각밀도함수 아래 부분의 삼각형 내부에 있는 점들도 균등하게 분포되어 있을 것이다. 따라서 주어진 삼각형 밀도함수로부터 무작위 표본을 뽑는 방법은 다음과 같다.

1. 직사각형 내부에 균등하게 분포된 하나의 점 (U_1, U_2)을 생성한다.
2. 만약 (U_1, U_2)이 삼각형 내부에 위치한다면 U_1을 의사난수 변량으로 받아들이고 그렇지 않다면 기각한 뒤 단계 1로 돌아간다.

삼각밀도의 아래 부분의 영역은 직사각형 넓이의 반을 차지하기 때문에 삼각분포를 만족하는 모든 점들을 생성하기 위해서는 대략 두 배에 해당하는 균등점들을 직사각형으로부터 생성해야 함을 알 수 있다.

이를 벡터화된 형식으로 표현하면 다음과 같다.

```
> U1 <- runif(100000, max=2)
> U2 <- runif(100000)
> X <- U1[U2 < (1 - abs(1 - U1))]
```

벡터 X는 삼각분포로부터 생성된 대략 50 000개의 표본들을 포함하고 있다.

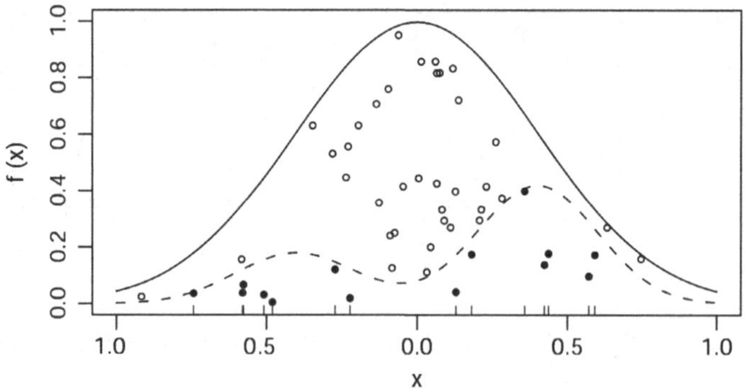

[그림 5.3] 밀도함수 $f(x)$와 $kg(x)$는 실선과 점선으로 구분. $f(x)$ 아래 균등하게 분포된 점들 중 $kg(x)$의 위의 점(열린 점표시)들은 기각되는 반면 아래의 점(닫힌 점표시)들은 채택된다. X축 눈금위의 표시들은 수락된 표본 X의 값이다.

다소 넓은 영역(아마도 무한대)에서 영이 아닌 값들을 가지는 밀도함수 $g(x)$로부터 표본을 얻으면서도 계산적 효율성 (computational efficiency)을 향상시키기 위해서는 보다 일반화된 기각표본법을 고려해야 한다. 이를 위해서는 먼저 상수 k를 정하고, 표본을 추출하기 쉬운 밀도함수 $f(x)$를 찾은 뒤, 모든 x에 대해서 $kg(x) \le f(x)$를 만족하는지 확인해야 한다.

그런 뒤 $f(x)$의 아래쪽 부분으로부터 추출된 점들의 부분집합을 취함으로써 $kg(x)$보다 낮은 부분으로부터 점들을 균등하게 뽑게 된다(그림 5.3 참조).

```
repeat {
   draw X ~ f(X) , U ~ unif(0,1)
   if U * f(X) < kg(X)
       break
}
output X
```

예제 5.21

$x \ge 0$의 범위에 정의된 주어진 밀도함수 $g(x) = Ce^{-x^{1.5}}$으로부터 표본을 얻어보도록 한다. 상수 C는 이 밀도함수에 대하여 알려지지 않은 정규화상수 (normalizing constant)이다. C의 값을 모르더라도, $0.5e^{-x^{1.5}} \le e^{-x}$이기 때문에 $k = 0.5/C$로 정하여 기각표본법을 사용할 수 있다.

```
> kg <- function(x) 0.5 * exp( - (x^1.5))
```

```
> X <- rexp(100000)
> U <- runif(100000)
>                                   # Uf(X) < kg(X)를 만족하는
> X <- X[ U*dexp(X) < kg(X) ] # X만을 채택한다.
```

이제 벡터 X는 우리가 원하는 밀도함수로부터 얻어진 무작위수들을 가지게 된다. 이 값들의 히스토그램을 생성해 볼 수 있다.

```
> hist(X, freq = FALSE, breaks="Scott")
```

이론적인 밀도함수와 비교하기 위하여 상대도수 (relative frequency)를 나타내는 히스토그램을 이용하였다. 문제는 $g(x)$를 확률밀도함수로 만들기 위한 정규화상수 C를 모른다는 것이다. 그러나 몬테카를로 적분을 이용하여 이를 찾을 수 있다. 혹은 더 간단하게 추출된 표본의 비율 k를 채택하여 사용할 수도 있다.

```
> k <- length(X) / 100000
> g <- function(x) kg(x) / k
> curve(g, from=0, to=max(X), add=TRUE)
> fbyk <- function(x) dexp(x) / k
> curve(fbyk, from=0, to=max(X), add=TRUE, lty=2)
```

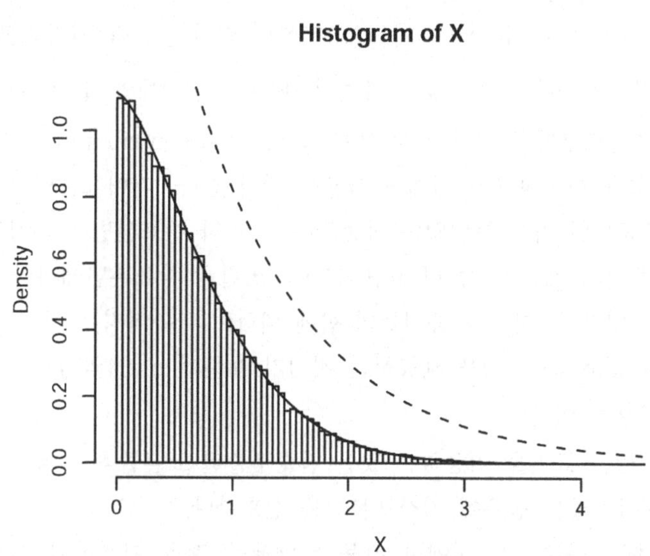

[그림 5.4] $g(x) = Ce^{-x^{1.5}}$으로부터 얻은 표본의 히스토그램. 근사밀도함수 $g(x)$는 실선으로 $f(x)/k$은 점선으로 표시되었다.

그림 5.4는 생성된 그래프를 보여 준다.

5.5.2 주표본법

가중평균 (weighted average)은 가중된 개별 표본들의 평균을 의미한다. 다시 말해서 일반적인 표본평균 공식 (sample average formula) $\bar{x}=(1/n)\Sigma_{i=1}^{n}x_i$ 대신에 개별가중치 $w_1,\dots,w_n$를 이용하는 가중평균공식 $\bar{x}_w=\Sigma_{i=1}^{n}w_ix_i/\Sigma_{i=1}^{n}w_i$을 이용하게 된다. 일반적인 표본평균은 모든 가중치가 동일한 경우라고 할 수 있다.

주표본법 (importance sampling)은 표본과 가중치를 모두 무작위로 생성하는 기법인데, 이들의 가중평균은 우리가 원하는 목적밀도함수 (target density function) $g(x)$의 기댓값으로 근사된다. 이를 설명하기 위하여 기각표본법과 마찬가지로 다소 표본을 얻기 쉬운 밀도함수 $f(x)$를 사용하도록 한다.

1. 표본을 얻기 쉬우며 어떻게 표본을 얻는지도 알고 있는 밀도함수 $f(x)$를 선택한다.
2. $f(x)$로부터 표본 $(x_1,\dots,x_n)$을 얻다.
3. 가중치 $w_i=g(x_i)/f(x_i)$를 계산한다.

이제 w_i에 의하여 가중된 $h(x_i)$의 평균을 이용하여 $X\sim g(x)$을 따르는 함수 $h(X)$의 기댓값을 근사할 수 있다.

이러한 방법이 작동하는 이유는 w_i가 $g(x)$로부터 얻어진 x_i를 기각표본법으로 채택하는 확률에 비례하기 때문이다. 주어진 x_i에 대하여 가중평균 공식에의 기여도 $w_ih(x_i)/\Sigma_{i=1}^{n}w_i$는 정확하게 이 추출로부터 얻어진 기대기여도 (expected contribution)이다. 이것은 마치 우리가 기각표본법을 표본평균에 대해서 사용한 것과 같다. 기대표본법이 작동하는 것을 알았기 때문에 주표본법 역시 틀림없이 작동한다. 그러나 주표본법은 기각된 표본들에 대한 정보를 버리지 않기 때문에 좀 더 효율적이다. 또한 기각표본법에서와 같이 상수 k를 찾아야 할 필요도 없다. 게다가 가중치들의 합에 의하여 나누어지는 것 자체가 적절한 정규화과정 (appropriate scaling)을 제공하는 것이기 때문에 $g(x_i)$와 $f(x_i)$ 모두 정규화된 밀도함수가 될 필요가 없다.

반면 가중치가 있는 표본을 이용하는 것은 단순추출된 표본들을 이용하는 것에 비하여 다소 어렵기 때문에, 많은 경우에 기각표본법을 선호한다.

이러한 문제들에 대하여 앞 절에서 사용한 예제를 계속 이용하여 살펴보도록 한다. `weighted.mean` 함수를 이용하여 앞 절에서 사용한 밀도함수 $g(x)$의 평균과 분산을 근사해 보도록 하겠다.

```
> X <- rexp(100000)
> W <- g(X)/dexp(X)
> mean <- weighted.mean(X, W)
> mean
[1] 0.6579574
> weighted.mean((X - mean)^2, W) # The variance as E[ (X - Xbar)^2 ]
[1] 0.3036045
```

연습문제

01. runif()와 기각표본법을 이용하여 구간 [−4, 4]에서 표준정규분포를 따르는 무작위 표본을 얻는 함수를 작성해 보도록 한다. 모든 실수 (entire real line)로부터 표준정규분포를 따르는 무작위 표본을 얻을 수 있도록 이 함수를 변경할 수 있는가?

02. 다음의 함수는 정규분포를 따르는 무작위 표본을 돌려준다.

```
> rannorm <- function(n, mean = 0, sd = 1){
+     singlenumber <- function() {
+         repeat{
+             U <- runif(1)
+             U2 <- sign(runif(1, min = -1)) # value is +1 or -1
+             Y <- rexp(1)*U2 # Y is a double exponential r.v.
+             if (U < dnorm(Y) / exp(-abs(Y))) break
+         }
+         return(Y)
+     }
+     replicate(n, singlenumber())*sd + mean
+ }
```

(a) 위의 함수를 이용하여 평균이 8이고 표준편차가 2인 정규분포를 따르는 10 000개의 표본을 생성해 보도록 한다.

(b) 이 생성기의 정확도를 확인하기 위하여 QQ 플롯을 생성해 본다.

(c) curve() 함수를 이용하여 구간 [0, 4]에 놓인 표준정규밀도함수의 그래프를 그려보도록 한다. 기각표본법을 올바르게 구현했는지를 확인해 보기 위하여 동일한 구간 위에 놓인 지수확률밀도함수를 겹쳐 그리기 위해서 add = TRUE를 사용하도록 한다.

03. 0, 1, 2, 3, 4, 5의 각각의 값들에 대응하는 확률 0.2, 0.3, 0.1, 0.15, 0.05, 0.2를 가지는 이산형 분포로부터 표본을 얻기 위한 다음의 두 가지 방법을 살펴본다. 첫 번째 방법은 역변환법이다.

```
> probs <- c(0.2, 0.3, 0.1, 0.15, 0.05, 0.2)
> randiscrete1 <- function(n, probs) {
+     cumprobs <- cumsum(probs)
+     singlenumber <- function() {
+        x <- runif(1)
+        N <- sum(x > cumprobs)
+        N
+    }
+    replicate(n, singlenumber())
+ }
```

두 번째 방법은 기각표본법이다.

```
> randiscrete2 <- function(n, probs) {
+      singlenumber <- function() {
+          repeat{
+                 U <- runif(2, min=c(-0.5, 0), max=c(length(probs)
-0.5,
+                          max(probs)))
+               if (U[2] < probs[round(U[1]) + 1]) break
+          }
+         return(round(U[1]))
+      }
+      replicate(n, singlenumber())
+ }
```

$n = 100$, 1000, 10 000을 이용하여 두 함수를 모두 실행해 본다. system.time()

를 이용하여 어떤 방법이 더 빠른지 확인해 본다.

04. 위의 연습문제를 다시 반복하는데, 이번에는 아래와 같이 각 정수 $\{0, 1, 2, \ldots, 99\}$에 정의된 확률값을 가지는 확률분포를 이용하도록 한다.

```
> set.seed(91626)
> probs <- runif(100)
> probs <- probs / sum(probs)
```

이러한 이산형 분포에 대해서 어느 경우에 기각표본법이 역변환법에 비하여 선호되는가?

05. 주표본법을 이용하여 (m, p)를 모수로 가지는 이항확률분포로부터 얻어진 표본들의 가중평균을 구하는 함수를 작성해 본다. 이 가중평균의 값을 이론적인 평균과 비교해 보도록 한다.

5장 연습문제

01 Ann과 Bob의 탁구게임을 모의실험하는 함수를 작성해 본다(먼저 21점에 도달하는 사람이 게임에서 이긴다고 가정한다).

(a) 각 선수가 성공적으로 공을 맞출 확률을 각각 p_{Ann}와 p_{Bob}이라고 가정한다. 이 성공에 대한 확률값들을 다양하게 변화시켜 가면서 Ann이 이길 확률을 찾아보도록 한다.

(b) 서브하는 능력, 스매쉬의 능력, 그리고 볼의 회전과 같은 추가적인 변수들을 추가해 보도록 한다. 다양한 상상력을 발휘해 본다.

02 다음은 전염병 연구에 사용된 모델[5]이다. N명의 사람들이 있는데, 이들 중 일부는 인플루엔자 때문에 아픈 사람들이다. 감염과정을 설명하고자 다음과 같은 가정들을 만들어졌다.

- 아픈 사람이 아프지 않은 사람을 만났을 때, 나중에 감염될 가능성은 α이다.
- 모든 만남은 두 사람으로만 이루어진다.
- 모든 사람이 짝으로 만날 가능성은 같다.
- 그런 만남은 모든 시간 단위별로 한번만 이루어진다.

(a) N (예를 들면 10 000)와 α (예를 들면 0.001과 0.1 사이)의 값을 다양하게 바꾸어 가면서 이 모델을 모의실험하는 함수를 작성해 본다. 최초에 1명이 감염되어 있다고 가정한 뒤 감염되어가는 과정의 기록을 관찰해 본다.

(b) 초기에 오로지 한 명만 감염되어 있다고 가정한다면 1000명이 감염될 때까지 걸리는 평균시간은 얼마나 되는가?

(c) 지금 감염자들은 0.01의 가능성으로 각 시간 단위별로 회복될 수 있다는 가정을 추가해 본다. 이 새로운 가정의 추가로 인하여 감염되어 가는 과정에 관한 여러 가지 기록들을 관찰한 뒤 이전의 감염과정과 비교해 본다.

(d) 다음 사람과 만나게 되는 평균시간이 5분인 지수확률변수이라고 가정을 하고, 위의 감염과정을 다시 해 보도록 한다.

---

5) Chung, K.L. (1979) *Elementary Probability Theory with Stochastic Processes. New York: Springer*으로부터 인용함.

(e) 다음 사람과 만나게 되는 평균시간이 5분이고 표준편차가 1분인 정규확률변수의 절댓값이라고 가정을 한 뒤, 위의 감염과정을 다시 해 보도록 한다.

03 자동차보험 청구에 대한 다음의 간단한 모델을 모의실험해 보도록 한다.

- 청구는 연간 100의 비율을 가진 포아송 프로세스에 의하여 이루어진다.
- 각 청구에 대한 금액은 모양과 비율 모수가 모두 2인 감마분포 (gamma distribution)를 따르는 무작위적인 크기를 가진다. 이 분포의 평균은 1이고 분산은 1/2이다. 청구가 이루어지자마자 보험회사는 가능한 빨리 청구된 보험금을 지불해야 한다.
- 보험회사는 연간 105의 비율로 보험료를 벌며 1년 균등히 보험료를 받게 된다(즉, 어떤 해에 측정된 t시간까지 받게 된 전체 보험료는 $105t$이다). 다음을 수행하는 R 코드를 작성해 본다.

(a) 1년에 발생하는 모든 청구들의 시간과 금액을 모의실험해 보도록 한다. 0에서부터 시작하여 보험회사가 1년 내에 벌게 되는 금액은 얼마가 되는지 그래프를 그려 보도록 한다. 이것은 시간이 흘러감에 따라 보험료 수익과 함께 매끄럽고 잔잔하게 증가하다가 청구가 이루어지게 될 때마다 감소가 발생하는 추세를 보여준다.

(b) 이 모의실험을 1000회 반복하고, 다음에 양에 대하여 추정해 보도록 한다.

(i) 보험회사가 가지게 되는 최소금액의 기댓값은 얼마인가?

(ii) 최종적으로 보험회사가 가지게 될 금액에 대한 기댓값은 얼마인가?

04 $0 < x < 2\pi$ 위에 주어진 함수 $f(x) = (\sin x)^2$를 고려해 본다.

(a) 이 함수의 그래프를 그려 보라.

(b) 구간 $0 < x < 2\pi$ 상에 있는 $f(x)$ 아래의 면적을 몬테카를로 적분을 이용하여 구해 보고, 이 면적에 대한 95% 신뢰구간을 찾아본다.

(c) 삼각함수 또는 미적분를 이용하여 이 면적의 정확한 실제값을 찾아본다. 신뢰구간이 실제값을 포함하고 있는가?

(d) $0 < x < 2\pi$에 있는 밀도함수 $f(x)/k$로부터 무작위수를 생성하는 `rsin2`라는 이름의 함수를 작성해 본다. k는 위에서 구한 면적이다. 이 함수는 반드시 한 개의 인자를 입력받아야 하는데, 이 입력인자는 필요한 표본의 개수를 의미한다. 즉,

`rsin2(10)`는 이 분포로부터 10개의 표본벡터를 생성한다. 기각표본법을 사용하여 이 표본을 생성해 본다. 1000개의 표본을 이용하여 히스토그램을 생성해 본다.

(e) 작성한 함수를 이용하여 1 000 000개의 표본을 뽑은 뒤 평균에 대한 95% 신뢰구간을 계산해 본다. (평균의 실제값은 π이며 대칭분포이어야 한다. 위에서 계산한 신뢰구간이 실제값을 포함하고 있는가?)

제6장 전산 선형대수학

선형대수학 (linear algebra)은 벡터공간 (vector spaces)과 이 공간상의 선형연산 (linear operations)을 다루는 것이다. 수학에서는 일반적으로 숫자들을 열방향 벡터 (column vectors)를 이용하여 나타내며, 행렬 (matrices)과 같은 선형연산을 이용한다. 벡터에 선형연산을 적용하는 것은 행렬에 의한 열벡터의 곱셈이 되며, 이러한 연산들의 조합이 행렬의 곱셈이 된다.

선형대수학의 중요한 응용예제 중 하나는 선형방정식의 해를 찾는 것이다. 예를 들어 다음의 시스템을 살펴보도록 한다.

$$\begin{aligned} 3x_1 - 4x_2 &= 6 \\ x_1 + 2x_2 &= -3 \end{aligned}$$

이 시스템은 다음과 같이 행렬을 이용하여 나타낼 수 있다.

$$Ax = b$$

여기에서 A, b, 그리고 x는 다음과 같이 정의된다.

$$A = \begin{bmatrix} 3 & -4 \\ 1 & 2 \end{bmatrix},\ x = \begin{bmatrix} x_1 \\ x_2 \end{bmatrix},\ b = \begin{bmatrix} 6 \\ -3 \end{bmatrix},$$

그리고 이 행렬식을 x에 관하여 풀게 되면 이 시스템의 해를 얻을 수 있다.

$$x = A^{-1}b = \begin{bmatrix} 0.2 & 0.4 \\ -0.1 & 0.3 \end{bmatrix} \begin{bmatrix} 6 \\ -3 \end{bmatrix} = \begin{bmatrix} 0 \\ -1.5 \end{bmatrix}.$$

선형대수학은 선형회귀분석 (linear regression), 평활화 (smoothing), 모의실험 (simulation), 그리고 그 밖의 다양한 통계학 응용분야에서 많이 사용되고 있다. 이 책에서는 이러한 응용사례의 일부만을 다룰 것이고, 그 외는 이 책의 범주를 벗어나게 된다.

계산적 측면에서 볼 때 선형대수학과 관련한 많은 주제들이 선형방정식계 (systems of linear equations)의 해를 어떻게 효율적이고 정확하게 구하는가의 문제로 귀결한다. 정확도 (accuracy)를 평가하기 위하여 행렬의 성질을 이해해야 할 필요가 있다. 이것을 이해하는 것은 매우 중요하다. 효율성 (efficiency)을 엄밀한 수학적인 관점으로 문제를 보기보다는 다른 방식으로 구성하는 것을 의미하기 때문이다. 아래에서 보게 되겠지만, 예를 든다면 $Ax = b$의 해를 찾기 위하여 $x = A^{-1}b$와 같은 수학적 방법을 이용하지 않는다. 이것은 계산적 측면에서는 부정확하고 비효율적이기 때문이다.

이 장에서는 이러한 문제에 접근하는 여러 가지 방법들을 R 코드를 이용하여 소개할 것이다. R은 선형대수학 계산을 위하여 *LINPACK*[1]과 *LAPACK*[2] 라이브러리에 있는 루틴 (routine)들을 이용한다. 이들은 매우 잘 검증되어 있고 신뢰할 만한 라이브러리들이기 때문에 R은 계산 선형대수학을 위한 훌륭한 플랫폼이라고 할 수 있다. 그러나 모든 수치계산들이 그러하듯 신뢰할 만한 결과를 얻기 위해서는 이러한 계산이 어떻게 이루어지는가를 이해하는 것이 우선되어야 한다.

6.1 R에서의 벡터와 행렬

R에서 숫자형 벡터 (vector)와 행렬 (matrix) 객체들은 수학에서 사용하는 벡터와 행렬과 매우 유사하다 (R은 벡터와 행렬 이외에도 다른 종류의 데이터를 허용하지만 여기에서는 중요하게 다루지 않을 것이다). R은 일반적으로 열벡터 (column vector)와 행벡터 (row vector)를 따로 구분하여 사용하지 않지만, 행렬을 다루면서 열과 행의 구분이 중요한 경우 이들을 구분하여 사용할 수 있다.

R에서 숫자형 행렬은 직사각형 모양의 배열 위에 숫자들을 나열한 것과 같이 출력되어 보이지만 내부적으로는 벡터의 형태로서 차원에 관한 속성과 함께 저장된다. 계산적인 선형대수학만이 관심의 대상이기 때문에 내부저장방식에 대해서는 특별한 설명을 하지 않는다.

6.1.1 행렬 객체의 만들기

행렬은 `matrix()`, `cbind()` 또는 `rbind()` 함수를 이용하여 생성할 수 있다.

구문

```
matrix(data, nrow, ncol)       # data 는 nrow*ncol 개의 구성 요소를 가지는 벡터이다.
cbind(d1, d2, ..., dm)         # 각각의 d1, ..., dm 은 열벡터이다.
```

1) Dongarra, J. J., Bunch, J. R., Moler, C. B. and Stewart, G. W. (1978) *LINPACK Users Guide*. Philadelphia: SIAM Publications.
2) Anderson, *E. et al.* (1999) *LAPACK Users' Guide*, 3rd edition. Philadelphia: SIAM. Available on-line at http://www.netlib.org/lapack/lug/lapack_lug.html.

```
rbind(d1, d2, ..., dn)          # 각각의 d1, ..., dn 는 행벡터이다.
```

예제 6.1

힐버트 행렬 (Hilbert matrix)은 생성이 쉬우면서도 놀라운 속성들을 가지고 있기 때문에 계산대수학에서 자주 이용되곤 한다.

```
> H3 <- matrix(c(1, 1/2, 1/3, 1/2, 1/3, 1/4, 1/3, 1/4, 1/5), nrow=3)
> H3
          [,1]      [,2]      [,3]
[1,] 1.0000000 0.5000000 0.3333333
[2,] 0.5000000 0.3333333 0.2500000
[3,] 0.3333333 0.2500000 0.2000000
```

여기에서 H3는 크기가 3×3이고 각 구성 요소 (i,j)는 $1/(i+j-1)$으로 정의된 힐버트의 행렬이다. data 인자는 9개의 구성 요소를 가지는 벡터를 가지고 있기 때문에 이 행렬을 생성하기 위해 ncol 인자를 따로 이용할 필요는 없다. 그 이유는 행렬을 정의하기 위하여 3개의 행이 존재한다면 반드시 3개의 열 또한 존재해야 하기 때문이다.

이 행렬은 또한 다음과 같이 열벡터들을 한데 묶음으로써 생성할 수도 있다.

```
> 1/cbind(seq(1, 3), seq(2, 4), seq(3, 5))
          [,1]      [,2]      [,3]
[1,] 1.0000000 0.5000000 0.3333333
[2,] 0.5000000 0.3333333 0.2500000
[3,] 0.3333333 0.2500000 0.2000000
```

이 예제의 경우 rbind()를 이용하여도 동일한 결과를 얻을 수 있는데 이는 대칭행렬이기 때문이다.

행렬은 반드시 행과 열의 수가 같을 필요는 없다.

예제 6.2

다음은 행렬이 아닌 간단한 예이다.

```
> matrix(seq(1, 12), nrow=3)
     [,1]   [,2]   [,3]   [,4]
[1,]   1      4      7     10
[2,]   2      5      8     11
[3,]   3      6      9     12
```

그리고

```
> x <- seq(1, 3)
> x2 <- x^2
> X <- cbind(x, x2)
> X
     x  x2
[1,] 1   1
[2,] 2   4
[3,] 3   9
```

위의 행렬 X는 다음과 같은 방법으로도 생성할 수 있다.

```
> X <- matrix(c(1, 2, 3, 1, 4, 9), ncol=2)
```

이 결과는 다르게 보일 수도 있다. 그 이유는 아직 행렬의 열에 어떠한 이름도 부여하지 않았기 때문이다.

연습문제

01. matrix(), seq() 그리고 rep() 함수를 이용하여 크기가 5×5인 항켈 (Hankel) 행렬을 생성해 보도록 한다.

$$A = \begin{bmatrix} 1 & 2 & 3 & 4 & 5 \\ 2 & 3 & 4 & 5 & 6 \\ 3 & 4 & 5 & 6 & 7 \\ 4 & 5 & 6 & 7 & 8 \\ 5 & 6 & 7 & 8 & 9 \end{bmatrix}.$$

코드를 변경하여 같은 패턴을 가지고 있으며 크기가 $n \times n$인 행렬을 생성하는 함수를 작성해 보도록 한다. 이 함수를 이용하여 크기가 각각 10×10이고 12×12인 항켈 행렬을 생성해 보도록 한다.

02. `rbind()`를 이용하여 벡터 [0.1 0.5 0.0 0.4], [0.2 0.3 0.5 0.0], [0.3 0.0 0.5 0.2] 그리고 [0.2 0.3 0.2 0.3]을 한데 쌓아 올린 크기가 4×4인 행렬을 생성해 본다. 이 결과를 `P`라는 객체에 할당하도록 한다.

03. `cbind()`를 이용하여 다음과 같은 크기가 7×3인 행렬을 생성하도록 한다.

$$W = \begin{bmatrix} 1 & 2 & 4 \\ 1 & 3 & 7 \\ 1 & 4 & 5 \\ 1 & 5 & 6 \\ 1 & 6 & 7 \\ 1 & 7 & 5 \\ 1 & 8 & 3 \end{bmatrix}.$$

6.1.2 행렬의 요소에 접근: 행과 열의 이름

행렬의 요소 (element)에 접근 (또는 인덱싱)하는 방법은 데이터 프레임의 요소에 접근하기 위하여 사용하는 동일하다. 즉, (i, j)로 나타내어지는 요소는 i번째 행과 j번째 열이 교차되는 위치에 있다는 것을 의미한다. 예를 들어 `X`의 (3, 2)의 위치에 있는 요소는 9이다. 다음과 같은 방법을 통하여 행렬의 요소에 접근할 수 있다.

```
> X[3, 2]
[1] 9
```

`X[i, ]`를 이용하여 i번째 행의 모든 요소들을 뽑아낼 수도 있다. 마찬가지로 `X[, j]`를 이용하여 j번째 열의 모든 요소들을 얻을 수 있다.

```
> X[3,]
  x x2
```

```
    3  9
> X[, 2]
[1] 1 4 9
```

이때 결과는 일반적으로 차원의 정보를 가지지 않는 벡터가 된다. 만약 이 결과를 행 또는 열벡터로서 구분하여 싶다면, 아래에 보이는 것과 같이 drop = FALSE를 함께 사용하도록 한다.

```
> X[3, , drop = FALSE]
     x  x2
[1,] 3   9
> X[, 2, drop = FALSE]
     x2
[1,]  1
[2,]  4
[3,]  9
```

X를 통하여 볼 수 있는 바와 같이 행렬의 행 그리고/또는 열에 개별적인 이름을 사용할 수 있다.

```
> colnames(X)
[1] "x" "x2"
```

아래에서 보이는 것과 같이 이 예제의 경우 행은 현재 아무런 이름을 가지고 있지 않다.

```
> rownames(X)
NULL
```

다음 같은 방법으로 이름을 부여할 수 있다.

```
> rownames(X) <- c("obs1", "obs2", "obs3")
> X
     x x2
obs1  1  1
obs2  2  4
obs3  3  9
```

R에서 행렬과 데이터를 저장하는 방법은 내부적으로 상당히 다르다. 행렬은 하나의 벡터와 연관된 차원속성을 함께 저장하는 반면, 데이터 프레임은 각 열들을 리스트로서 저장한다. 이러한 이유로 행렬에서는 추출함수 $는 작동하지 않는다.

```
> X$x
NULL
```

그러나 다음 예제에서 보이는 것처럼 열 또는 행의 이름을 이용하여 열 또는 행의 모든 성분들을 얻을 수 있다.

```
> X[, "x"]
obs1 obs2 obs3
   1    2    3
```

연습문제

01. 아래와 같이 확률행렬 (stochastic matrix)[3]을 생성해 보도록 한다.

```
        sunny  rainy
sunny     0.2    0.8
rainy     0.3    0.7
```

02. 아래와 같이 5명의 사람들에 대한 키 (height, 단위: cm)와 몸무게 (weight, 단위: kg)를 가진 두 벡터를 생성해 본다.

```
> height <- c(172, 168, 167, 175, 180)
> weight <- c(62, 64, 51, 71, 69)
```

이들을 한데 묶어 생성한 행렬을 다음과 같이 보이도록 수정해 본다.

```
       height  weight
Neil      172      62
Cindy     168      64
```

3) 확률행렬은 모든 성분들이 음이 아닌 값을 가지며 각 행을 구성하는 요소들의 합이 1이다. 이러한 종류의 확률행렬은 마르코브 체인(Markov chain)에서 전이확률(transition probabilities)을 설명할 때 사용되곤 한다. 이 예제에서는 이틀간에 걸친 날씨에 대하여 생각해 본다. 만약 오늘 날씨가 화창하다면 내일 날씨가 화창할 확률은 0.2이고, 오늘 비가 온다면 내일 날씨가 화창할 확률은 0.3이다.

```
Pardeep  167      51
Deepak   175      71
Hao      180      69
```

03. 이전의 연습문제를 참고하도록 한다. Pardeep의 키는 실제로는 162 cm이다. Hao의 키와 몸무게는 실제로 각각 181 cm와 68 kg이다. 이 정보에 맞추어 행렬을 수정해 보도록 한다.

6.1.3 행렬의 속성들

행렬의 차원이란 행의 개수와 열의 개수를 의미한다.

```
> dim(X)
[1] 3 2
```

크기가 2×2인 행렬 $\begin{bmatrix} a & b \\ c & d \end{bmatrix}$의 행렬식은 $ad-bc$이다. 차원이 높은 정방행렬의 경우 더욱 복잡한 계산이 요구된다. R에서는 다음과 같은 방법으로 `det()` 함수를 이용하여 행렬식을 구할 수 있다.

```
> det(H3)
[1] 0.000462963
```

`diag()` 함수를 이용하여 대각성분 (diagonal elements)을 찾을 수도 있다.

```
> diag(X)
[1] 1 4
> diag(H3)
[1] 1.0000000 0.3333333 0.2000000
```

대각성분들의 합으로 정의되는 궤적 (trace)을 계산하는 함수를 아래와 같이 직접 만들어 볼 수 있다.

```
> trace <- function(data) sum(diag(data))
```

이 함수를 예제 6.1과 6.2에서 생성한 행렬에 적용해 보면 다음과 같은 결과를 볼 수 있다.

```
> trace(X)
[1] 5
> trace(H3)
[1] 1.533333
```

또한 diag()를 함수는 아래의 예에서 볼 수 있는 것처럼 주어진 행렬의 대각원소를 이용하여 이 요소들을 가지는 정방대각행렬 (square diagonal matrix)을 생성할 수 있다.

```
> diag(diag(H3))
     [,1]      [,2] [,3]
[1,]    1 0.0000000  0.0
[2,]    0 0.3333333  0.0
[3,]    0 0.0000000  0.2
```

t() 함수는 행렬의 전치 (transpose) X^T를 찾는 데 사용된다.

```
> t(X)
     obs1 obs2 obs3
x       1    2    3
x2      1    4    9
```

연습문제

01. 여러 가지 행렬 A를 이용하여 $\det(A) = \det(A^T)$임을 확인해 보도록 한다.

02. 다음의 조건을 만족하는 행렬 A를 **왜대칭** (skew-symmetric)행렬이라고 한다.

$$A^T = -A.$$

크기가 3×3인 왜대칭행렬을 생성해 보고 이것의 행렬식이 0임을 확인해 본다. 이 행렬의 궤적은 무엇인가?

6.1.4 삼각행렬

함수 lower.tri()와 upper.tri()는 하삼각 (lower triangular)행렬과 상삼각 (upper triangular)행렬을 생성하는 데 사용할 수 있다. 함수의 결과는 다음의 예에서 보이는 것과 같이 삼각행렬의 성분의 위치에 논리값 TRUE를 구성 요소로 하는 행렬이다.

```
> lower.tri(H3)
      [,1]  [,2]  [,3]
[1,] FALSE FALSE FALSE
[2,]  TRUE FALSE FALSE
[3,]  TRUE  TRUE FALSE
```

아래와 같이 H3의 하삼각행렬의 성분들에 대응하는 영이 아닌 성분들을 이용하여 새로운 하삼각행렬을 얻을 수 있다.

```
> Hnew <- H3
> Hnew[upper.tri(H3, diag = TRUE)] <- 0        # diag = TRUE의 사용으로
>                                               # 모든 대각성분들이
>                                               # 포함될 것이다.
> Hnew
          [,1] [,2] [,3]
[1,] 0.0000000 0.00    0
[2,] 0.5000000 0.00    0
[3,] 0.3333333 0.25    0
```

연습문제

01. H3의 상삼각행렬이 가지는 것과 같은 동일한 상삼각행렬(대각성분 포함)을 구해 보도록 한다. 대각 성분의 아래는 0이어야 한다.

02. 다음의 결과를 확인해 보도록 한다.

```
> Hnew[lower.tri(H3)]
```

이 결과가 기대한 것과 같은가?

03. 6.2 절에서 사용한 X를 이용하여 X[3, 2]와 X[3, 2, drop=FALSE]의 다른 점을 설명해 본다. 또한 이들의 차원정보를 R을 이용하여 구해 본다.

6.1.5 행렬의 연산

주어진 행렬에 스칼라 상수 (scalar constant)를 곱하는 것은 상수를 벡터에 곱하는 것과 동일하다. 예를 들면 다음과 같이 이전 절에서 사용한 X 행렬의 각 성분에 2를 곱할 수 있다.

```
> Y <- 2 * X
> Y
     x  x2
obs1 2   2
obs2 4   8
obs3 6  18
```

또한 아래의 예제에서 보는 것과 같이 행렬의 각 요소별로 덧셈을 벡터에서 사용한 방법과 같은 방법으로 수행할 수 있다.

```
> Y + X
     x  x2
obs1 3   3
obs2 6  12
obs3 9  27
```

행렬의 덧셈을 할 때는 항상 두 행렬이 크기가 서로 일치하는지 확인해야 한다. 만약 그렇지 않다면 아래와 같은 에러 메시지를 보게 될 것이다.

```
> t(Y) + X
Error in t(Y) + X: non-conformable arrays
```

이 예제에서 Y^T는 크기가 2×3인 행렬인 반면 X의 크기는 3×2이다.

명령문 X * Y은 각 성분별 곱셈을 수행한다. 이것은 아래에서 보는 것과 같이 일반적인 행렬의 곱셈과는 다르다.

```
> X * Y
      x   x2
obs1 2     2
obs2 8    32
obs3 18 162
```

다시 강조하지만 이러한 종류의 곱셈을 하기 위해서는 두 행렬의 크기는 반드시 같아야 한다.

6.2 행렬의 곱셈과 역행렬

만약 A와 B가 행렬이라면, 행렬의 곱 AB는 먼저 B를 사용한 뒤 그 결과를 A에 적용하는 두 가지 연산의 조합으로 얻어지게 되는 행렬이다. 행렬의 곱셈이 올바르게 정의되기 위해서는 곱셈이 이루어지는 행렬들의 차원이 서로 올바르게 일치시켜야 한다. 즉, 첫 번째 행렬의 열의 개수와 두 번째 행렬의 열의 개수가 일치해야 한다. 결과적으로 얻어지는 행렬 AB의 크기는 A의 행의 개수와 B의 열의 개수와 같게 된다.

R에서는 행렬의 곱셈은 연산자 `%*%`를 이용하여 이루어진다.

```
> t(Y) %*% X
    x    x2
x   28   72
x2 72  196
```

앞 절에서 사용한 `t(Y)`는 3개의 열을 가지며 `X`는 3개의 행을 가지고 있다. 따라서 행렬의 곱셈 Y^TX를 계산할 수 있다. `t(Y)`는 2개의 행을 가지고 `X`는 2개의 열을 가지기 때문에 곱셈의 결과는 크기가 2×2인 행렬이 된다.

만약 `Y`를 전치할 수 없다면 다음과 같은 에러를 보게 될 것이다.

```
> Y %*% X
Error in Y %*% X : non-conformable arguments
```

`crossprod()` 함수는 Y^TX를 계산함에 있어 좀 더 효율적인 방법이다.

```
> crossprod(Y, X)
```

```
   x   x2
x  28   72
x2 72  196
```

먼저 `crossprod()`의 첫 번째 인자는 자동으로 전치 (transpose)된다. 이렇게 하는 것이 `t(Y)%*% X` 보다 더 효과적인 이유는 곱셈을 하기 전에 새로운 객체 `t(Y)`를 생성하지 않아도 되기 때문이다. 만약 Y가 매우 큰 행렬인 경우에는 이러한 전치에 많은 컴퓨팅 시간과 많은 양의 메모리를 소비하게 될 것이기 때문이다. `crossprod(Y, X)` 함수 호출은 `Y`의 성분에 바로 접근할 수 있도록 한다. 이것은 Y^T의 요소 (i, j)가 Y의 (j, i)이라는 점을 이용한 것이다.

연습문제

01. 6.2절에서 다루었던 행렬 X를 이용하여 $1.5X$를 계산해 본다.

02. `crossprod()` 함수를 이용하여 X^TX와 XX^T를 계산해 보도록 한다. 이 계산으로부터 얻은 행렬의 크기를 확인해 본다.

6.2.1 역행렬 구하기

$n \times n$의 크기를 가지는 정방행렬 A의 역 행렬은 행렬방정식 $AA^{-1} = I$의 해이며, 이를 A^{-1}로 표기한다. 여기에서 I는 $n \times n$의 크기를 가지는 항등 (identity)행렬이다. 이것은 다시 n개의 미지수를 가지고 있는 n개의 선형방정식 계로 생각해 볼 수 있다. 이때 n개의 선형방정식의 해는 A^{-1}의 열이 된다. 예를 들어 다음과 같은 행렬 A를 생각해 본다.

$$A = \begin{bmatrix} 3 & -4 \\ 1 & 2 \end{bmatrix},$$

행렬방정식을 아래와 같이 표현할 수 있다.

$$\begin{bmatrix} 3 & -4 \\ 1 & 2 \end{bmatrix} \begin{bmatrix} b_{11} & b_{12} \\ b_{21} & b_{22} \end{bmatrix} = \begin{bmatrix} 1 & 0 \\ 0 & 1 \end{bmatrix}$$

이 행렬방정식은 다음과 같은 두 가지의 이원방정식으로 생각해 볼 수 있다.

$$\begin{bmatrix}3 & -4\\1 & 2\end{bmatrix}\begin{bmatrix}b_{11}\\b_{21}\end{bmatrix}=\begin{bmatrix}1\\0\end{bmatrix},$$

$$\begin{bmatrix}3 & -4\\1 & 2\end{bmatrix}\begin{bmatrix}b_{12}\\b_{22}\end{bmatrix}=\begin{bmatrix}1\\0\end{bmatrix}.$$

A^{-1}을 구하는 일반적인 방법은 두 개의 이원방정식을 각각 푸는 것이다.

이러한 방법이 항상 좋은 것은 아니다. 종종 A^{-1}을 찾고자 하는 이유는 $Ax=b$의 해를 구하기 위해서는 $x=A^{-1}b$를 이용해야 하기 때문이다. 계산적인 측면에서 하나의 선형방정식의 해를 찾기 위하여 n개의 선형방정식들을 푸는 것은 다소 받아들이기 힘들다. 만약 선형방정식들의 해를 어떻게 직접적으로 구하는지 알고 있다면 $Ax=b$를 풀기 위하여 이를 사용해야 한다. A^{-1}을 사용하는 것은 직접적인 방법을 통하여 해를 얻는 것보다 더 안 좋은 근삿값을 가질 수도 있다. 왜냐하면 이를 계산하기 위하여 많은 연산들이 연관되어 있기 때문에 최종결과에 영향을 줄 수 있는 라운딩 에러가 발생할 가능성이 더 많기 때문이다.

6.2.2 *LU* 분해

선형방정식 $Ax=b$의 해를 구하기 위하여 사용되는 일반적인 방법은 이 문제를 더 간단한 문제들로 쪼개 보는 것이다. 이 방법을 적용하기 위해서는 종종 행렬 A를 특별한 형식으로 표현해 주어야 한다. 이러한 형식 중 하나는 LU 분해 (decomposition)이다.

LU 분해는 행렬 A는 L과 U라는 두 행렬의 곱으로 표현하는 것이다. 행렬 L은 아래에서 보는 것과 같이 대각성분의 값이 1인 하삼각행렬이다.

$$L=\begin{bmatrix}1 & 0 & \cdots & 0\\ l_{21} & 1 & \ddots & \vdots\\ \vdots & & \ddots & 0\\ l_{n1} & l_{n2} & \cdots & 1\end{bmatrix}.$$

그리고 U는 다음과 같은 상삼각행렬이다.

$$U=\begin{bmatrix}u_{11} & u_{12} & \cdots & u_{1n}\\ 0 & u_{22} & \cdots & u_{2n}\\ \vdots & \ddots & \ddots & \vdots\\ 0 & \cdots & 0 & u_{nn}\end{bmatrix}.$$

이 방법을 이용하여 행렬 A를 쪼개어 (factorization) 나가는 것은 행렬의 성분을 하나씩 분해해 가는 것과 같다. 예를 들어 다음과 같은 행렬 A를 생각해 본다.

$$A = \begin{bmatrix} 2 & 4 & 3 \\ 6 & 16 & 10 \\ 4 & 12 & 9 \end{bmatrix},$$

A의 각 요소를 a_{ij}으로 나타낸다면 이 분해법은 아래와 같은 방법으로 이루어지게 되는데 다음의 공식을 반복적으로 사용하게 된다.

$$a_{ij} = \sum_{k=1}^{3} l_{ik} u_{kj},$$

이때 행렬 L과 U에 존재하는 0과 1에 대한 정보를 활용한다.

1. $a_{11} = 2 = l_{11} \times u_{11} = 1 \times u_{11}$이므로 $u_{11} = 2$가 된다.
2. $a_{21} = 6 = l_{21} \times u_{11} = l_{21} \times 2$이므로 $l_{21} = 3$이 된다.
3. $a_{31} = 4 = l_{31} \times u_{11} = l_{31} \times 2$이므로 $l_{31} = 2$가 된다.
4. $a_{12} = 4 = l_{11} \times u_{12}$이므로 $u_{12} = 4$가 된다.
5. $a_{22} = 16 = l_{21} \times u_{12} + l_{22} \times u_{22} = 3 \times 4 + 1 \times u_{22}$이므로 $u_{22} = 4$가 된다.
6. $a_{32} = 12 = l_{31} \times u_{12} + l_{32} \times u_{22} = 2 \times 4 + l_{32} \times 4$이므로 $l_{32} = 1$이 된다.
7. $a_{13} = 3 = l_{11} \times u_{13} = 1 \times u_{13}$이므로 $u_{13} = 3$이 된다.
8. $a_{23} = 10 = l_{21} \times u_{13} + l_{22} \times u_{23} = 3 \times 3 + 1 \times u_{23}$이므로 $u_{23} = 1$이 된다.
9. $a_{33} = 9 = l_{31} \times u_{13} + l_{32} \times u_{23} + l_{33} \times u_{33} = 2 \times 3 + 1 \times 1 \times u_{33}$이므로 $u_{33} = 2$가 된다.

만약 L과 U를 직접 구할 수 있다면 선형방정식 $Ax = b$의 해를 구하는 것은 쉽다. 먼저 이 선형방정식을 $L(Ux) = b$로 바꾸어 표현한 뒤 $Ly = b$로 정의하도록 한다. 그리고 $Ly = b$를 y에 관하여 풀도록 한다. L은 하삼각행렬이기 때문에 전진제거법 (forward elimination)이라고 알려진 방법을 이용하면 쉽게 구할 수 있다. 이제 $b = [-1, -2, -7]^T$이라고 하고, $y = [y_1, y_2, y_3]^T$라고 한 뒤 위의 예제를 계속해서 풀어보도록 하겠다.

$$b_i = \sum_{j=1}^{3} l_{ij} y_j$$

위의 공식을 이용하여 아래와 같은 방법으로 계산을 진행한다.

10. $b_1 = -1 = l_{11} \times y_1 = 1 \times y_1$이므로 $y_1 = -1$이 된다.

11. $b_2 = -2 = l_{21} \times y_1 + l_{22} \times y_2 = 3 \times (-1) + 1 \times y_2$이므로 $y_2 = 1$이 된다.
12. $b_3 = -7 = l_{31} \times y_1 + l_{32} \times y_2 + l_{33} \times y_3 = 2 \times (-1) + 1 \times 1 + 1 \times y_3$이므로 $y_3 = -6$이 된다.

마지막으로 $Ux = y$를 풀도록 한다. 이번에는 **후진대입법** (back substitution)이라고 알려진 방법을 이용하는데, U가 상삼각행렬이라는 점을 이용하여 행렬의 성분을 역순으로 푸는 것을 말한다.

13. $y_3 = -6 = u_{33} \times x_3 = 2 \times x_3$이므로 $x_3 = -3$이 된다.
14. $y_2 = 1 = u_{22} \times x_2 + u_{23} \times x_3 = 4 \times x_2 + 1 \times (-3)$이므로 $x_2 = 1$이 된다.
15. $y_1 = -1 = u_{11} \times x_1 + u_{12} \times x_2 + u_{13} \times x_3 = 2 \times x_1 + 4 \times 1 + 3 \times (-3)$이므로 $x_1 = 2$가 된다.

이러한 단계들을 연속적으로 진행해 나감으로써 $Ax = b$의 해를 구하는 것은 하나의 미지수만을 가진 15개의 선형방정식을 연속적으로 푸는 문제로 간결해졌음을 보여 준다. 이 절차는 쉽게 자동화될 수 있다. 선형방정식의 해를 구하기 위하여 R에서 기본적으로 사용되는 방법은 이를 기초로 한다. 차이가 있다면 라운딩 에러를 최소화하기 위하여 행렬을 분해를 하기 전에 열의 순서를 재배치하는 점이다.

6.2.3 R에서의 역행렬

R에서 역행렬을 찾거나 선형방정식의 해를 구하기 위하여 `solve()` 또는 `qr.solve()`를 이용할 수 있다. `solve()`의 경우 LU 분해가 사용되며, `qr.solve()`의 경우에는 이 절에서 소개되는 QR 분해가 사용된다.

6.1절에서 소개된 크기가 3×3인 힐버트 행렬을 예를 들어 살펴보도록 한다.

```
> H3inv <- solve(H3)
> H3inv
     [,1] [,2] [,3]
[1,]    9  -36   30
[2,]  -36  192 -180
[3,]   30 -180  180
```

위의 H3inv가 H3의 역행렬인지 확인하기 위하여 H3inv와 H3을 곱한 결과가 크기가 3×3인 항등행렬이 됨을 먼저 살펴보도록 한다.

```
> H3inv %*% H3
              [,1]          [,2]          [,3]
[1,]  1.000000e+00  8.881784e-16  6.882515e-16
[2,] -3.774758e-15  1.000000e+00 -3.420875e-15
[3,]  6.144391e-15  0.000000e+00  1.000000e+00
```

대각원소 (diagonal element)의 값들이 모두 1임을 알 수 있으나 주대각선상에 놓여 있지 않은 다섯 개의 원소들 모두 0이 아닌 값을 가짐을 확인할 수 있다. 과학적 기수법 (scientific notation)이 사용되었으며, 이 값들이 10^{-14} 또는 그보다 작다는 것을 알 수 있다. 즉, "수치적으로"으로 0에 가깝다는 의미이다. H3inv는 이론상으로 정확한 H3의 역행렬은 아니지만 수치적으로 매우 근사하다고 볼 수 있다.

연습문제

01. $X^T X$의 역행렬을 계산해 본다. crossprod()을 이용하여 확인해 보도록 한다.

02. XX^T의 역행렬을 계산할 수 있는가? 왜 문제가 발생하는가?

03. 크기가 $n \times n$인 일반적인 힐버트 행렬은 $1/(i+j-1)$로 정의된 성분 (i,j)를 가진다.

(a) 어떤 양의 값을 가지는 n에 대해서 $n \times n$ 힐버트 행렬을 생성하는 함수를 작성해 본다.

(b) 모든 힐버트 행렬은 역변환이 가능한가?

(c) solve()와 qr.solve()를 사용하여 힐버트 행렬의 역행렬을 구해 본다. $n=10$까지 변경해 가면서 살펴보도록 한다. 문제가 발생하는가?

6.2.4 선형 방정식 풀기

함수 solve(A, b)는 $Ax=b$의 형식을 가진 선형방정식계의 해를 찾아 준다. 예를 들어 H_3는 크기가 3×3인 힐버트 행렬이고 $b=[1\ 2\ 3]^T$일 때 $H_3 x = b$를 만족하는 x를 구하는 경우를 생각해 보자.

```
> b <- c(1, 2, 3)
> x <- solve(H3, b)
> x
[1]   27 -192 210
```

다시 말해 이 선형방정식의 해는 $x=[27,-192,210]^T$이다.

연습문제

01. $[x_1,x_2,x_3,x_4,x_5,x_6]^T=[10,11,12,13,14,15]^T$라고 할 때, $[f(x_1),f(x_2),f(x_3),f(x_4),f(x_5),f(x_6)]^T=[25,16,26,19,21,20]^T$를 만족하는 5차 다항식 $f(x)$의 계수를 찾아보도록 하자. 힌트: 5차 다항식 $f(x)=a_0+a_1x+a_2x^2+a_3x^3+a_4x^4+a_5x^5$은 행벡터 $[1,x,x^2,x^3,x^4,x^5]$와 열벡터 $[a_0,a_1,a_2,a_3,a_4,a_5]^T$로 표현된 행렬의 곱으로 볼 수 있다. $[f(x_1),f(x_2),f(x_3),f(x_4),f(x_5),f(x_6)]^T$를 결과를 가지는 행렬으로 생각하고 작업해 본다.

6.3 고윳값과 고유벡터

고윳값과 고유벡터는 함수 eigen()를 사용하여 다음과 같이 얻을 수 있다.

```
> eigen(H3)
$values
[1] 1.40831893 0.12232707 0.00268734
$vectors
          [,1]       [,2]       [,3]
[1,] 0.8270449  0.5474484  0.1276593
[2,] 0.4598639 -0.5282902 -0.7137469
[3,] 0.3232984 -0.6490067  0.6886715
```

이 결과가 어떤 의미를 가지는지 확인해 보기 위하여 $vectors에 보이는 결과의 첫 번째 열($[0.827\ 0.459\ 0.323]^T$)을 x_1이라고 해 본다. 이것은 첫 번째 고유벡터이며, 이에 대응하는 고윳값은 1.408이므로 다음과 같은 등식이 성립하게 된다.

$$H_3x_1 = 1.408x_1$$

마찬가지로 `$vectors`의 두 번째와 세 번째 열을 각각 x_2 그리고 x_3라고 한다면 다음의 등식 또한 성립함을 알 수 있다.

$$H_3x_2 = 0.122x_2,$$

$$H_3x_3 = 0.00268x_3.$$

연습문제

01. X가 6.1절에서 사용한 것과 같이 정의되었을 때, 행렬 $H = X(X^TX)^{-1}X^T$를 계산해 본다.

02. H의 고윳값과 고유벡터를 계산해 본다.

03. H의 대각원소들의 합 (trace)을 계산해 보고, 고윳값들의 합과 비교해 본다.

04. 행렬 H의 행렬식를 계산해 보고, 고윳값의 곱과 비교해 본다.

05. 고유벡터의 정의를 이용하여 X의 열들이 H의 고유벡터임을 확인해 본다.

06. 크기가 6×6인 힐버트 행렬을 생성하고, 이 행렬의 고윳값과 고유벡터를 구해 본다. 이 행렬의 역행렬을 구해 본다. 역행렬의 고윳값과 본래 행렬의 고윳값은 서로 관계가 있는가? 어떤 관계가 있어야 한다고 생각하는가? 크기가 7×7 힐버트 행렬을 이용하여 이 관계를 살펴보도록 한다.

6.4 고급 주제들

6.4.1 행렬의 특잇값 분해

정방행렬 A의 특잇값 분해 (singular value decomposition)는 세 개의 정방행렬 U, D, V로 구성되어 있다. 여기에서 행렬 D는 대각행렬 (diagonal matrix)이다. 이 행렬들은 다음과 같은 관계를 가진다.

$$A = UDV^T$$

여기에서 U와 V는 $U^{-1} = U^T$와 $V^{-1} = V^T$의 관계에 놓인 직교 (orthogonal)행렬이다.

행렬의 특잇값 분해는 선형방정식의 정확한 해를 찾기 위하여 자주 사용된다.

D의 대각성분들이 A의 특잇값이며, $A^TA = V^{-1}D^2V$를 만족한다. 이것을 유사변환 (similiarity transformation)이라고 하는데, A의 특잇값들의 제곱이 A^TA의 고윳값과 같다.

특잇값 분해는 함수 svd()를 사용하여 구할 수 있다. 이것을 크기가 3×3 힐버트 행렬 H_3를 사용하여 예를 들어보도록 한다.

```
> H3.svd <- svd(H3)
> H3.svd
$d
[1] 1.40831893 0.12232707 0.00268734
$u

          [,1]       [,2]       [,3]
[1,] -0.8270449  0.5474484  0.1276593
[2,] -0.4598639 -0.5282902 -0.7137469
[3,] -0.3232984 -0.6490067  0.6886715
$v

          [,1]       [,2]       [,3]
[1,] -0.8270449  0.5474484  0.1276593
[2,] -0.4598639 -0.5282902 -0.7137469
[3,] -0.3232984 -0.6490067  0.6886715
```

아래에서 보이는 바와 같이 위에서 얻어진 구성 요소들을 곱하면 다시 H_3을 얻을 수 있음을 확인할 수 있다.

```
> H3.svd$u %*% diag(H3.svd$d) %*% t(H3.svd$v)
          [,1]      [,2]      [,3]
[1,] 1.0000000 0.5000000 0.3333333
[2,] 0.5000000 0.3333333 0.2500000
[3,] 0.3333333 0.2500000 0.2000000
```

특잇값 분해법은 행렬 U, V, D들이 가지는 이러한 특징들을 이용하여 역행렬을 계산하는 간편한 방법을 제공한다. 예를 들어 $H_3^{-1} = VD^{-1}U^T$를 다음과 같은 방법으로 구할 수 있다.

```
> H3.svd$v %*% diag(1/H3.svd$d) %*% t(H3.svd$u)
     [,1] [,2] [,3]
[1,]    9  -36   30
[2,]  -36  192 -180
[3,]   30 -180  180
```

6.4.2 양정치 행렬의 촐레스키 분해

만약 행렬 A가 양정치 (positive definite)인 경우 주어진 행렬은 제곱근을 가진다. 실제로는 $B^2 = A$를 만족하는 행렬 B는 여러 개가 존재한다. 촐레스키 분해 (Choleski decomposition)는 다른 행렬의 분해 방법들과 유사하지만 기본적인 원리는 $U^TU = A$를 만족하는 상삼각 행렬 U를 찾는 것이다. 함수 chol()는 이러한 촐레스키 분해를 수행한다.

크기가 3×3인 힐버트 행렬을 이용하여 촐레스키 분해가 어떻게 이루어지는지 예를 들어 보도록 하겠다.

```
> H3.chol <-chol(H3)
> H3.chol                         # 상삼각행렬 U이다.
     [,1]      [,2]      [,3]
[1,]    1 0.5000000 0.3333333
[2,]    0 0.2886751 0.2886751
[3,]    0 0.0000000 0.0745356

> crossprod(H3.chol, H3.chol) # H3을 U^T U를 통하여 다시 얻을 수 있다.
```

```
          [,1]      [,2]      [,3]
[1,] 1.0000000 0.5000000 0.3333333
[2,] 0.5000000 0.3333333 0.2500000
[3,] 0.3333333 0.2500000 0.2000000
```

촐레스키 분해를 이용하여 행렬 $A = U^T U$를 분해하였다면, $A^{-1} = U^{-1} U^{-T}$이라는 사실을 이용하여 A의 역행렬을 구할 수 있다(여기에서 U^{-T}는 U^{-1}의 전치를 간단히 표현한 것이다). 이러한 방법은 가우시안 제거법 (Gaussian elimination)을 사용하여 A^{-1}을 직접적으로 구하는 것보다 더 안정적이다. 함수 `chol2inv()`은 이 계산을 수행한다. `H3`의 역행렬 계산을 예로 들어보도록 하겠다.

```
> chol2inv(H3.chol)
     [,1] [,2] [,3]
[1,]    9  -36   30
[2,]  -36  192 -180
[3,]   30 -180  180
```

촐레스키 분해가 가능한 경우 다음과 같은 형식을 가지는 선형방정식의 해를 구할 수 있다.

$$Ax = b$$

만약 $A = U^T U$인 경우 $Ux = U^{-T} b$로 표현할 수 있다. 따라서 방정식의 해 x는 다음의 두 단계를 통하여 얻게 된다.

1. $U^T y = b$를 y에 관하여 풀도록 한다. 따라서 $y = U^{-T} b$가 된다.
2. $Ux = y$를 풀도록 한다.

첫 번째 방정식은 하삼각행렬이 되므로 전진제거법 (forward elimination)을 이용하여 풀게 된다. 함수 `forwardsolve()`를 사용하여 얻을 수 있다. 두 번째 방정식은 상삼각행렬이 된다. 따라서 후진대체법 (back substitution)을 수행하는 함수 `backsolve()`를 이용하여 이를 얻을 수 있다.

$H_3 x = b$ 문제를 생각해 볼 때, $b = [1\ 2\ 3]^T$이라면 이 과정은 다음과 같이 진행된다.

```
> b <- seq(1, 3)
```

```
> y <- forwardsolve(t(H3.chol), b)
> backsolve(H3.chol, y)                # 방정식의 해 x이다.
[1]    27  -192  210
```

6.4.3 행렬의 QR 분해

행렬 A를 분해하는 또 다른 방법은 아래와 같은 형식으로 표현되는 QR 분해 (QR decomposition)가 있다.

$$A = QR,$$

여기에서 Q는 직교행렬이고, R은 상삼각행렬이다. 이 분해방법은 A가 정방행렬이 아닌 경우에도 가능하다. 이 분해방법 또한 선형방정식계의 수치적으로 매우 근접한 해를 찾고자 할 때 사용될 수 있다.

예를 들어 크기가 $n \times n$인 행렬 A와 길이가 n인 벡터 b가 주어졌을 때 다음과 같은 등식을 x에 관하여 풀어보도록 한다.

$$Ax = b$$

먼저 A의 QR 분할을 계산해 본다면 다음의 식이 성립한다.

$$QRx = b.$$

Q^T를 양변에 곱해 주면 다음을 얻게 된다.

$$Rx = Q^T b.$$

R은 상삼각행렬이므로 쉽게 풀 수 있는 방정식이다. $Q^T b$ 또한 쉽게 계산할 수 있는 길이가 n인 벡터임을 알 수 있다.

qr() 함수를 이용하여 아래에 보이는 것과 같이 QR 분해의 예를 들어보도록 한다.

```
> H3.qr <-qr(H3)
> H3.qr
$qr

          [,1]       [,2]         [,3]
[1,] -1.1666667 -0.6428571 -0.450000000
[2,]  0.4285714 -0.1017143 -0.105337032
[3,]  0.2857143  0.7292564  0.003901372
```

```
$rank
[1] 3
$qraux
[1] 1.857142857 1.684240553 0.003901372
$pivot
[1] 1 2 3
attr(,"class")
[1] "qr"
```

함수의 사용으로 얻어진 결과는 클래스 qr을 가지는 객체이다.

함수 qr.Q()와 qr.R()는 객체를 이용하여 Q와 R 행렬을 계산해 준다. 이 예제의 경우 다음과 같은 결과를 보게 된다.

```
> Q <- qr.Q(H3.qr)
> Q
           [,1]       [,2]       [,3]
[1,] -0.8571429  0.5016049  0.1170411
[2,] -0.4285714 -0.5684856 -0.7022469
[3,] -0.2857143 -0.6520864  0.7022469
> R <- qr.R(H3.qr)
> R
          [,1]       [,2]         [,3]
[1,] -1.166667 -0.6428571 -0.450000000
[2,]  0.000000 -0.1017143 -0.105337032
[3,]  0.000000  0.0000000  0.003901372
```

이제 Q에 R을 곱해 봄으로써 H_3을 다시 얻을 수 있음을 확인할 수 있다.

```
> Q %*% R
          [,1]      [,2]      [,3]
[1,] 1.0000000 0.5000000 0.3333333
[2,] 0.5000000 0.3333333 0.2500000
[3,] 0.3333333 0.2500000 0.2000000
```

또한 $R^{-1}Q^T$로부터 H_3의 역행렬 또한 얻을 수 있다. R이 상삼각행렬이기 때문에 원칙상 빠른 속도로 역행렬이 구해질 것으로 기대된다. 다음은 QR 분해를 이용하여 역행렬을 얻을 수 있음을 보여 주기 위하여 계산적으로는 비효율적이나 R^{-1}을 계산해 보았다.

```
> qr.solve(R) %*% t(Q)
     [,1] [,2] [,3]
[1,]    9  -36   30
[2,]  -36  192 -180
[3,]   30 -180  180
```

6.4.4 행렬의 조건수

함수 kappa()는 주어진 행렬의 조건수 (conditional number)를 계산하는 데 사용될 수 있다. 조건수란 행렬의 최대 특잇값에 대하여 0이 아닌 최소 특잇값이 가지는 비율을 의미한다. 이 조건수를 행렬에 적용하는 경우는 어떤 수치적 연산이 얼마나 나쁜가를 알아보고자 할 때이다. 조건수가 클수록 수치적 성질들이 좋지 않음을 의미한다.

```
> kappa(H3)
[1] 646.2247
```

이것은 꽤 큰 값이기 때문에 이 행렬의 역행렬 연산이 매우 부정확할 것이라고 생각해 볼 수 있다.

6.4.5 외적

함수 outer()는 주로 통계계산 시 유용하다. 이것은 두 벡터가 가지는 구성 요소를 이용하여 생성할 수 있는 모든 가능한 종류의 짝에 어떤 하나의 연산을 일괄적으로 적용하고자 할 때 사용할 수 있다.

다음과 같이 1부터 5 사이의 연속적인 값들을 이용하여 생성할 수 있는 모든 가능한 종류의 쌍에 몫 (quotient)을 계산하는 연산을 적용하는 간단한 예제이다.

```
> x1 <-seq(1, 5)
> outer(x1, x1, "/")   # 또는 outer(x1, x1, function(x, y) x / y)
     [,1][,2]      [,3] [,4] [,5]
[1,]    1  0.5 0.3333333 0.25  0.2
```

```
[2,]    2  1.0 0.6666667 0.50  0.4
[3,]    3  1.5 1.0000000 0.75  0.6
[4,]    4  2.0 1.3333333 1.00  0.8
[5,]    5  2.5 1.6666667 1.25  1.0
```

만약 쌍을 이루는 원소들 간의 차이를 생성할 수 있는 모든 쌍들에 대해서 알고자 한다면 나누기 연산자를 뺄셈 연산자로 바꾸면 된다.

```
> outer(x1, x1, "-")
     [,1] [,2] [,3] [,4] [,5]
[1,]    0   -1   -2   -3   -4
[2,]    1    0   -1   -2   -3
[3,]    2    1    0   -1   -2
[4,]    3    2    1    0   -1
[5,]    4    3    2    1    0
```

세 번째 인자는 두 벡터를 이용하는 어떠한 종류의 함수도 될 수 있다. 두 번째 입력인자는 아래에서 보는 바와 같이 첫번째 입력인자와 다를 수도 있다.

```
> y <- seq(5, 10)
> outer(x1, y, "+")
     [,1] [,2] [,3] [,4] [,5] [,6]
[1,]    6    7    8    9   10   11
[2,]    7    8    9   10   11   12
[3,]    8    9   10   11   12   13
[4,]    9   10   11   12   13   14
[5,]   10   11   12   13   14   15
```

6.4.6 크로네커 곱

함수 kronecker()는 두 행렬의 크로네커 곱 (Kronecker product)뿐만 아니라 더 일반적인 곱셈을 하기 위하여 사용될 수 있다. 더 자세한 내용은 help() 파일을 살펴보도록 한다.

6.4.7 apply( ) 함수

응용통계분야에서는 때때로 행렬의 각 행 또는 각 열마다 같은 함수를 적용해 주어야 하는 경우가 있다. 이러한 경우에 for() 루프를 사용할 수도 있지만 apply() 함수를 이용하는 것이 종종 계산적으로 더 효율적일 때가 있다.

이 함수는 세 개의 입력인자들을 필요로 한다. 첫 번째 인자는 연산이 적용될 행렬을 지정한다. 두 번째 인자는 연산이 행 방향 (1) 또는 열 방향 (2)로 적용될지를 지정해 준다. 세 번째 인자는 적용될 함수를 지정한다.

간단한 예로 H_3행렬의 각 행을 이루는 원소들의 합을 계산해 보도록 한다.

```
> apply(H3, 1, sum)
[1] 1.8333333 1.0833333 0.7833333
```

6장 연습문제

01 다음과 같은 순환 (circulant)행렬을 생각해 보도록 한다.

$$P = \begin{bmatrix} 0.1 & 0.2 & 0.3 & 0.4 \\ 0.4 & 0.1 & 0.2 & 0.3 \\ 0.3 & 0.4 & 0.1 & 0.2 \\ 0.2 & 0.3 & 0.4 & 0.1 \end{bmatrix}.$$

(a) P 는 확률 (stochastic)행렬의 한 가지 예이다. `apply()` 함수를 이용하여 각 행을 구성하는 요소들의 합은 1임을 보이도록 한다.

(b) $n = 2, 3, 5, 10$의 값을 가지는 각각의 경우에 P^n의 값을 구해 보도록 한다. 어떤 패턴이 보이는가?

(c) 다음의 조건을 만족하는 음이 아닌 벡터 x를 찾아본다. 단, x를 구성하는 요소들의 합은 1이 되어야 한다.

$$(I - P^T)x = 0.$$

P^{10}과 x 사이에 어떤 관계가 있다고 생각되는가?

(d) 루프를 이용하여 {1, 2, 3, 4}으로부터 다음 규칙을 이용하여 연속적인 의사난수 y를 생성해 보도록 한다.

(i) $y_1 \leftarrow 1$로 정한다.

(ii) $j = 2, 3, \ldots, n$에 대하여 $y_j = k$인 경우에 대하여 확률 $P_{y_{j-1}, k}$을 대응시키도록 한다.

예를 들어 y_2는 1이라는 값을 0.1의 확률로 가지고, 2를 0.2의 확률로 가지도록 하는 방법으로 반복을 한다. n에 10 000과 같이 큰 수를 이용해 보도록 한다. 결과적으로 생성되는 벡터 y는 마르코브 체인 (Markov chain)의 예가 된다.

(e) `table()` 함수를 이용하여 벡터 y가 가질 수 있는 네 가지 값들에 대한 상대도수 분포를 생성해 보도록 한다.

02 다음에 주어진 행렬을 이용하여 이전 연습문제를 반복해 보도록 한다.

$$P = \begin{bmatrix} 0.1 & 0.2 & 0.3 & 0.4 & 0.0 & 0.0 & 0.0 \\ 0.1 & 0.1 & 0.1 & 0.1 & 0.1 & 0.1 & 0.4 \\ 0.2 & 0.2 & 0.2 & 0.2 & 0.2 & 0.0 & 0.0 \\ 0.3 & 0.3 & 0.3 & 0.1 & 0.0 & 0.0 & 0.0 \\ 0.3 & 0.3 & 0.3 & 0.1 & 0.0 & 0.0 & 0.0 \\ 0.3 & 0.3 & 0.3 & 0.1 & 0.0 & 0.0 & 0.0 \\ 0.3 & 0.3 & 0.3 & 0.1 & 0.0 & 0.0 & 0.0 \end{bmatrix}.$$

03 A, B, C, D라는 네 가지의 종류의 보험증권을 가지고 있는 보험회사가 있다고 가정한다.

- 이 보험회사는 총 245 921개의 보험증권을 가지고 있다.
- 각 보험증권별로 연수입은 A가 \$10, B는 \$30, C가 \$50이며, D는 \$100이다.
- 모든 보험증권들의 총 연수입은 \$7 304 620으로 알려져 있다.
- 보험증권의 종류별로 연간 청구 비율은 다르다. A 보험증권의 경우는 0.1이며, B는 0.15, C는 0.03, D는 0.5이다.
- 이 보험회사의 연평균 총 청구건수는 34 390.48이다.
- 보험증권의 종류에 평균청구금액은 다르다. A는 \$50, B는 \$180, C는 \$1,500, D는 \$250이다.
- 평균 총 청구금액은 \$6 864 693으로 알려져 있다. 이것은 보험증권별로 연평균 청구금액과 연평균 청구건수를 곱하여 얻은 금액을 모두 합한 것이다.

R을 이용하여 다음의 질문들에 답해 보도록 한다.

(a) 보험증권의 종류별로 총 보험증권의 개수를 계산해 보도록 한다.

(b) 각 보험증권별로 총 수입과 총 평균 기대금액을 찾아보도록 한다.

(c) 청구건수는 포아송 프로세스를 따르고, 각 청구금액은 감포분포를 따른다고 가정한다. 이때 형태 (shape) 모수는 2이고 평균은 위에서 설명한 것과 같다고 가정한다. 모의실험을 이용하여 다음을 추정해 보도록 한다.

(i) 총 청구금액의 분산을 추정해 본다.

(ii) 총 청구금액이 보험증권들의 총 연수입을 초과할 확률을 추정해 본다.

이러한 계산을 위한 함수를 작성해 보도록 한다. 작성한 함수를 이용하여 보험회사의 전체수입과 청구금액을 계산해 보도록 한다. 이를 각 보험증권의 종류별로도 계산해 보도록 한다.

제 7 장 수치적 최적화

통계와 응용수학의 많은 분야에서 많이 다루게 되는 문제 중 하나는 주어진 어떤 함수 $f(\cdot)$의 최댓값 또는 최솟값을 갖도록 하는 $f(x)$의 값을 찾는 것이다.

예를 들면 금융공학의 경우 각 증권에 투자된 금액을 나타내는 벡터 x를 이용하여 어떤 포트폴리오로부터의 기대수익을 설명하는 함수 $f(x)$를 생각해 볼 수 있다. 이때 x에 어떠한 제약조건이 주어질 수 있다. (즉, 투자액은 반드시 양수이어야 하며, 투자 가능한 전체 금액은 미리 고정되어 있다는 것과 같은 것들이다.)

통계모델링에서는 모델에 대한 평균예측오차 (expected prediction error)를 최소화하는 모수들을 찾고자 하는 경우가 많다. 이때 x는 파라미터이고 $f(\cdot)$은 예측오차에 대한 측도가 된다.

일반적으로 함수를 최소화하는 방법을 아는 것만으로 충분하다. 그 이유는 $f(x)$를 최대화시키는 것은 단순히 부호가 변경된 $-f(x)$를 최소화시키는 것과 동일하기 때문이다. 이러한 두 가지 경우를 수치적 최적화라고 한다. 미분과 간단한 대수학은 이러한 문제들에 대한 해법을 제공해 주긴 하지만 모든 경우에 적용이 가능한 것은 아니다. 함수 $f(\cdot)$와 파라미터 x는 매우 다양하기 때문에 컴퓨팅 분야에서 매우 활발한 연구가 이루어지는 주제이다.

7.1 황금분할 탐색법

하나의 변수로 이루어진 함수가 구간 $[a,b]$ 내에서 하나의 최솟값을 가진다고 할 때, 이 함수의 최소화가 이루어지는 최적해 (minimizer)를 찾는 방법 중 하나는 황금분할 탐색법 (golden section search)이라는 것이 있다.

예를 들어 아래의 주어진 함수가 구간 [0, 5] 내에서 최소화되는 경우를 생각해 본다.

$$f(x) = |x-3.5| + (x-2)^2$$

이 함수는 $x=3.5$에서 미분이 가능하지 않기 때문에 최솟값에 대한 최적해를 찾을 때 많은 주의가 요구된다.

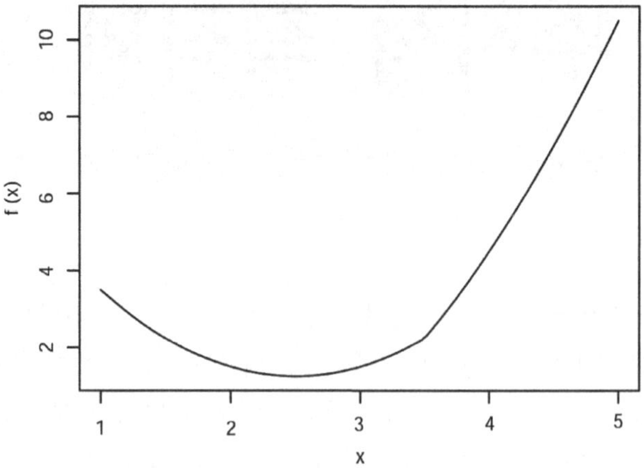

[그림 7.1] 함수 $f(x)=|x-3.5|+(x-2)^2$의 그래프

먼저 함수 $f(x)$의 값을 계산하기 위하여 다음과 같은 R 함수를 작성할 수 있다.

```
> f <- function(x) {
+     abs(x - 3.5) + (x - 2)^2
+ }
```

그리고 다음과 같이 curve() 함수를 이용하여 이 함수의 곡선을 그려봄으로써 이 함수가 주어진 구간 내에서 정말로 유일한 최솟값을 가지는가를 확인하도록 한다.

```
> curve(f, from = 1, to = 5)
```

그림 7.1에서 보는 바와 같이 최솟값에 해당하는 최적해는 $x=2.5$의 부근에 위치함을 알 수 있다.

황금분할 탐색법은 최적해를 찾는 방법으로 다음과 같이 요약되는 반복법이라고 할 수 있다.

1. 최적해를 포함하고 있을 것으로 생각하는 구간 $[a,b]$를 정한다.
2. 이 구간을 계속 좁혀나가면서 새로운 구간 $[a',b']$을 찾는다.
3. $b'-a'$의 값이 미리 정해 놓은 한계치보다 충분히 작아질 때까지 반복하도록 한다.

이 탐색과정이 종료될 때, 최종적으로 얻어진 구간의 중간점을 최적해에 대한 근삿값으로 간주하고 $(b'-a')/2$의 크기를 최대오차라고 한다.

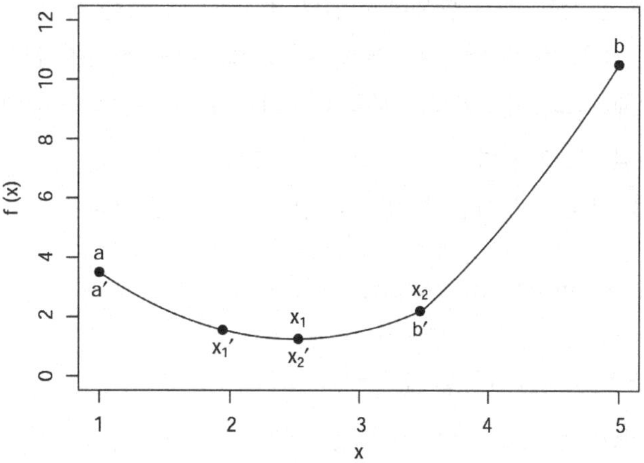

[그림 7.2] $f(x)=|x-3.5|+(x-2)^2$에 적용된 황금분할 탐색법의 첫 번째 반복단계

위에서 설명한 과정 2는 $[a,b]$내부에 위치하고 있는 두 개의 점 $x_1 < x_2$들을 이용하여 함수의 값을 계산함으로써 시작한다(이 점들이 어떻게 선택되었는가에 대해서는 나중에 설명할 것이다). 최솟값이 이 구간 내에서 유일하게 존재할 것이라고 가정하였기 때문에 만약 $f(x_1) > f(x_2)$인 경우 최솟값은 반드시 x_1의 우측 $[a',b']=[x_1,b]$에 위치하게 된다. 만약 $f(x_1) > f(x_2)$인 경우 최솟값은 반드시 $[a',b']=[a,x_2]$내에 존재하게 된다(그림 7.2 참조). (만약 이 두 값이 서로 같은 경우에 대해서는 조금 뒤에서 다룰 것이다.) x_1, $f(x_1)$, x_2, $f(x_2)$의 값들을 계산한 뒤 미리 주어진 한계값에 대한 조건을 만족할 때까지 이 방법을 반복하도록 한다.

a와 b 사이의 점을 선택하는 것은 황금비율 $\phi=(\sqrt{5}+1)/2$이 가진 속성을 이용하게 된다. 황금비율은 흥미로운 대수적인 속성들을 가지고 있다(3장에서 소개했던 피보나치의 수열을 통하여 이를 살펴본 적이 있다). 우리는 $1/\phi=\phi-1$와 $1/\phi^2=1-1/\phi$이라는 성질을 이용할 것이다(일부 저자들은 $\Phi=1/\phi$를 실버비율이라고도 하는데, 여기에서는 ϕ만을 사용할 것이다).

먼저 $x_1=b-(b-a)\phi$와 $x_2=a+(b-a)\phi$를 정하도록 한다. 이러한 선택은 첫 번째 탐색 후 a 대신 $a'=x_1$를 사용하는 경우 x_1이 다음과 같은 값을 가지기 때문이다.

$$\begin{aligned} x'_1 &= b-(b-a')/\phi \\ &= b-(b-x_1)/\phi \\ &= b-(b-a)/\phi^2 \\ &= a+(b-a)/\phi \\ &= x_2, \end{aligned}$$

즉, 첫 탐색에 사용한 점을 다시 활용하게 된다. 따라서 이 점을 찾기 위하여 새로운 계산이 요구되지 않다. 또한 $f(x'_1)$가 가지게 될 값을 새로이 계산하지 않아도 $f(x_2)$의 값을 다시 이용할 수 있게 된다. 마찬가지로 $b' = x_2$이라면 $x'_2 = x_1$이 되기 때문에 이미 계산한 값을 다시 이용할 수 있게 된다.

이러한 속성들을 이용하여 다음과 같은 R 함수를 작성해 본다.

```
> golden <- function (f, a, b, tol = 0.0000001)
+ {
+     ratio <- 2 / (sqrt(5) + 1)
+     x1 <- b - ratio *(b - a)
+     x2 <- a + ratio *(b - a)
+
+     f1 <- f(x1)
+     f2 <- f(x2)
+
+     while(abs(b - a) > tol) {
+
+         if (f2 > f1){
+            b <-  x2
+            x2 <- x1
+            f2 <-  f1
+            x1 <-  b - ratio *(b - a)
+            f1 <- f(x1)
+         } else {
+            a  <- x1
+            x1 <- x2
+            f1 <- f2
+            x2 <- a + ratio *(b -a)
+            f2 <- f(x2)
+         }
+     }
+     return((a + b) / 2)
+ }
```

이제 어떤 함수가 주어진다면 작성한 golden() 함수가 기대한 것과 같이 실행되는지 확인해 보도록 한다.

```
> golden(f, 1, 5)
[1] 2.5
```

연습문제

01. 다음의 함수들에 황금분할 탐색법을 적용해 보도록 한다.

(a) $f(x) = |x - 3.5| + |x - 2| + |x - 1|$

(b) $f(x) = |x - 3.2| + |x - 3.5| + |x - 2| + |x - 1|$

두 번째 함수가 하나 이상의 최솟값을 가지게 됨을 그래프를 통하여 확인해 보도록 한다. 그리고 golden()을 이용하여 찾은 최적해는 주어진 함수와 함께 사용된 초기구간에 따라 달라짐을 확인해 보도록 한다.

02. 다음의 함수는 홀수 개의 자료 $x_1, x_2, \ldots x_n$가 주어졌을 때 자료의 중앙값을 계산한다.

$$f(x) = \sum_{i=1}^{n} |x - x_i|$$

(연습문제 1.(a)는 이를 보여 주는 예이다.) 다음의 자료를 이용하여 결과가 올바른지 확인해 보도록 한다.

(a) 3, 7, 9, 12, 15.

(b) 3, 7, 9, 12, 15, 18, 21.

만약 자료의 개수가 짝수인 경우에는 어떠한 결과가 발생하는지 설명해 보도록 한다.

03. 황금분할 탐색법을 이용하여 주어진 함수의 최대가 이루어지도록 하는 최적해를 구하는 함수를 작성해 보도록 한다.

7.2 뉴튼-랍슨법

만약 최소화시켜야 할 함수가 연속적으로 두 번 미분 가능하고 이들의 값을 어떻게 평가해야 할지 알고 있다면, 이러한 사실들을 이용하여 황금분할 탐색법보다 더 빠르게 최적값을 구할 수 있는 알고리즘이 있다.

함수 $f(x)$가 주어진 경우 구간 [a, b] 내에서 이를 최소화하는 최적해를 구해 본다고 생각해 본다. 만약 이 최적해가 a 또는 b가 아니라면 x^*에서 $f'(x^*)=0$이 될 것이다. 이것은 x^*가 함수 $f(x)$의 최적해가 되기 위한 필요조건일 뿐 충분조건은 아니다. 따라서 x^*가 함수 $f(x)$의 최솟값을 가지는지 반드시 확인해야 한다. $f'(x^*)=0$의 해가 함수 $f(x)$의 최댓값이거나 변곡점 (point of inflection)에 위치하는 경우도 존재한다. 따라서 이것이 최솟값임을 알 수 있도록 하는 충분조건 $f''(x^*)>0$을 확인해야 한다.

만약 x_0가 함수의 최소화를 위한 최적해라면 $f''(x)$는 $f'(x)$의 기울기라는 점과 테일러 급수 근사법 (Taylor series approximation)을 사용하여 $f'(x)$의 값을 다음과 같은 방법으로 근사할 수 있다.

$$f'(x) \approx f'(x_0) + (x - x_0) f''(x_0).$$

이것은 우변의 값이 영 (zero)이 되는 점을 찾는 것이 $f'(x^*)=0$을 만족하는 해에 대한 근삿값을 찾는 것과 동일하다는 것을 의미한다.

이를 활용하여 $f'(x^*)=0$를 만족하는 해를 수치적으로 찾는 방법인 뉴튼-랍슨 알고리즘 (Netwon-Raphson algorithm)을 다음과 같이 구현할 수 있다. 먼저 해라고 여겨지는 초깃값 x_0을 정한 뒤 아래의 식을 이용하여 보다 나은 해라고 추측되는 값을 계산한다.

$$x_1 = x_0 - \frac{f'(x_0)}{f''(x_0)}.$$

이것은 주어진 함수를 최소화해 주는 새로운 값에 대한 정보를 제공한다. 이제 x_0 대신 x_1을 이용하여 새로운 x_2값을 찾는다. 다음과 같은 방법으로 이를 계속 반복하도록 한다.

$$x_{n+1} = x_n - \frac{f'(x_n)}{f''(x_n)}.$$

이 반복은 $f'(x_n)$의 값이 충분히 영 (zero)에 가까워질 때까지 계속 진행하게 된다. 일반적으로 ε이라고 하는 한계범위 (tolerance)를 미리 정해두고 $|f'(x_n)| < \varepsilon$이라는 조건을 만족한다면 위의 주어진 반복을 중단하도록 한다.

만약 주어진 초깃값 x_0가 충분히 최적해에 가깝다면 뉴튼-랍슨 알고리즘은 함수를 지역적으로 최소화 해주는 값 (local minimizer)에 수렴하게 된다. 컴퓨터를 활용한 다른 최적화 기법(optimization techique)들과 마찬가지로 최솟값이 하나 이상 존재하는 경우 뉴튼-랍슨법에 의하여 찾아진 해가 반드시 가장 좋은 해라고 할 수는 없다. 그러나 모든 범위에서 $f''(x) > 0$을 만족한다면, 주어진 함수를 최소화 해 주는 최적해는 반드시 하나만이 존재하게 된다.

실제로 뉴튼-랍슨 알고리즘을 구현할 때 다소 곤란한 경우가 있다. 이것은 테일러급수 근사법을 이용하여 $f'(x^*) = 0$을 만족하는 해가 없으며 $f''(x_n)$=0인 경우인데 함수가 국소적으로 직선으로 보이게 된다. 이런 경우에는 $f'(x_n)$의 값이 감소하는 방향으로 조금 이동해 보도록 한다.

그러나 x_n가 최적해로부터 너무 멀리 떨어져 있는 경우, 테일러 근사법은 아마도 너무 부정확하여 $f(x_{n+1})$가 $f(x_n)$보다 클 수 있다. 이런 경우에는 좀 더 조금씩 이동하는 것이 보다 나은 결과를 찾아준다는 기대하에 x_{n+1}을 $(x_{n+1} + x_n)/2$로 바꾸어 계산하도록 한다.

마지막으로 $f'(x)$ 또는 $f''(x)$를 계산해 주는 코드 자체에 버그가 있을 가능성 또한 염두에 두어야 한다. 따라서 이러한 경우가 아니라는 것을 확신할 수 있도록 주의 깊게 코드를 검증해 보는 것이 좋다.

예제 7.1

이제 $f(x) = e^{-x} + x^4$가 최소가 되는 최적해를 찾아보고자 한다. 이 공식을 잘 살펴보면 e^{-x} 는 감소함수이고 x^4는 영 (zero)에서 최솟값을 가지기 때문에 이 함수의 최소가 이루어지는 최적해는 영점의 우측 어딘가에 위치한다는 것을 추측해 볼 수 있다. 초깃값에 대한 감을 잡기 위하여 이 함수를 그려보도록 한다(그림 7.3 참조).

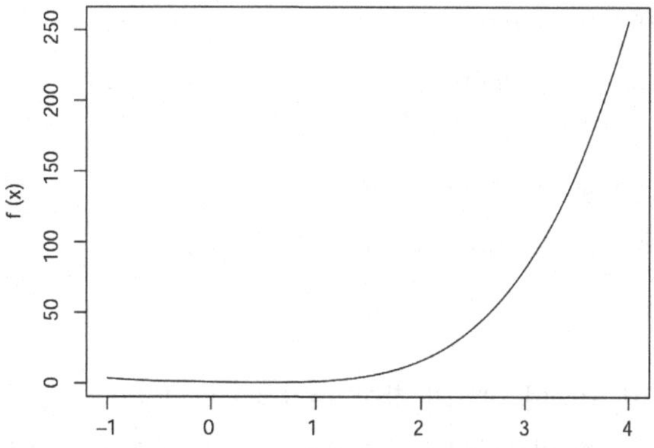

[그림 7.3] 함수 $f(x) = e^{-x} + x^4$의 그래프

```
> f <- function(x) exp(-x) + x^4
> curve(f, from=-1, to=4)
```

이 그림으로부터 최적해는 $x_0 = 0.5$의 근처라는 것을 알 수 있다. 따라서 이 값을 초깃값으로 이용할 것이다. 위에서 설명한 것과 같은 어려움들이 존재할 수 있으므로 일반적인 뉴튼-랍슨 알고리즘을 바로 구현하기보다는 먼저 알고리즘의 수렴여부를 알아보기 위하여 몇 번의 업데이트 과정을 평가해 보도록 한다.

```
> f <- function(x) exp(-x) + x^4
> fprime <- function(x) -exp(-x) + 4 * x^3
> fprimeprime <- function(x) exp(-x) + 12 * x^2
> x <- c(0.5, rep(NA, 6))
> fval <- rep(NA, 7)
> fprimeval <- rep(NA, 7)
> fprimeprimeval <- rep(NA, 7)
> for (i in 1:6) {
+     fval[i] <- f(x[i])
+     fprimeval[i] <- fprime(x[i])
+     fprimeprimeval[i] <- fprimeprime(x[i])
+     x[i + 1] <- x[i] - fprimeval[i] / fprimeprimeval[i]
+ }
> data.frame(x, fval, fprimeval, fprimeprimeval)
          x      fval     fprimeval fprimeprimeval
1 0.5000000 0.6690307 -1.065307e-01       3.606531
2 0.5295383 0.6675070  5.076129e-03       3.953806
3 0.5282544 0.6675038  9.980020e-06       3.938266
4 0.5282519 0.6675038  3.881429e-11       3.938235
5 0.5282519 0.6675038  0.000000e+00       3.938235
6 0.5282519 0.6675038  0.000000e+00       3.938235
7 0.5282519        NA            NA             NA
```

불과 4번의 반복과정에 의하여 미분의 값이 수치적으로 영값에 수렴함을 알 수 있다. 또한 수렴된 위치에서의 두 번째 미분값이 양수이므로 주어진 함수는 지역적 최솟값을 가지게 됨을 알 수 있다. 사실은 $f''(x) = e^{-x} + 12x^2$ 이므로 두 번째 미분값은 x의 어떠한 값에 대해서도 양수이기 때문에 이 함수 $f(x)$는 전역적 최솟값 (global minimum)을 가지게 된다.

7.3 넬더–미드 심플렉스법

앞 절에서는 하나의 변수만으로 이루어진 함수의 최적해를 구하는 방법들을 살펴보았다. 그러나 여러 개의 변수를 가지는 함수의 경우 최적해를 구하는 것은 어렵다. 더 나아가 두 개 이상의 변수를 가지는 함수를 시각화하는 것은 더욱 어렵다.

넬더–미드 심플렉스법 (Nelder–Mead simplex algorithm)은 함수가 여러 개의 변수를 가질 때 사용되는 최적화 방법 중 하나이다. 이 방법은 p차원의 경우에 부피가 영이 되지 않도록 하는 $p+1$개의 정점 $x_1, \ldots, x_{p+1}$들로 p-차원 위에 형성된 기하학적 형태를 생각함으로써 시작한다. 예를 들어 2차원의 경우에 3개의 점들을 하나의 선상에 놓지 않음으로써 삼각형을 구성해 볼 수 있다. 3차원의 경우에는 4개의 점들로 이루어진 사면체를 형성하게 된다.

이 꼭짓점들은 함수 $f(x_i)$의 크기에 따라 $f(x_1) \leq f(x_2) \leq \cdots \leq f(x_{p+1})$와 같이 오름차순으로 번호를 매길 수 있다. 이러한 방법을 이용하여 $f(x)$를 최소화시키는 점을 찾는 기본원리는 x_{p+1}을 좀 더 작은 값을 가지는 점으로 대체하는 것이다. 이것은 이미 주어져 있는 정점들로부터 여러 개의 예정점 (proposed points) z_i를 계산함으로써 이루어지게 된다. 2차원의 경우 이러한 예정점은 그림 7.4에서 보는 바와 같이 네 가지 종류를 생각해 볼 수 있다. 처음 세 가지는 $x_1, \ldots, x_p$의 중간값인 $x_{\text{mid}} = (x_1 + \cdots + x_p)/p$를 사용한다.

1. 반사 (reflection): 예정점 z_1는 x_{p+1}를 x_{mid}에 반사한 위치에 놓음으로써 얻어진다.
2. 반사 및 확장 (expansion): 예정점 z_2는 x_{p+1}를 x_{mid}에 반사하는 방향으로 거리가 두 배에 해당하는 위치에 놓음으로써 얻어진다.
3. 수축 (contraction) 1: 예정점 z_3은 x_{p+1}을 x_{mid}에 반사하는 반대방향으로 그 거리가 반으로 수축된 위치에 놓음으로써 얻어진다.
4. 수축 2: 예정점 $z_4, \ldots, z_{p+3}$은 x_1에 반사하는 반대방향으로 그 거리가 주어진 모든 점으로부터 각각 반으로 수축된 위치에 놓음으로써 얻어진다.

이제 심플렉스 (simplex)를 이용하여 얻어진 모든 예정점들을 $f(z_i)$의 크기에 따라 하나씩 살펴보도록 하겠다. 각각의 경우에 대하여 아래에 주어진 의사코드 (pseudocode)를 따라 읽어가면서 그림 7.5에 표시된 실선을 참조하면 이해하는 데 도움이 될 것이다.

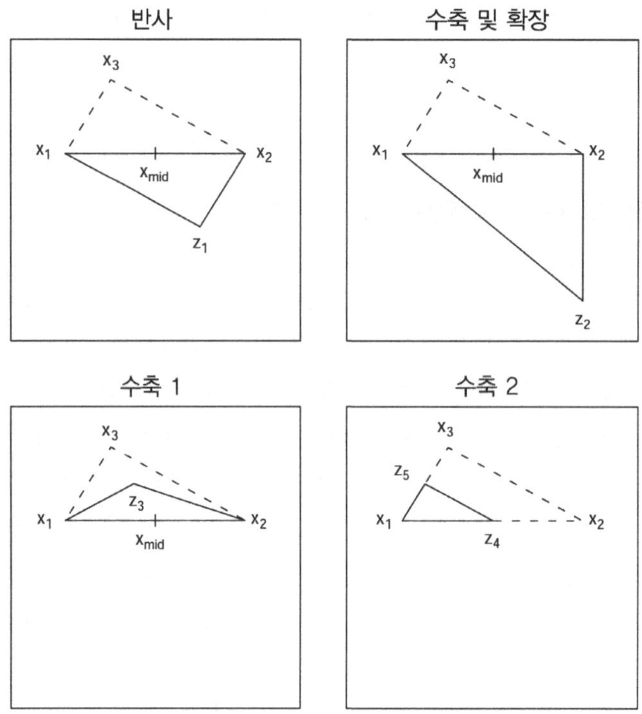

[그림 7.4] 2차원상에서 그려본 넬더-미드 알고리즘에서 사용되는 네 가지 종류의 예정점

[그림 7.5] 넬더-미드 알고리즘에서 $f(z_1)$은 A, B, C, D 중 한 곳에 위치하게 될 것이다.

```
초기화:
    행렬 x에 꼭짓점들이 가지는 위치에 대한 초기정보를 저장.
      x[i,] 는 꼭짓점 i를 나타냄.
     For i in 1:(p + 1) f(x[i,])를 계산.
    꼭짓점들을 오름차순으로 배열.
      f(x[1,]) <= f(x[2,]) <= ... <= f(x[p + 1,])
    중앙점(midpoint) 계산 xmid = (x[1,] + x[2,] + ... + x[p,]) / p
시도:
    반사법을 이용하여 z1를 계산: z1 <- xmid - (x[p + 1,] - xmid)
    If f(z1) < f(x[1,]) { # 지역 A
        반사와 확장법을 이용하여 z2 계산
```

```
            z2 <- xmid - 2 * (x[p + 1,] - xmid)
        If f(z2) < f(z1) return(z2)
        else return(z1)
} else {
    If f(z1) < f(x[p, ]) return(z1) # 지역 B
    If f(z1) < f(x[p + 1,]) {
        z1 를 x[p + 1,] 로 교환 # 지역 C
    }
}
```

이 시점에서 f(z1)은 D 지역에 있다는 것을 알고 있음.

수축법1을 이용하여 z3 구함.
If f(z3) < f(x[p + 1,]) return(z3)   # 지역 A, B, 또는 C

이 시점에서 예정점을 정하는 어떠한 방법도 만족하지 않기 때문에
모든 점들이 x[1,] 로 이동하는 수축법 2를 사용한다.

예제 7.2

이번 예제에서는 넬더-미드 알고리즘을 사용하여 다음에 주어진 함수를 최소화해 보도록 한다.

```
> f <- function(x, y) ((x - y)^2 + (x - 2)^2 + (y - 3)^4) / 10
```

좋은 시작값을 알아보기 위하여 등고선 (contour) 플롯을 그려보도록 한다. 그림 7.6을 생성하기 위해 다음의 코드가 사용되었다.

```
> x <- seq(0, 5, len=20)
> y <- seq(0, 5, len=20)
> z <- outer(x, y, f)
> contour(x, y, z)
```

넬더-미드 알고리즘의 반복과정을 실행하는 R 함수를 작성한 뒤 neldermead(x, f)이라는 이름을 붙였다. 이 함수의 입력인자 x는 의사코드에서 설명한 행렬이며, f는 최적화하고자 하는 함수이다. 함수 neldermead(x, f)의 사용결과는 넬더–미드 알고리즘의 반

복과정을 통하여 얻어진 새로운 예정점을 포함한 행렬 x가 된다. 다음의 로그 (log)를 통하여 9차례의 반복과정을 거친 넬더-미드 알고리즘의 적용결과를 확인해 볼 수 있다. 그림 7.7은 사용된 알고리즘의 각 단계들을 시각화한 것이다.

```
> x <- matrix(c(0, 0, 2, 0, 2, 0), 3, 2)
> polygon(x)
> for (i in 1:9) {
+   cat(i,":") + x <- neldermead(x, f) + polygon(x) +
text(rbind(apply(x, 2, mean)), labels=i) + }
1 : 반사법 수락, f(z1)= 3.3
2 : z1와 x3 교환
수축법1 수락, f(z3)= 3.25
3 : 반사 및 확장법 수락, f(z2)= 0.31875
4 : 반사법 수락, f(z1)= 0.21875
5 : 수축법1 수락, f(z3)= 0.21875
6 : 수축법1 수락, f(z3)= 0.1
7 : 수축법1 수락, f(z3)= 0.04963379
8 : 수축법1 수락, f(z3)= 0.03874979
9 : z1 와 x3 교환 수축법1 수락, f(z3)= 0.02552485
```

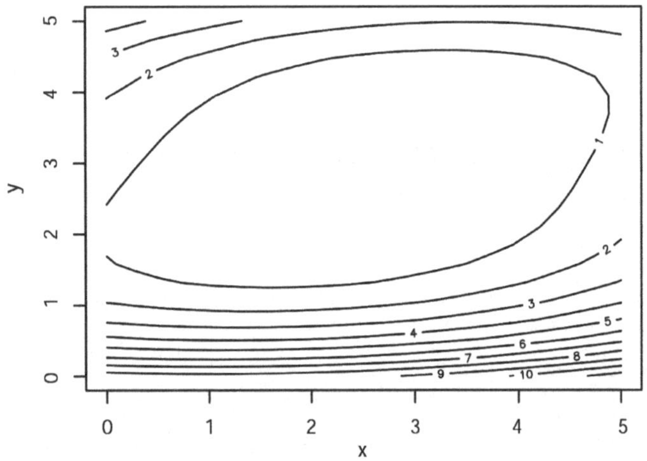

[그림 7.6] 함수 $f(x,y)=[(x-y)^2+(x-2)^2+(y-3)^4]/10$의 등고선 플롯

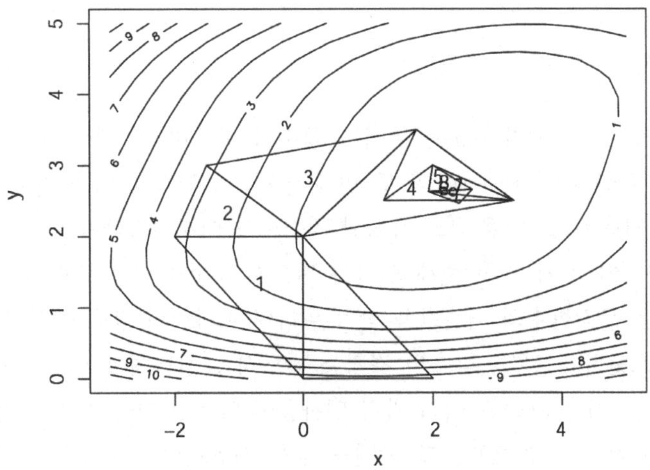

[그림 7.7] 넬더-미드 알고리즘을 9번 반복한 함수 $f(x,y)=[(x-y)^2+(x-2)^2+(y-3)^4]/10$

```
> x
          [,1]      [,2]
[1,] 2.609375 2.656250
[2,] 1.937500 2.625000
[3,] 2.410156 2.460938
```

이 9번째의 마지막 단계로부터 x와 y의 값은 각각 1.9−2.6 그리고 2.4−2.7의 사이에 놓여 있음을 알 수 있다. 이 반복을 50번 추가적으로 더 실행하게 되면 이 함수는 $(x,y)=(2.25,2.5)$에서 최소가 됨을 확인할 수 있다.

7.4 미리 작성된 함수들

R에서는 일반적인 최적화 문제에 사용될 수 있는 몇 가지 종류의 함수를 제공하고 있다.

1차원 최적화 문제의 경우에는 앞 절에서 설명한 황금분할 탐색법을 변형한 알고리즘을 구현한 optimize() 함수가 제공된다. 또한 다차원의 경우에 사용할 수 있는 optim() 함수 역시 제공된다. optim()은 넬더−미드 알고리즘, 뉴튼−랍슨 알고리즘을 변형들, 그리고 여기에서 아직은 다루지 않은 몇 가지 최적화 알고리즘들을 한데 묶어 놓은 것이다.

구문

```
optim(par, fn, ...)
```

optim()에 전달되는 인자 par는 주어진 함수의 파라미터들에 대한 초깃값을 정한다. 이뿐만 아니라 이 인자는 optim()의 두 번째 인자 fn이 몇 개의 파라미터들이 이용되는지 확인하는 데 사용된다. fn은 R로 작성된 최소화가 이루어질 목적함수의 값을 계산하는 함수이다. 이 함수가 가지는 첫 번째 인자는 반드시 par와 같은 길이를 가지는 벡터여야 한다. optim()은 목적함수의 최솟값을 찾기 위하여 파라미터 값을 바꾸어 가면서 이 함수를 반복적으로 호출하게 된다. 함수의 결과는 반드시 스칼라여야 한다. optim() 함수 이외에도 선택적으로 사용 가능한 여러 가지 인자들이 있는데 이들에 대한 자세한 설명은 도움말 페이지에서 찾아볼 수 있다. 그 밖에도 ...를 사용하여 fn에서 사용할 수 있는 여러 가지 파라미터들을 전달할 수 있다.

R에서는 또한 일반적인 최적화 문제를 다루기 위하여 nlm()과 nlminb()와 같은 또 다른 종류들의 함수가 제공된다. 대부분의 경우 사용이 다소 유연한 optim()이 선호되나, 특정문제에 대하여 특정 함수가 더 나은 결과를 주는 경우들이 존재할 수도 있다. 만약 목적함수의 파라미터들이 가질 수 있는 범위에 대하여 선형부등식의 형태로 제약조건(constraints)이 주어지는 경우 constrOptim() 함수를 사용해 볼 수 있다.

연습문제

01. optimize() 함수를 사용하여 다음에 주어진 함수를 최소화시켜보도록 한다.

(a) $f(x) = |x-3.5| + |x-2| + |x-1|$

(b) $f(x) = |x-3.2| + |x-3.5| + |x-2| + |x-1|$

02. nlm()과 optim()를 이용하여 다음에 주어진 함수를 최소화시켜보도록 한다.

$$f(a,b) = (a-1) + 3.2/b + 3\log(\Gamma(a)) + 3a\log(b)$$

여기에서 $\Gamma(a)$는 R에서 gamma(a)를 이용하여 값을 얻을 수 있는 감마함수이다.

03. nlminb()를 사용하여 이전 문제를 다시 풀어보도록 한다. a와 b는 반드시 음의 값을 가지지 않도록 해야 한다.

7.5 선형계획법

주어진 제약조건들을 만족해야 하는 목적함수를 최소화(또는 최대화)해야 할 경우를 종종 접하게 된다. 만약 목적함수가 선형이고 만족해야 하는 제약조건들이 선형방정식 또는 부등식의 형태로 주어지는 경우를 선형계획 (linear programming) 문제라고 한다.

이러한 선형계획법에서는 목적함수를 최소화하는 문제를 다음과 같이 소위 표준식 (standard form)이라고 불리는 형태로 표현할 수 있다.

$$\min_{x_1, x_2, \cdots, x_k} \quad C(x) = c_1 x_1 + \cdots + c_k x_k,$$

이 표준식은 다음과 같이 주어진 제약조건을 반드시 만족해야 한다.

$$a_{11}x_1 + \cdots + a_{1k}x_k \geq b_1$$

$$a_{21}x_1 + \cdots + a_{2k}x_k \geq b_2$$

$$\cdots$$

$$a_{m1}x_1 + \cdots + a_{mk}x_k \geq b_m,$$

또한 **비음수 조건** (nonnegativity conditions) $x_1 \geq 0, \cdots, x_k \geq 0$ 역시 만족해야 한다.

다시 말해서 주어진 제약조건들과 비음수 조건하에서 **목적함수** (objective function) $C(x)$를 최소화하는 **결정변수** (decision variables)들의 값 $x_1, x_2, \cdots, x_n$을 찾는 것이다.

예제 7.3

어떤 회사에서 공장으로부터 배출되는 이산화항(sulfur dioxide)과 이산화탄소(carbon dioxide)의 양을 줄일 수 있는 두 가지 방법을 개발했다고 가정하자. 첫 번째 방법은 각 가스별로 같은 양을 줄일 수 있으며 배출 단위당 $5가 필요하다. 두 번째 방법은 이산화황의 경우 첫 번째 방법으로 줄일 수 있는 양과 동일한 양을 줄일 수 있지만 이산화탄소의 경우에는 2배 더 줄일 수 있다. 이 방법은 배출단위당 $8가 필요하다.

현재 이 회사는 이산화황과 이산화탄소의 배출양을 각각 200만과 300만 단위만큼씩 줄이도록 요구되고 있다. 어떻게 하면 이 두 가지 방법들을 잘 활용하여 최소의 비용으로 이 요구사항을 만족시킬 수 있을까?

x_1을 첫 번째 방법이 적용되는 배출량이며 x_2를 두 번째 방법이 적용되는 배출량이라고 해 본다. 편의상 두 방법이 적용되는 배출량의 단위는 백만으로 가정한다.

이 경우 투자해야 할 총비용(단위: 백만 달러)은 아래와 같이 표현할 수 있다.

$$C = 5x_1 + 8x_2.$$

이산화황의 경우, 두 방법에 의하여 감소될 수 있는 양은 같으므로 전체적으로 줄일 수 있는 이산화황의 양은 다음과 같다.

$$x_1 + x_2.$$

최소 200만 단위만큼 줄이도록 요구되고 있기 때문에 아래와 같이 표현될 수 있다.

$$x_1 + x_2 \geq 2.$$

이산화탄소의 경우 두 번째 방법이 첫 번째 방법보다 2배에 해당하는 양을 줄일 수 있으며, 전체적으로 300만 단위만큼 줄이도록 요구되고 있다. 따라서 전체적으로 줄어들게 되는 이산화탄소의 양은 다음과 같이 표현할 수 있다.

$$x_1 + 2x_2 \geq 3.$$

마지막으로 두 가지 방법 모두 줄일 수 있는 배출량은 음의 값을 가질 수 없으므로 x_1과 x_2는 반드시 음이 아니어야 한다는 조건을 가지게 된다. 따라서 이 문제는 다음과 같이 선형계획법의 표준식으로 나타낼 수 있다.

$$\min C = 5x_1 + 8x_2,$$

그리고 이 표준식은 아래의 주어진 제약조건들을 만족해야 한다.

$$x_1 + x_2 \geq 2$$

$$x_1 + 2x_2 \geq 3,$$

$$x_1, x_2 = 0.$$

그림 7.8을 통하여 주어진 제약조건들이 어떤 관계를 가지고 있는지를 살펴볼 수 있다. 회색부분으로 칠해진 부분을 **실행 가능한 영역** (feasible region)이라고 하는데, 주어진 제약조건들을 모두 만족하는 (x_1, x_2)의 값들로 이루어져 있다. 회색으로 칠해지지 않은 부분은 하나 이상의 조건을 만족하지 않는 경우이다.

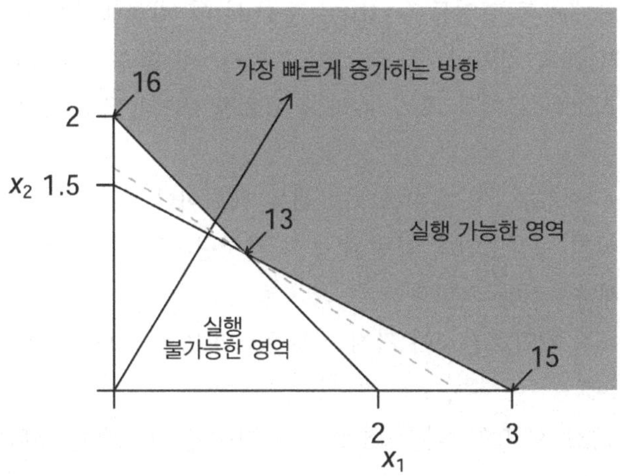

[그림 7.8] 대기오염 배출량 예제에서 선형계획법으로 얻어진 해를 보여 주는 그래프. 회색으로 칠해진 부분은 모든 제약조건을 만족하는 x_1와 x_2로 이루어진 영역이다. 점선으로 표시된 직선은 최소비용(13)을 가지는 x_1와 x_1을 나타낸다. 이 직선은 정확하게 하나의 점에서 실행 가능한 영역과 교차한다. 이 교차점 (1, 1)이 이 예제에서 찾고자 하는 최적해이다.

함수 $C(x)$의 변화도 (gradient) 벡터는 (5, 8)의 경우인데, 이것은 주어진 함수가 가장 빠르게 증가하는 방향을 알려 준다. 이 변화도 벡터는 주어진 함수의 레벨셋 또는 등고선과 직교하게 된다. 그림 7.8에서 점선으로 표시된 직선은 레벨셋 중 하나를 보여 준다. 최소화 문제를 고려해 볼 때 해는 실행 가능한 영역과 첫 번째 등고선의 교차지점에서 찾을 수 있다. 만약 이러한 교차가 한 점에서만 일어날 경우 최적해의 개수는 하나이다. 이 예제에서는 이러한 교차점을 (1, 1)에서 찾을 수 있다.

위의 예제를 통하여 이러한 종류의 선형계획법 문제의 최적해는 주어진 제약조건들과의 교차지점에서 발생한다는 것을 알 수 있었다. 이러한 제약조건들과의 교차지점에 놓인 최적해들을 **기본해** (basic solutions)라고 한다. 만약 이 교차점들이 실행 가능한 영역의 내부에 놓여 있다면 이들을 기본 실행가능해 (basic feasible solutions)라고 한다. 만약 적어도 하나 이상의 기본 실행가능해가 존재한다면 이들 중 하나가 **최적해** (optimal solution)일 것이다. 위의 예제의 경우 최적해는 (1, 1)이다.

7.5.1 R을 이용하여 선형계획법 문제 풀기

선형계획법을 위한 여러 가지 함수들이 R에서 사용 가능하지만 `lpSolve` 패키지 내에 있는 `lp()` 함수가 현재로서는 사용하기에 가장 안정적이라고 생각된다. 이 함수는 수정된 심플렉스법 (revised simplex method)을 기초로 하고 있는데, 기본원리는 실행 가능한 영역을 구성하는 여러 개의 꼭짓점들 (extreme points)이 최적해인지를 검정하는 것이다.

lp() 함수는 여러 개의 입력인자들을 가지고 있다. 이 함수를 이용하여 이전 예제에서 살펴본 것과 같은 최소화 문제를 풀기 위하여 필요한 인자들은 다음과 같다.

- objective.in - 목적함수의 계수를 나타내는 벡터이다.
- const.mat - 주어진 제약조건의 좌변에 놓인 결정변수들의 계수를 나타내는 행렬이다. 각 행이 하나의 제약조건을 의미한다.
- const.dir - 주어진 제약조건들이 가지는 부등호의 방향을 나타내는 벡터이다. 사용 가능한 일부 부등호에는 >=, ==, <= 이 있다.
- const.rhs - 주어진 제약조건의 우변에 놓인 상수를 나타내는 벡터이다.

예제 7.4

예제 7.3에서 설명한 최소화 문제를 풀기 위하여 다음과 같이 입력해 보도록 한다.

```
> library(lpSolve)
> eg.lp <- lp(objective.in=c(5, 8), const.mat=matrix(c(1, 1, 1, 2),
+           nrow=2), const.rhs=c(2, 3), const.dir=c(">=", ">="))
> eg.lp
Success: the objective function is 13
> eg.lp$solution
[1] 1 1
```

여기에서 볼 수 있는 것과 같이 주어진 목적함수를 최소화하는 최적해는 $x_1 = 1$, $x_2 = 1$이며, 이 해로부터 목적함수의 최솟값 13을 얻을 수 있다.

7.5.2 최대화 및 다른 종류의 제약조건들

lp() 함수는 또한 direction = "max"를 사용함으로서 최대화 문제를 다룰 수 있도록 해 준다. 그리고 const.dir 인자는 다른 종류의 부등호들을 사용할 수 있도록 해 준다.

예제 7.5

아래와 같이 주어진 목적함수를 생각해 보도록 한다.

$$\max C = 5x_1 + 8x_2,$$

이 표준식은 다음의 제약조건들을 반드시 만족해야 한다.

$$x_1 + x_2 \le 2$$

$$x_1 + 2x_2 = 3,$$

$$x_1, x_2 \ge 0.$$

이것을 R에서 다음과 같이 코딩할 수 있다.

```
> eg.lp <- lp(objective.in=c(5, 8),
+          const.mat=matrix(c(1, 1, 1, 2), nrow=2),
+          const.rhs=c(2, 3),
+          const.dir=c("<=", "="), direction="max")
> eg.lp$solution
[1] 1 1
```

이 목적함수의 최적해는 (1, 1)이며, 이 해로부터 목적함수의 최댓값은 13을 얻음을 알 수 있다.

7.5.3 특수한 경우들

다중 최적점 (Multiple optima)

선형계획법 문제에서 최적해가 여러 개인 경우를 종종 만나게 된다.

예제 7.6

대기오염 배출에 대한 예제 7.3을 다음과 같이 변경해 보도록 한다.

$$\min C = 4x_1 + 8x_2,$$

이 표준식은 반드시 다음의 제약조건들을 만족해야 한다고 하자.

$$x_1 + x_2 \leq 2$$

$$x_1 + 2x_2 \geq 3,$$

$$x_1, x_2 \geq 0.$$

이 경우에 (1, 1)에서 최적이 이루어질 뿐만 아니라 (3, 0)에서도 최적이 이루어지게 된다. 실제로는 그림 7.9에서 보여지는 바와 같이 두 점을 서로 연결한 선상의 모든 점들이 해가 될 수 있다.

`lp()` 함수는 사용자에게 여러 개의 최솟값들이 존재할 수 있다는 것을 알려주지 않는다. 실제로 이 함수를 수정된 예제에 적용하여 얻은 결과는 $x_1 = 3$, $x_2 = 0$이다.

디제너러시

목적함수가 m개의 결정변수를 가진 경우, m개의 제약조건 경계선들이 하나의 점에서 교차하게 되는 경우가 있다. 이러한 경우를 디제너러시(degeneracy)라고 한다. 매우 드문 경우인데, 이것은 심플렉스법을 사용할 때 문제를 야기시킬 수 있다. 따라서 이러한 경우가 발생할 수 있음을 알고 있는 것은 중요하다. 또한 매우 극히 드문 경우이긴 하지만 이러한 디제너러시는 알고리즘이 최적해로 수렴하는 것을 방해하기도 한다. 그러나 대부분의 경우에 이러한 현상에 대하여 크게 걱정할 필요는 없다.

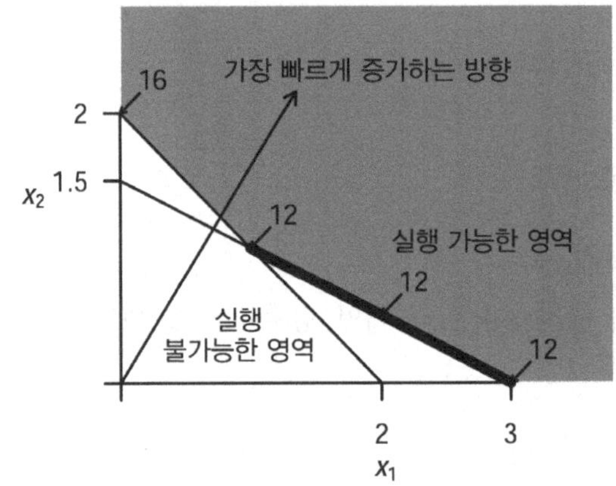

[그림 7.9] 예제 7.6에 사용된 목적함수의 변화도와 제약조건을 나타내는 경계선을 보여 주는 플롯. 아주 진하고 굵은 직선 위의 모든 점들이 이 문제에서 찾고자 하는 최적해이다.

예제 7.7

다음의 문제는 최적화가 이루어지는 지점이 아닌 다른 곳에서 디제너러시되는 점을 가지고 있는 경우이다. lp() 함수가 최적해를 찾는 데 특별한 어려움이 발생하지 않는 것을 알 수 있다.

$$\min C = 3x_1 + x_2$$

이 표준식은 반드시 다음의 주어진 제약조건들을 만족해야 한다고 가정하자.

$$x_1 + x_2 \geq 2$$

$$x_1 + 2x_2 \geq 3$$

$$x_1 + 3x_2 \geq 4$$

$$4x_1 + x_2 \geq 4,$$

$$x_1, x_2 \geq 0.$$

주어진 제약조건을 나타내는 경계선들은 그림 7.10에 보여지는 바와 같다.

```
> degen.lp <- lp(objective.in=c(3, 1),
+             const.mat=matrix(c(1, 1, 1, 4, 1, 2, 3, 1), nrow=4),
+               const.rhs=c(2, 3, 4, 4), const.dir=rep(">=", 4))
> degen.lp
Success: the objective function is 3.333333
> degen.lp$solution
[1] 0.6666667 1.3333333
```

실행 불가능

실행 불가능 (infeasibility)은 일반적으로 접하게 되는 문제이다. 이것은 주어진 제약조건을 동시에 만족할 수 있는 실행 가능한 영역이 존재하지 않기 때문에 발생한다. 따라서 실행가능해는 존재하지 않음을 의미한다.

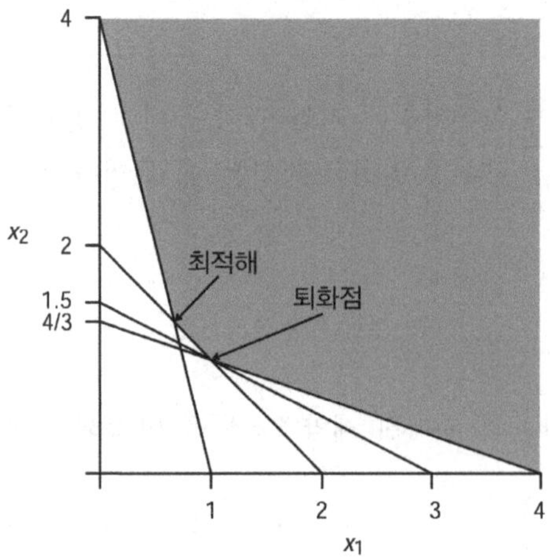

[그림 7.10] 네 개의 제약조건을 나타내는 플롯. 퇴화를 유발시키는 불필요한 조건이 포함되어 있다. 실행 가능 영역은 회색으로 표시되었다.

예제 7.8

다음의 예제는 주어진 제약조건들을 동시에 모두 만족시킬 수 없는 경우를 보여 준다.

$$\min C = 5x_1 + 8x_2,$$

이 표준식은 다음의 제약조건들을 반드시 만족해야 한다고 가정한다.

$$x_1 + x_2 \geq 2$$

$$x_1 + x_2 \leq 1,$$

$$x_1, x_2 \geq 0.$$

다음은 `lp()` 함수로부터 얻은 결과를 보여 준다.

```
> eg.lp <- lp(objective.in=c(5, 8),
+            const.mat=matrix(c(1, 1, 1, 1), nrow=2),
+            const.rhs=c(2, 1), const.dir=c(">=", "<="))
> eg.lp

Error: no feasible solution found
```

무한히 많은 해

아주 드물게 볼 수 있는데 주어진 제약조건들을 만족하는 목적함수가 무한히 많은 해(unbounded solution)를 가지는 경우가 존재한다.

예제 7.9

무한히 많은 해 (unboundness)를 가지는 예를 들어 보도록 한다.

$$\max C = 5x_1 + 8x_2,$$

이 표준식은 반드시 다음의 제약조건들을 만족해야 한다고 가정한다.

$$x_1 + x_2 \geq 2$$
$$x_1 + 2x_2 \geq 3,$$
$$x_1, x_2 \geq 0.$$

실행 가능한 영역은 예제 7.3에서 설명한 것과 동일하며, 그림 7.8에서 확인할 수 있다. 그러나 이번에는 목적함수를 최소화하기보다는 대신에 최대화해 보고자 한다. 따라서 목적함수가 증가하는 방향으로 이동해 보도록 한다. 이 경우 목적함수의 값은 x_1과 x_2를 임의적으로 매우 크게 잡음으로써 원하고자 하는 만큼 크게 만들 수 있다.

다음은 `lp()`함수를 이용하여 얻은 결과를 보여 준다.

```
> eg.lp <- lp(objective.in=c(5, 8),
+           const.mat=matrix(c(1, 1, 1, 2), nrow=2),
+           const.rhs=c(2, 3), const.dir=c(">=", ">="),
+           direction="max")
> eg.lp
Error: status 3
```

주로 제약조건 또는 목적함수가 올바르게 주어지지 않은 경우에 무한히 많은 해를 가지게 된다.

7.5.4 제약조건이 없는 변수들

종종 결정변수가 반드시 음이 아니어야 한다는 조건을 가지지 않는 경우를 만나게 된다. lp() 함수는 이러한 경우를 직접적으로 다룰 수 있도록 설계되지 않았다. 그러나 이를 해결하는 간단한 방법이 있다.

만약 x가 부호에 관한 제약조건이 없다면 $x_1 \geq 0$이고 $x_2 \geq 0$인 경우에 x는 $x_1 - x_2$로 표현할 수 있다. 이 방법은 선형계획법 문제에서 제약조건이 없는 모든 변수들을 음이 아닌 두 변수들 간의 차로 다시 정의하여 접근하는 것이다.

예제 7.10

다음의 문제를 살펴보도록 한다.

$$\min C = x_1 + 10x_2,$$

이 표준식은 다음의 주어진 제약조건들을 만족해야 한다고 가정한다.

$$x_1 + x_2 \geq 2$$

$$x_1 - x_2 \leq 3,$$

$$x_1 \geq 0.$$

x_2는 부호와 관계가 없기 때문에 음이 아닌 값을 가지는 x_3과 x_4를 이용하여 $x_2 = x_3 - x_4$로 표현할 수 있다. 이를 이용하여 문제를 다시 써보게 되면 다음과 같다.

$$\min C = x_1 + 10x_3 - 10x_4,$$

이제 위의 표준식에 맞추어 주어진 제약조건을 아래와 같이 표현해 볼 수 있다.

$$x_1 + x_3 - x_4 \geq 2$$

$$x_1 - x_3 + x_4 \leq 3,$$

$$x_1 \geq 0, x_3 \geq 0, x_4 \geq 0.$$

이를 다음과 같은 R 코드로 작성해 볼 수 있다.

```
> unres.lp <- lp(objective.in=c(1, 10, -10),
+             const.mat=matrix(c(1, 1, 1, -1, -1, 1), nrow=2),
```

```
+           const.rhs=c(2, 3), const.dir=c(">=", "<="))
> unres.lp
Success: the objective function is -2.5
> unres.lp$solution
[1] 2.5 0.0 0.5
```

$x_1 = 2.5$와 $x_2 = x_3 - x_4 = -0.5$에서 해를 찾았음을 보여주고 있다.

7.5.5 정수계획법

종종 결정변수들이 정수값을 가지도록 제한되는 경우를 볼 수 있다. 예를 들면 1, 2, 3대의 다른 트럭을 이용하여 상품을 배달할 때 드는 비용을 최소화하는 경우를 생각해 볼 수 있다. 이때 사용되는 트럭의 개수는 유리수로 표현할 수 없으며 반드시 정수로 표현되어야 한다.

이와 같이 정수값만을 가지는 결정변수들을 사용하는 경우를 정수계획법 (integer programming) 문제라고 한다. 정수가 아닌 해를 가장 가까운 정수로 처리하는 것은 최적해와 거리가 먼 해가 되기 때문에 좋은 방법이라고 할 수 없다.

`lp()` 함수는 소위 **분리와 한정법** (branch and bound algorithm)이라고 하는 방법을 사용하여 이렇게 정수값만을 가지는 변수들을 다루는 기능을 가지고 있다. `int.vec` 이라는 입력인자는 어느 변수가 정수값을 가지는 변수인가를 지정하는 데 사용된다.

예제 7.11

다음에 주어진 함수를 최소화하는 음이 아닌 수 x_1, x_2, x_3, x_4를 찾아보도록 한다.

$$C(x) = 2x_1 + 3x_2 + 4x_3 - x_4,$$

이 표준식은 아래의 제약조건들을 만족해야 한다.

$$x_1 + 2x_2 \geq 9$$

$$3x_2 + x_3 \geq 9,$$

$$x_2 + x_4 \leq 10.$$

더 나아가 x_2와 x_4는 반드시 정수여야 한다는 조건을 만족한다고 가정한다. R에서 다음과 같은 방법으로 이 문제를 풀 수 있다.

```
> integ.lp <- lp(objective.in=c(2, 3, 4, -1),
+    const.mat=matrix(c(1, 0, 0, 2, 3, 1, 0, 1, 0, 0, 0, 1), nrow=3),
+    const.dir=c(">=", ">=", "<="), const.rhs=c(9, 9, 10),
+    int.vec=c(2, 4))
> integ.lp
Success: the objective function is 8
> integ.lp$solution
[1] 1 4 0 6
```

따라서 x_2와 x_4가 정수일 때 최적해는 $x_1=1$, $x_2=4$, $x_3=0$, $x_4=6$가 된다는 것을 알 수 있다.

만약 변수가 정수를 가져야만 한다는 조건이 무시된다면 어떤 결과가 생기는지 살펴보도록 한다.

```
> wrong.lp <- lp(objective.in=c(2, 3, 4, -1),
+     const.mat=matrix(c(1, 0, 0, 2, 3, 1, 0, 1, 0, 0, 0, 1), nrow=3),
+     const.dir=c(">=", ">=", "<="), const.rhs=c(9, 9, 10))
> wrong.lp
Success: the objective function is 8
> wrong.lp$solution
[1] 0.0 4.5 0.0 5.5
```

이제 주어진 문제의 해를 가장 가까운 정수로 정하게 된다면 첫 번째 제약조건 (만약 x_2가 4인 경우)을 위배하거나 목적함수의 최솟값이 8보다 크게 될 것이다 (만약 $x_2=5$인 경우).

7.5.6 lp( ) 함수의 대안들

lp() 함수는 C로 작성된 코드를 사용한다. 이 외에 사용 가능한 또 다른 함수는 linprog 패키지에 포함되어 있는 solveLP()이라는 함수가 있다. 이 함수는 완전하게 R로 쓰여졌는데 lp() 함수에 비하여 많이 느린 반면, 많은 입력변수를 가질 수 있으며 상세한 결과를 제공해 준다. boot 패키지 내에 있는 simplex() 함수 또한 사용될 수 있다.

심플렉스법은 입력변수의 개수가 매우 많은 경우에는 충분히 빠르게 수렴하지 않는다. **내부점법** (interior point methods)이라는 좀 더 나은 절차가 최근에 발표되었기는 하지만 현재까지는 R이 아닌 다른 프로그래밍 언어로 구현되어 있다.

7.5.7 이차계획법

선형계획법은 주어진 제약조건들을 만족하는 비선형함수를 최소화하는 최적화문제의 특별한 경우라고 할 수 있다. 일반적으로 비선형함수와 관련된 최적화문제는 **이차계획법** (quadratic programming)이라고 하는데 이것은 목적함수가 이차함수이며 주어진 제약조건들이 선형인 경우를 제외하고는 풀기가 난해하고 이 책의 범주를 벗어나게 된다.

k개의 제약조건들을 가진 이차계획법은 종종 다음과 같은 형식을 가지고 있다.

$$\min_{\beta} \frac{1}{2}\beta^T D\beta - d^T\beta,$$

위에서 볼 수 있는 것과 같이 주어진 제약조건은 $A^T\beta \geq b$을 만족해야 한다. 여기에서 β는 p개의 모르는 값을 가진 벡터이며, D는 크기가 $p \times p$인 양정치 행렬이고, d는 길이가 p인 벡터, A는 크기가 $p \times k$인 행렬, 그리고 b는 길이가 k인 벡터이다.

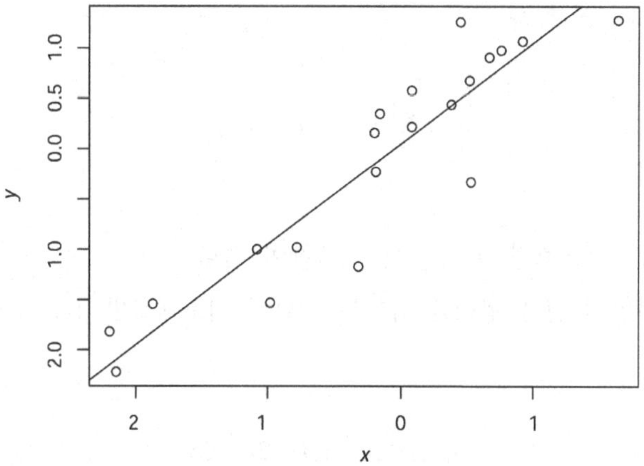

[그림 7.11] 기울기가 1이고 절편이 0.05인 직선과 함께 그려진 20개의 자료에 대한 산점도

예제 7.12

다음과 같이 변수 x와 y의 쌍으로 이루어진 20개의 자료가 주어진 경우를 생각해 본다. 그림 7.11은 이 자료의 산점도를 보여 준다.

```
> x <- c(0.45, 0.08, -1.08, 0.92, 1.65, 0.53, 0.52, -2.15, -2.20,
+     -0.32, -1.87, -0.16, -0.19, -0.98, -0.20, 0.67, 0.08, 0.38,
+      0.76, -0.78)
> y <- c(1.26, 0.58, -1.00, 1.07, 1.28, -0.33, 0.68, -2.22, -1.82,
+     -1.17, -1.54, 0.35, -0.23, -1.53, 0.16, 0.91, 0.22, 0.44,
+      0.98, -0.98)
```

이제 이 자료를 가장 적합하게 잘 지나가는 직선을 찾아보도록 한다. 그리고 이 직선은 다음과 같은 형식을 가진다고 생각해 보자.

$$y = \beta_0 + \beta_1 x$$

여기에서 β_0는 y의 절편이며, β_1은 기울기이다. 또한 이 직선의 기울기 β_1은 적어도 1 이상어야 한다는 추가적인 정보가 함께 주어졌다고 가정해 본다.

가장 잘 적합하는 직선을 찾기 위하여 각 관측값과 직선 사이의 수직거리를 제곱하여 이들의 합을 최소화하도록 한다.

$$\min_{\beta_0, \beta_1} \sum_{i=1}^{20} (y_i - \beta_0 - \beta_1 x_i)^2.$$

이때 기울기에 대한 제약조건 $\beta_1 \geq 1$를 만족해야 한다.

즉, 이 문제는 다음과 같은 형식을 가지는 **제한된 최소제곱법** (restricted least-squares)으로 표현된다.

$$\min_{\beta} \beta^T X^T X \beta - 2y^T X \beta,$$

이 식을 풀기 위해서 다음의 제약조건들이 함께 고려되어야 한다.

$$A\beta \geq b,$$

여기에서 $A = [0\ 1]$ 이고, $\beta = [\beta_0, \beta_1]^T$ 이다. 이때 y는 20개의 관측값을 가진 열벡터이고, X는 아래에서 보이는 것과 같이 두 개의 열을 가진 행렬이다. 첫 번째 열은 오로지 1로만 구성되어 있으며 두 번째 열은 20개의 관측치를 가지고 있는 x이다.

$$X = \begin{bmatrix} 1 & x_1 \\ 1 & x_2 \\ \cdots & \cdots \\ 1 & x_n \end{bmatrix} = \begin{bmatrix} 1 & 0.45 \\ 1 & 0.08 \\ \cdots & \cdots \\ 1 & -0.78 \end{bmatrix}.$$

이제 다음을 계산해 보도록 한다.

$$X^TX = \begin{bmatrix} n & \sum_{i=1}^{n} x_i \\ \sum_{i=1}^{n} & \sum_{i=1}^{n} x_i^2 \end{bmatrix} = \begin{bmatrix} 20 & -3.89 \\ -3.89 & 21.4 \end{bmatrix},$$

$$y^TX = [\sum_{i=1}^{N} y_i \sum_{i=1}^{n} x_i y_i] = [-2.89 \quad 20.7585].$$

따라서 이것은 $D = X^TX$와 $d = y^TX$를 가지는 이차계획법 문제가 된다.

이 이차계획법 문제를 다루기 위하여 선형계획법을 약간 변형하여 사용해 볼 수 있다. `quadprog` 패키지에는 `solve.QP()` 함수가 존재한다. 최소화 문제에 이 함수를 사용하기 위해서는 다음과 같은 입력 인자들을 정해주어야 한다.

- `Dmat` - 목적함수가 가지는 이차함수의 형태를 나타내는 행렬 D의 구성 요소를 가지는 행렬이다.
- `dvec` - 목적함수의 결정변수들의 계수를 가지는 벡터이다.
- `Amat` - 제약조건에 주어진 결정변수들의 계수를 가지고 있는 행렬이다. 행렬의 각 행이 하나의 제약 조건을 의미한다.
- `bvec` - 제약조건의 우변에 주어진 상수들을 가지고 있는 벡터이다.
- `mvec` - 방정식 형식을 가지는 제약조건의 개수를 지정한다. 기본적으로 이 값은 0이다. 만약 0이 아니라면, 방정식의 형식을 가지는 제약조건들은 반드시 부등식의 형식을 가지는 제약조건들보다 먼저 나열되어야 한다.

이 함수로부터 얻은 결과는 리스트 (list)의 구조를 가진다. 첫 번째 구성 요소는 함수를 최소화하는 최적해를 가진 벡터이며, 두 번째 구성 요소는 최적해로부터 얻어진 함수의 최적값을 의미한다.

예제 7.13

예제 7.12에서 설명한 제한된 최소제곱법 문제를 풀기 위해서는 행렬 D와 A, 그리고 벡터 b와 d를 먼저 찾아야 한다. 여기에서 $D=X^TX$이고 $d=y^TX$이다.

```
> library(quadprog)
> X <- cbind(rep(1, 20), x)
> XX <- t(X) %*% X
> Xy <- t(X) %*% y
> A <- matrix(c(0, 1), ncol=1)
> b <- 1
> solve.QP(Dmat=XX, dvec=Xy, Amat=A, bvec=b)
$solution
[1] 0.05 1.00

$value
[1] -10.08095

$unconstrained.solution
[1] 0.04574141 0.97810494

$iterations
[1] 2 0

$iact
[1] 1
```

이 결과로부터 찾고자 하는 직선은 다음과 같음을 알 수 있다.

$$\hat{y}=0.05+x$$

결과의 나머지 부분들은 주어진 제약조건들이 유효함 (active)을 의미한다. 만약 만족해야 할 제약조건들이 없는 경우로부터 기울기가 1보다 큰 값을 얻었다면 아마도 제약조건은 유효하지 않음 (inactive)을 나타내었을 것이다. 이 경우 제약조건이 없는 경우로부터 얻어진 해는 제약조건이 주어진 경우로부터 얻어진 해와 동일할 것이다.

위의 예제에서는 결정변수의 부호에 제약조건이 주어졌다. `solve.QP()` 함수를 사용할 때 필요하다면 음의 값을 가지지 않는다는 제한조건을 분명히 명시해야 한다. 또한 부등식을 가지는 모든 제약조건은 >= 의 형식으로 표현되어야 한다. 만약 <= 와 같은 부등식으로 표현되어 있다면 반드시 -1을 곱하여 요구되는 형식에 맞춰 주어야 한다.

위에서 설명한 제한된 최소제곱 문제의 경우 더 효율적인 방법들이 다른 컴퓨팅 환경에서 존재하고 있다. 이전 예제에서 사용된 행렬 D는 대각행렬인데, 주로 이 대각행렬은 컴퓨터의 계산부담을 줄이는 데 사용되는 특수한 구조이다. 다음의 예제는 완전한 행렬을 사용하며, 또한 결정변수의 부호에 제약조건들이 함께 주어져 있다.

예제 7.14

이차계획법은 n가지 다른 종류의 주식에 대한 분산투자전략을 수립하고자 하는 투자자를 위하여 사용될 수 있다. 이 문제에 대한 간단한 모델은 다음의 식을 최대화하는 것이라고 할 수 있다.

$$x^T\beta - \frac{k}{2}\beta^T D\beta,$$

이 식은 $i=1,\ldots,n$에 대하여 $\sum_{i=1}^{n}\beta_i = 1$ 와 $\beta_i \geq 0$이라는 제약조건을 만족해야만 한다.

β 벡터의 i번째 구성 요소는 투자자의 자산에 비교하여 i번째 주식에 투자할 금액의 비율을 나타낸다. 투자자는 음의 비율에 해당하는 포트폴리오를 할당할 수 없기 때문에 이 벡터의 각 구성 요소는 반드시 음이 아닌 값을 가지게 된다.[1] 벡터 x는 각 주식에 대한 평균 당일수익을 의미하는데, 이 수익은 당일에서 다음날로 넘어가는 주식의 마감가격의 차이로 구해진다. 따라서 $x^T\beta$는 투자자가 평균적으로 얻게 되는 당일이익을 의미한다.

대부분의 투자자들은 개인의 자본을 투자할 경우 큰 위험부담을 지고 싶어하지 않는다. 목적함수의 두 번째 항은 이러한 점을 반영한다. k는 위험에 대한 투자자의 성향을 측정한 것이다. 만약 투자자가 어떠한 위험에 관계없이 투자의 목적이 단순히 당일순익을 최대화하는 것인 경우, $k=0$이다. k의 값이 클수록 위험을 수반하는 투자에 많은 걱정을 한다는 것을 의미한다. D 행렬은 이익에 대한 기본적인 변동요소를 측정한 것이다. 이것은 공분산 (covariance)행렬이라고도 한다. D 행렬의 대각원소는 각 주식에 대한 이익에 대한 분

---

1) 이런 경우를 주식을 공매 (shorting)한다고 하는데, 여기에서는 이를 허용하지 않는다.

산이다. 대각에 놓이지 않은 요소 (i,j)는 i와 j번째 주식 사이의 공분산을 나타낸다. 이는 두 주식 간의 이익관계를 나타내는 단순한 척도이다.

이제 구체적으로 세 개의 주식이 있고 $k=4$이며, 다음과 같은 공분산 행렬 D가 주어졌다고 가정한다.

$$D=\begin{bmatrix}0.101 & 0.002 & 0.002\\ 0.002 & 0.010 & 0.002\\ 0.002 & 0.002 & 0.010\end{bmatrix}.$$

세 개의 주식에 대한 평균당일수익은 각각 0.002, 0.005, 0.01이라고 가정하면 $x^T=[0.002\ 0.005\ 0.01]$이라고 할 수 있다.

$\beta_1+\beta_2+\beta_3=1$이라는 제약조건과 β 변수의 각 구성 요소는 음이 아닌 값을 가져야 한다는 조건은 다음과 같이 나타낼 수 있다.

$$\begin{bmatrix}1 & 1 & 1\\ 1 & 0 & 0\\ 0 & 1 & 0\\ 0 & 0 & 1\end{bmatrix}\begin{bmatrix}\beta_1\\ \beta_2\\ \beta_3\end{bmatrix}\begin{matrix}=\\ \geq\\ \geq\\ \geq\end{matrix}\begin{bmatrix}1\\ 0\\ 0\\ 0\end{bmatrix}.$$

따라서 우리는 다음을 가지게 된다.

$$A^T=\begin{bmatrix}1 & 1 & 1\\ 1 & 0 & 0\\ 0 & 1 & 0\\ 0 & 0 & 1\end{bmatrix}.$$

R을 이용하여 이 문제를 풀어보고자 한다면 먼저 이 최대화 문제는 동일한 제약조건을 만족하는 목적함수에 −1을 곱하여 얻은 새로운 함수를 최소화하는 것과 같다는 것을 기억하도록 한다. 이러한 사실을 바탕으로 `solve.QP()`를 사용해 보도록 한다.

```
> A <- cbind(rep(1, 3), diag(rep(1, 3)))
> D <- matrix(c(0.01, 0.002, 0.002, 0.002, 0.01, 0.002, 0.002, 0.002, 0.01),
+              nrow=3)
> x <- c(0.002, 0.005, 0.01)
> b <- c(1, 0, 0, 0)
> # meq는 방정식으로 된 제약조건의 수를 지정합니다;
> # 이러한 방정식 제약조건들은 부등식으로 제약조건들보다 먼저 지정해 주어야 합니다.
> solve.QP(2 * D, x, A, b, meq=1)
$solution
```

```
[1] 0.1041667 0.2916667 0.6041667
$value
[1] -0.002020833
$unconstrained.solution
[1] -0.02678571 0.16071429 0.47321429
$iterations
[1] 2 0
$iact
[1] 1
```

이 투자자에 대한 최적화된 투자전략은 그녀의 자산을 첫 번째 주식에 10.4%, 두 번째 주식에 29.2%, 세 번째 주식에 60.4%를 투자하는 것이라고 할 수 있다.

포트폴리오의 최적화된 값은 0.0020이다(위의 `$value`에 해당하는 값이다). (이 결과의 부호가 음이라는 것을 볼 수 있는데, 이것은 목적함수에 −1을 곱하여 얻은 새로운 함수를 최소화하였기 때문이다.)

연습문제

01. (a) 다음의 주어진 목적함수를 최소화시키는 음이 아닌 값 x_1, x_2, x_3, x_4를 찾아보도록 한다.

$$C(x) = x_1 + 3x_2 + 4x_3 + x_4,$$

이 목적함수는 다음의 제약조건들을 만족해야 한다고 가정한다.

$$x_1 - 2x_2 \geq 9$$

$$3x_2 - x_3 \geq 9,$$

$$x_2 + x_4 \geq 10.$$

(b) 만약 변수들 중에서 반드시 정수여야 한다는 제약조건이 존재한다면 해가 어떻게 변하게 되는지 확인해 보고 이를 설명해 보도록 한다.

(c) 목적함수가 아래와 같이 수정되었다고 가정한다.

$$C(x) = x_1 - 3x_2 + 4x_3 + x_4.$$

해에 어떤 변화가 생기게 되는가?

02. 다음에 주어진 함수를 최대화하는 음이 아닌 값 x_1, x_2, x_3, x_4를 찾아보도록 한다.

$$C(x) = x_1 + 3x_2 + 4x_3 + x_4,$$

이 함수는 다음의 제약조건들을 만족해야 한다고 가정하자.

$$x_1 - 2x_2 \leq 9$$

$$3x_2 - x_3 \leq 9,$$

$$x_2 + x_4 \leq 10.$$

7장 연습문제

01 예제 7.12에 주어진 자료를 이용하도록 한다. 이 자료에 가장 잘 적합하는 직선의 기울기와 절편을 계산해 보도록 한다. 이때 절편은 최소한 기울기의 값만큼 커야 한다는 제약조건을 만족해야 한다고 가정한다.

02 분산투자전략을 수립하는 예제에서 $k = 1$로 정한 뒤 다시 계산을 해 보도록 한다. 투자위험도가 다소 높은 전략을 선택하는 것은 투자자의 행동에 어떤 변화를 일으키는지를 설명해 보도록 한다.

03 특정주식에 투자할 수 있는 비율에 대하여 투자상한을 정하는 경우가 종종 존재한다. 만약 어느 한 주식에 투자자가 가진 자산의 50% 이상을 투자할 수 없다는 투자상한 조건을 만족해야 한다면, 분산투자전략은 어떻게 이루어져야 하는지 다시 계산해 보도록 한다.

04 Duncan's Donuts Inc. (DDI)와 John's Jeans Ltd. (JJL)는 평균 당일수익이 각각 0.005와 0.010이다. 만약 투자위험을 전혀 고려하지 않는 투자자(즉, 위험감수 계수는 k=0이 된다)의 경우에 분산투자전략은 어떻게 되는가? [힌트: 이 문제는 어떠한 컴퓨터 계산도 필요하지 않다.]

05 DDI와 JJL의 당일수익은 서로 독립이나, $\sigma^2_{\text{DDI}} = 0.01$와 $\sigma^2_{\text{JJL}} = 0.04$라고 가정하도록 한다. 위험감수 계수가 (a) $k = 1$인 경우의 분산투자전략은 어떻게 되는지 살펴보고, (b) $k = 2$의 경우에는 어떻게 되는지 살펴보도록 한다. 아래에 주어진 공분산 행렬을 이용하여 계산해 보도록 한다.

$$D = \begin{bmatrix} 0.01 & 0 \\ 0 & 0.04 \end{bmatrix}.$$

06 이전의 문제에서 DDI와 JJL이 가지는 당일수익 간의 공분산이 0.01이라고 가정한 뒤 다시 풀어 보도록 한다. 다음에 주어진 공분산을 이용하여 계산해 보도록 한다.

$$D = \begin{bmatrix} 0.01 & 0.01 \\ 0.01 & 0.04 \end{bmatrix}.$$

복습 확률변수와 분포

여러 개의 서로 다른 결과가 나올 수 있는 어떤 실험을 시행한다고 가정해 본다. 각 시행결과는 그 값에 대한 확률값을 가진다.

10명의 환자에게 새로운 암 치료약을 실험해 보는 경우를 고려해 본다. 새로운 약을 투여한지 5주 후에 백혈구의 수가 증가하는 환자가 몇 명인지를 실험 초기에는 미리 정확하게 예측할 수 없다. 그래서 이 숫자(N으로 표시한다)를 **확률변수** (random variable)로 간주한다. 백혈구의 수가 증가하는 환자수 N이 가질 수 있는 값은 $\{0, 1, 2, \ldots, 10\}$인 정수 형태의 이산형 변수이기 때문에 **이산확률변수** (discrete random variable)의 한 예가 된다. 환자 중 한 명이 사망할 때까지의 시간 T도 측정할 수 있다. 다시 말하지만 이 T 값은 미리 정확하게 예측할 수 없다. 그래서 이것 역시 확률변수이다. 이 값은 연속적인 형태의 값을 가지기 때문에 **연속확률변수** (continuous random variable)라고 한다.

확률변수는 그에 해당하는 분포로 표현된다. 이 분포는 어떤 확률변수가 하나 이상의 값을 가질 확률을 나타낸다. 공정한 동전을 독립적으로 두 번 던졌을 때 나오는 앞의 수를 X라고 한다면 다음과 같이 나타낼 수 있다.

$$P(X \leq 1) = 0.75$$

이것은 두 번 던진 것 중에서 앞이 나오는 횟수가 0 또는 1일 확률이 0.75라는 의미이다. 일반적으로 함수

$$F(x) = P(X \leq x)$$

를 확률변수 X의 분포함수 (distribution function)라고 한다. 만약 $F(x)$가 미분 가능하다면, 다음과 같이 X의 확률밀도함수 (probability density function)를 정의할 수 있다.

$$f(x) = F'(x).$$

이것은 X가 연속확률변수일 때 가능한 표현이다. 이 경우에 다음의 식도 성립하게 된다.

$$F(y) = \int_{-\infty}^{y} f(x)dx.$$

마찬가지로 $f(x)$ 곡선 아래의 면적은 1이다.

또한 확률변수의 기댓값도 중요한 개념이다. 연속확률변수의 경우에는 다음과 같이 표현할 수 있다.

$$E(X)=\int_{-\infty}^{\infty} xf(x)\mathrm{d}x.$$

이것은 확률밀도함수 $f(x)$의 평균값이라고 한다. 이것은 μ로 표시하기도 한다. 어떤 확률변수의 함수에 대한 기댓값은 다음의 공식을 사용한다.

$$E[g(x)]=\int_{-\infty}^{\infty} g(x)f(x)\mathrm{d}x.$$

이 표현의 가장 중요한 적용 예제 중 하나는 분산이다. 어떤 확률변수의 분산은 확률변수의 비예측성 정도의 표시이다. 분산의 공식은 다음과 같다.

$$\mathrm{Var}(X)=E[(X-\mu)^2]=\int_{-\infty}^{\infty}(x-\mu)^2 f(x)\mathrm{d}x.$$

또 다른 중요한 개념은 분위수 (quantile)이다. 이것은 $F(x)$가 어떤 특별한 값을 가질 때, 그때의 x값을 말하는 것이다. 역함수 $F^{-1}(y)$가 정의될 때, X의 α 분위수는 $F^{-1}(\alpha)$로 주어진다. 예를 들면, 0.95 분위수는 $F(x)=0.95$일 때의 x값을 의미하게 된다. 다시 말해서 x는 그 분포의 95% 백분위수를 말한다. 가장 흔하게 사용하는 분위수는 $F(\tilde{x})=0.5$를 만족하는 중위수 $\tilde{x}$이다. 이와 더불어, $F(x)=0.75$, $F(x)=0.25$를 각각 만족하는 제3사분위수와 제1사분위수도 많이 사용된다.

다음의 표는 일반적으로 많이 쓰이는 단변량 분포의 특징들을 요약한 것이다.

분포 이름	$f(x)$	$F(x)$	$E(X)$	$\mathrm{Var}(X)$
균등(a, b)	$\frac{1}{b-a},\ a<x<b$	x	$\frac{a+b}{2}$	$\frac{(b-a)^2}{12}$
지수(λ)	$\lambda e^{-\lambda x},\ x>0$	$1-e^{-\lambda x}$	$\frac{1}{\lambda}$	$\frac{1}{\lambda^2}$
정규(μ, σ^2)	$\frac{1}{\sigma\sqrt{2\pi}}e^{-\frac{(x-\mu)^2}{2\sigma^2}}$	$\int_{-\infty}^{x}\frac{1}{\sqrt{2\pi}}e^{-\frac{(y-\mu)^2}{2\sigma^2}}dy$	μ	σ^2

분포 이름	$P(X=x)$	$E(X)$	$\mathrm{Var}(X)$
이항(n, p)	$\binom{n}{x}p^x(1-p)^{n-x}$	np	$np(1-p)$
포아송(λ)	$\frac{\lambda^x e^{-\lambda}}{x!}$	λ	λ

이변량 분포에 대해서 간략하게 설명하고 이 부록을 마치겠다. 특별히 X와 Y가 결합확률밀도함수 $f(x,y)$를 가지는 연속확률변수라고 가정한다. 다음의 이중적분형태를 사용하여 어떤 함수 $g(x,y)$의 기댓값을 정의한다.

$$E[g(X,Y)] = \int_{-\infty}^{\infty}\int_{-\infty}^{\infty} g(x,y)f(x,y)\mathrm{d}x\mathrm{d}y$$

특히 $g(x,y) = I(X \le u)I(Y \le \nu)$로 놓으면 이 기댓값은 다음과 같이 된다.

$$E[I(X \le u)I(Y \le \nu)] = \int_{-\infty}^{u}\int_{-\infty}^{\nu} f(x,y)\mathrm{d}x\mathrm{d}y,$$

이것은 어떤 u와 ν에 대하여 다음이 성립함을 의미한다.

$$P[X \le u, Y \le \nu] = \int_{-\infty}^{u}\int_{-\infty}^{\nu} f(x,y)\mathrm{d}x\mathrm{d}y.$$

여기에서 $I()$는 () 속의 인자가 사실일 때는 1의 값을 가지고 () 속의 인자가 거짓일 때에는 0의 값을 가지는 지시함수 (indicator function)이다.

X의 주변 (marginal)확률밀도함수는 결합확률밀도함수 $f(x,y)$를 y의 모든 값에 대하여 적분함으로써 얻을 수 있다.

$$f_X(x) = \int_{-\infty}^{\infty} f(x,y)\mathrm{d}y,$$

마찬가지로 Y의 주변확률밀도함수는 결합확률밀도함수 $f(x,y)$를 x의 모든 값에 대해여 적분함으로써 얻을 수 있다.

$$f_Y(y) = \int_{-\infty}^{\infty} f(x,y)\mathrm{d}x.$$

만약 다중의 식이 성립하면 확률변수 X와 Y는 서로 통계적으로 독립 (stochastically independent)이라고 한다.

$$f(x,y)=f_X(x)f_Y(y).$$

이것은 또한 $P[X\leq u, Y\leq \nu]=P(X\leq u)P(Y\leq \nu)$가 성립함을 의미한다. **조건부확률** (conditional probability)의 정의는 다음과 같다.

$$P(X\leq u|Y\leq \nu)=\frac{P(X\leq u, Y\leq \nu)}{P(Y\leq \nu)}=P(X\leq u).$$

이 식의 왼쪽 항은 주어진 $Y\leq \nu$에서의 $X\leq u$의 조건부확률을 말한다. 직관적으로 위의 확률식은 Y의 값에 대한 정보 $Y\leq \nu$가 X의 값을 예측하는 데에 아무런 추가적인 도움을 주지 못했음을 의미한다.

색인 (Index)

abline(), 68
any(), 77
apply(), 187
array(배열), 28
arrows(), 63
axis(), 65

backsolve(), 182
bar charts(막대그림), 50
barplot(), 62
base graphics(기본 그래픽스), 49
bias(편향), 119
bisection algorithm(이분법), 85
boot, 217
box plot(박스플롯), 54
box(), 65
box-and-whisker plot(박스-위스커 플롯), 54
boxplot(), 56
branch and bound algorithm (분리와 한정법), 215
break, 84
browser(), 109
bugs(버그), 105

c(), 18
catastrophic loss of precision(정확도의 손실), 16
cbind(), 162
central limit theorem(중심극한정리), 120
chol(), 181
chol2inv(), 182
Choleski decomposition(촐레스키 분해), 181
chron, 31
column vectors(열방향 벡터), 161
column-major(열 우선), 27
concatenation(결합), 24
concatenation(연결), 18
confidence interval(신뢰구간), 119
console(콘솔), 7

constrOptim(), 204
crossprod(), 172

data.frame(), 28
dates and times(날짜와 시간), 31
dbinom(), 130
debug(), 109
debugging(디버깅), 108
declarative style(선언형 스타일), 69
default value(기본값), 13
det(), 168
determinant(행렬식), 161
dexp(), 140
diag(), 168, 169
distribution(분포), 227
  Bernoulli(베르누이), 127
  binomial(이항), 129
  exponential(지수), 139
  normal(정규), 57, 143
  Poisson(포아송), 135
  uniform(균등), 120
dnorm(), 143
dot charts(점그림), 51
dpois(), 136

edge cases(특수한 경우), 105
eigen(), 178
Eratosthenes(에라토스테네스), 75
example(), 33

factor(), 25
Fibonacci sequence(피보나치의 수열), 70
fix(), 92
fixed-point problem(고정소수점 문제), 71
floating point(부동소수점), 14
for(), 69
forwardsolve(), 182
function body(함수의 본체), 94
function environment(함수의 환경), 89
function header(함수의 헤더), 88

functional(함수형), 69
functions(함수), 12

ggplot, 49
global environment(전역환경), 10
golden ratio(황금비율), 193
golden section search(황금분할 탐색법), 191
graphical parameters(그래픽 파라미터), 66
grid, 49

help(), 33
help.search(), 33
help.start(), 33
Hilbert matrix(힐버트 행렬), 163
hist(), 53
histogram(히스토그램), 52
Horner's rule(호너의 규칙), 117

if(), 74
imperative style(명령형 스타일), 69
importance sampling, 119
indices(인덱스), 19
  logical(논리형), 37
  negative(음수), 20
  zero(영), 74
Inf, 23
integer programming(정수계획법), 215
interior point methods(내부점법), 217
interquartile range(사분위수 범위), 54
IQR, 54
is.na(), 26
ISOdate(), 31
ISOdatetime(), 31

jitter(), 139
jpeg(), 66

kappa(), 185
kronecker(), 186

LAPACK, 162
lattice, 49
law of large numbers(대수의 법칙), 120
legend(), 63
linear algebra(선형대수), 3
linear models(선형모형), 3
linear operations(선형연산), 161
linear programming(선형계획법), 205
lines(), 63
LINPACK, 162
linprog, 216
list(), 43
load(), 45
logical vectors(논리형 벡터), 74
lower.tri(), 170
lp(), 207
lpSolve, 207
ls(), 17

Markov chain(마르코브 체인), 167
matrices(행렬), 161
matrix multiplication(행렬의 곱셈), 161
matrix(), 27, 162
mean(), 15
median(), 36
minimization(최소화), 191
mtext(), 65 NA, 20

namespace(네임스페이스), 92
NaN, 23
Nelder-Mead simplex algorithm (넬더-미드 심플렉스법), 199
Newton's method(뉴튼의 방법), 81
Newton-Raphson(뉴튼-랍슨법), 197
next, 84
nlm(), 204
nlminb(), 204
non-conformable arguments(정합하지 않는 입력인자들), 172
numeric(0), 24

object-oriented(객체지향형), 69
objects(), 17
one-pass formula(간단공식), 16
optim(), 203
optimization(최적화), 2
optimize(), 203
optional parameters(선택인자), 22
outer(), 185

p-value(유의확률), 119
packages(패키지), 92
par(), 58, 66
paste(), 24
pbinom(), 130
pdf(), 66
pexp(), 140
pie charts(파이차트), 52
plot margins(플롯여백), 67
plot region(플롯영역), 67
plot(), 56
plotting character(플롯팅 기호), 64
png(), 66
pnorm(), 143
points(), 63, 64
Poisson process(포아송 프로세스), 137
polygon(), 63
postscript(), 66
ppois(), 136
prime numbers(소수), 75
procedural(절차형), 69
profilers(프로파일러), 115
pseudorandom number(의사난수), 120

q(), 9
qbinom(), 131
qexp(), 140
qnorm(), 143
qpois(), 136
qqplot(), 59
qr(), 183
qr.solve(), 176
quadprog, 219
quadratic programming(이차계획법), 217
quantile-quantile plots(분위수-분위수 플롯), 58
quartz(), 66
quitting(종료), 7

rbind(), 162
rbinom(), 131
RColorBrewer, 62
recursion(재귀), 99
rejection sampling, 150
relational operators(관계형 연산자), 74
repeat, 84
replicate(), 133
rexp(), 141
rm(), 44
rnorm(), 143
rounding error(라운딩 에러), 15
row-major(행 우선), 27
rpois(), 136
RSiteSearch(), 34
runif(), 123

sample variance(표본분산), 15
sample(), 126
save.image(), 45
scatterplot(산점도), 56
scope(적용범위), 91
script editor(스크립트 편집기), 9
segments(), 63
set.seed(), 124
setwd(), 42
short-circuit evaluation(단축평가), 40
silver ratio(실버비율), 196
simplex method(심플렉스법), 199
simplex(), 217
singular value decomposition(특잇값 분해), 181
sink(), 44
solve(), 176
solveLP(), 216
stochastic matrix(확률행렬), 167
stopifnot(), 107

`strptime()`, 31
`substr()`, 24
`substring()`, 24
`svd()`, 180
`symbols()`, 63
`system.time()`, 115
systems of linear equations(선형방정식계), 161

`t()`, 169
`table()`, 126
`text()`, 63
`title()`, 65
top-down design(하향식 설계), 98
`traceback()`, 106

unboundness(무한히 많은 해), 213
`upper.tri()`, 170

`var()`, 15
vector spaces(벡터공간), 161
visual perception(시각적 인지력), 61

`weighted.mean`, 154
`while()`, 79
`windows()`, 66
`with()`, 60
workspace(작업공간), 8
`X11()`, 66

간단공식(one-pass formula), 16
객체지향형(object-oriented), 69
결합(concatenation), 24
고정소수점 문제(fixed-point problem), 71
관계형 연산자(relational operators), 74
그래픽 파라미터(graphical parameters), 66
기각표본법, 150
기본 그래픽스(base graphics), 49
기본값(default value), 13

날짜와 시간(times and dates), 31
내부점법(interior point methods), 217
네임스페이스(namespace), 92
넬더-미드 심플렉스법(Nelder-Mead simplex algorithm), 199
논리형(logical), 37
논리형 벡터(logical vectors), 74
뉴튼-랍슨법(Newton-Raphson), 197
뉴튼의 방법(Newton's method), 81

단축평가(short-circuit evaluation), 40
대수의 법칙(law of large numbers), 120
디버깅(debugging), 108

마르코브 체인(Markov chain), 167
막대그림(bar charts), 50
명령형 스타일(imperative style), 69
무한히 많은 해(unboundness), 213

박스-위스커 플롯(box-and-whisker plot), 54
박스플롯(box plot), 54
배열(array), 28
버그(bugs), 94
벡터공간(vector spaces), 161
부동소수점(floating point), 14
분리와 한정법(branch and bound algorithm), 215
분위수-분위수 플롯(quantile-quantile plots), 58
분포(distribution), 227
  균등(uniform), 120
  베르누이(Bernoulli), 127
  이항(binomial), 129
  정규(normal), 57, 143
  지수(exponential), 139
  포아송(Poisson), 135

사분위수 범위(interquartile range), 54
산점도(scatterplot), 56
선언형 스타일(declarative style), 69
선택인자(optional parameters), 22
선형계획법(linear programming), 205
선형대수(linear algebra), 3
선형모형(linear models), 3
선형방정식계(systems of linear equations), 161
선형연산(linear operations), 161
소수(prime numbers), 75
스크립트 편집기(script editor), 9
시각적 인지력(visual perception), 61
신뢰구간(confidence interval), 119
실버비율(silver ratio), 196
심플렉스법(simplex method), 199

에라토스테네스(Eratosthenes), 75
연결(concatenation), 18
열 우선(column-major), 27
열방향 벡터(column vectors), 161
유의확률(p-value), 119
의사난수(pseudorandom number), 120
이분법(bisection algorithm), 85
이차계획법(quadratic programming), 217
인덱스(indices), 19
영(zero), 74
음수(negative), 20

작업공간(workspace), 8
재귀(recursion), 99
적용범위(scope), 91
전역환경(global environment), 10
절차형(procedural), 69
점그림(dot charts), 51
정수계획법(integer programming), 215
정합하지 않는 입력인자들(non-conformable arguments), 172
정확도의 손실(catastrophic loss of precision), 16
종료(quitting), 7
주표본법, 154
중심극한정리(central limit theorem), 120

촐레스키 분해(Choleski decomposition), 181
최소화(minimization), 191
최적화(optimization), 2
콘솔(console), 7

특수한 경우(edge cases), 105
특잇값 분해(singular value decomposition), 181

파이차트(pie charts), 52
패키지(packages), 92
편향(bias), 119
포아송 프로세스(Poisson process), 137
표본분산(sample variance), 15
프로파일러(profilers), 115
플롯여백(plot margins), 67
플롯영역(plot region), 67
플롯팅 기호(plotting character), 64
피보나치의 수열(Fibonacci sequence), 70

하향식 설계(top-down design), 98
함수(functions), 12
함수의 본체(function body), 94
함수의 헤더(function header), 88
함수의 환경(function environment), 89
함수형 (functional), 69
행 우선(row-major), 27
행렬(matrices), 161
행렬식(determinant), 161
행렬의 곱셈(matrix multiplication), 161
호너의 규칙(Horner's rule), 117
확률행렬(stochastic matrix), 167
황금분할 탐색법(golden section search), 191
황금비율(golden ratio), 193
히스토그램(histogram), 52
힐버트 행렬(Hilbert matrix), 163

| 역자 소개 |

이영섭
연세대학교 응용통계학과 졸업
미국 아이오와주립대학 통계학과 석사(통계학)
미국 럿거스대학교 통계학과 박사(통계학)
현) 동국대학교 통계학과 교수
e-mail : yung@dongguk.edu

이철희
캐나다 마니토바 주립대학교 통계학과 학사
캐나다 마니토바 주립대학교 통계학과 석사
캐나다 사스캐치완 주립대학교 의학통계학 박사
현) 캐나다 사스캐치완 주립대학교 부설
임상연구소 통계연구원
e-mail : chl948@mail.usask.ca

R을 활용한
통계 프로그래밍 입문

| 저　　자 W. John Braun · Duncan J. Murdoch
| 역　　자 이영섭 · 이철희
| 발 행 인 김지영
| 발 행 처 자유아카데미
| 주　　소 경기도 파주시 회동길 37-42
파주출판도시
| 전　　화 031-955-1321
| 팩　　스 031-955-1322
| 홈페이지 www.freeaca.com
| 전자우편 main@freeaca.com(대표)
editor@freeaca.com(편집)
crm@freeaca.com(영업)
| 등　　록 제406-2003-017호, 1980. 7. 12
| 제1판1쇄 2015년 2월 15일 발행
| 제1판3쇄 2023년 1월 5일 발행
| 정　　가 20,000원

역자와의 협의하에 인지생략

Printed in Korea
ISBN 979-11-5808-005-1 93310

Published in the United States of America by Cambridge University Press, New York